油气管道地质灾害现场抢险技术

鲁小辉　李军　李家宁　闫东东　张苏　编著

U0264353

中国石化出版社

内 容 提 要

本书针对油气管道地质灾害的类型与特点，介绍了现场调查识别及风险评价的技术要点、评价方法等内容，系统阐述了滑坡、崩塌、泥石流等类型地质灾害减缓控制技术，提出了适用于智能化管线系统应急抢修的作业工法概念及工法库结构，并立足于智能化应急抢修工作的需求，从基本功能、系统架构、系统数据库等方面介绍了应急抢修管理平台的建设情况，最后还提供了油气管道应急抢修技术方案模板。

本书可为油气管道企业开展地质灾害防治、现场抢险等工作提供技术指导与参考，也可作为各级管道管理和技术人员学习研究用书。

图书在版编目(CIP)数据

油气管道地质灾害现场抢险技术 / 鲁小辉等编著
. —北京：中国石化出版社，2022.4
ISBN 978-7-5114-6625-9

Ⅰ. ①油… Ⅱ. ①鲁… Ⅲ. ①油气运输-长输管道-
地质灾害-灾害防治-现场维修 Ⅳ. ①TE973

中国版本图书馆 CIP 数据核字(2022)第 046667 号

中国石化出版社出版发行
地址:北京市东城区安定门外大街 58 号
邮编:100011 电话:(010)57512500
发行部电话:(010)57512575
http://www.sinopec-press.com
E-mail:press@sinopec.com
北京富泰印刷有限责任公司印刷
全国各地新华书店经销
*
787×1092 毫米 16 开本 16.25 印张 350 千字
2022 年 4 月第 1 版 2022 年 4 月第 1 次印刷
定价:88.00 元

PREFACE 前言

管道作为油气资源的主要运输方式之一，在石油天然气工业中发挥着重要作用。近年来，随着油气管道的高速发展，沿线地质灾害对管道的威胁剧增，构成了管道安全运营的主要风险源。特别是我国现役油气管道相当一部分经过地形起伏大、植被覆盖度高、地质环境条件复杂的地区，这些地区常发育有大量的滑坡、崩塌、泥石流、地面塌陷等类型地质灾害，给油气管道安全运营造成极大威胁。有效减少和避免突发性地质灾害对管道安全运行造成的危害和损失，提升地质灾害现场抢险水平，提高油气管道安全保障已成为当务之急。

本书根据近年来油气管道地质灾害现场抢险的实际情况，在总结中国石化"油气输送管道突发地质灾害现场抢险技术研究""西南工区油气田地质灾害防控技术研究"等科研项目成果，吸收和借鉴国内外油气管道地质灾害领域的特色理论、经验做法和先进技术，参考相关技术资料及文献的基础上编著而成。

全书分为六章，包括地质灾害与油气管道安全概论、油气管道地质灾害调查与评价、油气管道地质灾害减缓控制技术、油气管道地质灾害应急抢修作业工法、油气管道智能化应急抢修管理系统以及应急抢修技术方案参考模板等。既是对目前管道地质灾害现场抢险技术研究成果的系统性总结提炼，也是对未来管道地质灾害防治工作的展望，希望能够为相关单位、研究机构提供借鉴。

本书在编写过程中参考了许多同行专家、学者的著作和研究成果，也得到了国家管网东部储运公司、中国石化胜利油田分公司、成都理工大学等多家单位的热情帮助与支持，在此一并表示感谢。

由于作者水平有限，疏漏、错误和不足之处在所难免，恳请读者批评指正。

CONTENTS **目录**

第1章 地质灾害与油气管道安全概论

1.1 油气管道地质灾害概述

地质灾害是指在自然或者人为因素作用下形成的对人类生命财产、环境造成破坏和损失的地质现象。由于我国地域广阔、地质环境复杂，地质灾害频繁发生。尤其在地形起伏大、植被覆盖度高、地质环境条件复杂的地区，常发育有大量的滑坡、崩塌、泥石流、地裂缝、地面塌陷和地面沉降等地质灾害。根据中国地质调查局官方网站发布的《全国地质灾害通报（2020 年）》统计数据显示，全国共发生地质灾害 7840 起，其中滑坡 4810 起、崩塌 1797 起、泥石流 899 起、地面塌陷 183 起、地裂缝 143 起和地面沉降 8 起，分别占地质灾害总数的 61.4%、22.9%、11.5%、2.3%、1.8% 和 0.1%（图 1-1），共造成 139 人死亡（失踪）、58 人受伤，直接经济损失 50.2 亿元。截至 2020 年底，全国已发现地质灾害隐患点达 33 万多处，特大型 1751 处，大型 4795 处，主要以滑坡、泥石流等灾害为主，分布在西南、西北和中南等区域的山地丘陵区。

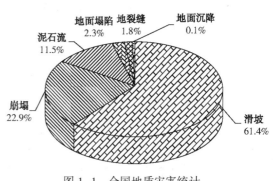

图 1-1 全国地质灾害统计

（据中国地质调查局，2020）

油气管道作为一种特殊的运输方式，其运输对象是天然气、原油和成品油，运输过程中以高压输送方式为主。在遭受地质灾害过程中，管道的安全运行受到影响，轻则造成管道运输量降低，重则泄漏，更严重者可能爆炸，对环境造成污染破坏，对区域居民的生命财产、安全造成威胁。据统计，美国天然气管道事故的 8.5% 是由地质灾害导致的；西欧管道因地质灾害造成的事故率为 7%；加拿大管道地质灾害造成的事故占 12%；南美洲安第斯山区的 Andean 天然气管道，地质灾害导致的事故率高达 50%。国内近年来因地质灾害导致的输油气管道事件也是频繁发生，川气东送、西气东输、兰成渝管道、涩宁兰管道、陕京管道等均有相关案例发生，给国家带来重大损失和人员伤亡。例如 2016 年 6 月 30 日，重庆南岸区峡口镇大石村因暴雨引发山体滑坡，将一处成品油管道拉裂，部分泄漏柴油经兰草溪流入长江；2016 年 7 月 20 日，持续强降雨导致湖北恩施崔家坝镇公龙坝村与水田坝村交界处突发山体滑坡，导致川气东送天然气管道断裂，气体泄漏发生爆燃；2017 年 7 月 2 日，中缅天然气管道贵州省某段管道发生断裂燃爆事故，死伤 40 余人。

随着我国油气管道的高速发展，沿线地质灾害对管道的威胁剧增，构成了管道安全运营的主要风险源。我国现役油气管道相当一部分经过地质条件复杂的山区或环境恶劣的沙漠、戈壁、高寒地区，这些地区发育有数量众多、形式各样的地质灾害，给油气管道安全运营造成极大威胁。为了减少或避免地质灾害对管道安全运行的危害，保护公众安全和环境，强化油气管道地质灾害现场防控，提高油气管道安全保障已成为当务之急。

1.2 油气管道地质灾害分类与特点

1.2.1 油气管道地质灾害分类

油气管道地质灾害是指对管道输送系统安全和运营环境造成危害的地质作用或与地质环境有关的灾害。油气管道地质灾害可分为岩土类灾害、水力类灾害和地质构造类灾害。

（1）岩土类灾害

岩土类灾害是指由于侵蚀、人工活动、地震、冻融等因素引起的岩土体移动，包括滑坡、崩塌、泥石流、地面塌陷(包括采空区塌陷和岩溶塌陷)、特殊类岩土(如黄土湿陷、膨胀土胀缩、冻土冻融、盐渍土溶陷盐胀等)等灾害类型。这种灾害发生频率高、危害大，特别是滑坡、崩塌、泥石流等灾害，常常造成管道长距离失效，是管道地质灾害的主要类型。

（2）水力类灾害

水力类灾害是由水力因素引发的，包括坡面水毁、河沟道水毁、台田地水毁等。河沟道水毁又可以细分为河床局部冲刷、河床下切、堤岸垮塌、堤岸侵蚀、河流改道五种。水力类灾害发生频率高，但规模小，其危害比岩土类灾害和构造类灾害小，常导致管道埋深不足、悬管等现象，是山区管道最常见的管道地质灾害类型。

（3）地质构造类灾害

地质构造类灾害主要是由地壳构造运动等内应力因素引起的，主要指断层运动、地震(地震引起的砂土液化、地面移动、海啸等)、火山喷发等。这类灾害发生频率很低，但其影响区域大，能够直接破坏几条管道或管道的几个截面，并引发岩土类地质灾害或水力类地质灾害，对管道造成间接破坏。因此，地质构造类灾害对管道的危害同样不可小觑。

目前，油气管道常见的、危害较大的地质灾害类型主要是岩土类灾害和水力类灾害，包括滑坡、崩塌、泥石流、采空区塌陷、黄土湿陷和水毁(坡面水毁、河沟道水毁)等。构造类灾害由于其特殊性，在管道初期勘察、设计和后期施工中一般均已考虑了避开灾害影响区域，所以在管道运营期间的灾害防范和治理较少涉及。

1.2.2　油气管道地质灾害特点

输油气管道主要采用地埋方式敷设，具有埋深浅、薄壳、线状及内含高压易燃易爆介质等特点。输油气管道的特征决定了沿线地质灾害对管道的危害有其特殊性，较小的地质灾害也可能造成管道的重大危害。管道地质灾害主要特点有：

(1) 突发性、不确定性

地质灾害的发生往往非常突然，征兆不明显，发生过程历时短，不易预知。如滑坡、崩塌灾害，在几分钟甚至几秒钟的时间内，可能造成数万立方米甚至几百万立方米的岩土体快速运动和移位。

(2) 长期性、动态性

油气管道地质灾害的形成、演化是一个长期的并且动态变化的过程，因此管道地质灾害的防治不是一朝一夕就能解决的，将伴随着管道的全生命周期。

(3) 危害巨大

地质灾害往往体积大、规模大，油气管道与其相差悬殊，在地质灾害作用下管道往往不堪一击。地质灾害导致的管道失效事故通常是管道断裂导致大量油气泄漏、巨大的财产损失和环境破坏，且可能造成长时间的服务中断，其导致的损失往往比其他事故大。

1.3　油气管道面临的主要地质灾害类型

1.3.1　主要地质灾害类型

我国幅员辽阔，地貌单元众多，管道沿线地形、地貌和水文条件复杂，往往面临多种地质灾害的威胁。例如，长达 4000km 的西气东输一线工程，其经过塔里木盆地、天山和北山低山丘陵、河西走廊的西段管道主要面临风蚀沙埋、洪水冲蚀、泥石流等地质灾害的威胁；经过黄土高原、临汾盆地、山西山地等区域的中部管道主要面临泥石流、滑坡、风蚀沙埋、采空塌陷和湿陷性黄土等地质灾害的威胁；经过黄淮平原、皖苏丘陵和长江三角洲的东段管道主要面临地面沉降、采空塌陷及膨胀土等地质灾害。忠武管道途经渝东和鄂西等的山区，主要面临的地质灾害有滑坡、危岩、泥石流、岩溶塌陷、采空区塌陷等。兰成渝管道沿线经常发生泥石流、滑坡、山洪、崩塌等地质灾害。部分学者对我国管道沿线的地质灾害情况进行了统计分析，如表 1-1 所示。

表 1-1　我国管道地质灾害分布情况

地区	主要管道	沿线主要地质形态	主要地质灾害隐患
西部	西气东输（二线）、鄯乌线、格拉线、涩宁兰、长呼管道	塔里木盆地、天山、戈壁沙漠、青藏高原	滑坡、泥石流、风蚀沙埋、盐渍土、地震断层、冲沟、台田地水毁、坡面水毁、河沟道水毁、地面沉降
中部	西气东输、陕京（二线）、马惠宁、兰郑长	鄂尔多斯高原、黄土高原、山西山地、临汾盆地	滑坡、泥石流、洪水、采空塌陷、断层、黄土湿陷
西南	川气出川、忠武、兰成渝	川东、渝中和鄂西为主的低山区	崩塌、滑坡、泥石流、塌陷、断层
东部	西气东输、甬沪宁、仪长	黄淮海平原、长江三角洲、低地丘陵	地面沉降、地裂缝、采空塌陷、洪水
东北	中俄东线天然气管道	低山丘陵、冲洪积台地、冲积平原	冻土冻融、滑坡、水土侵蚀、崩塌、盐渍土化学腐蚀与盐胀、河沟道水毁

　　地质灾害可能引起土体移动和变形，从而导致穿越地质灾害发生区域的管道在土力作用下变形甚至失效。管道与土地体之间复杂力学作用导致管道拉裂、弯曲、压缩、扭曲、局部屈曲等破坏现象。管道的失效形式和损伤程度与地质灾害类型、强度、土体移动方式、土体力学性质、管道参数等多种因素有关。

1.3.2　地质灾害对管道的影响

　　地质灾害类型不同，其对管道的影响不同；另外管道与灾害体位置不同，相同的灾害对油气管道造成的影响也不相同。

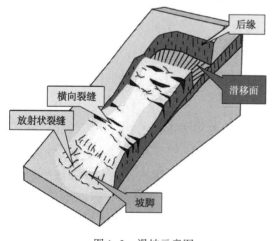

图 1-2　滑坡示意图

（1）滑坡

滑坡是指在一定的自然条件与地质条件下，组成斜坡的部分岩土体，在以重力为主的作用下，沿斜坡内部一定的软弱面（或软弱带）发生剪切而产生的整体下滑破坏，如图 1-2 所示。

滑坡的主要影响因素为长时间的降雨及特大暴雨、冰雪冻融，日差气温变化剧烈；风化剥蚀，地震与火山喷发，地面沉降；开挖坡脚或削坡，地下采空，爆破等人工活动。其中降雨对滑坡影响很大，表现在雨水大量下渗，使斜坡上土石层饱和，增加了滑体的质量，降低土石层的抗剪强度，导致滑坡产生。

滑坡给管道增加额外的剪切或挤压载荷，轻微时造成防腐层破坏，管道凹陷；严重则造成管道暴露、悬空甚至断裂。另外滑坡还可能破坏伴行路、站场和阀室等设施。国内部分学者也对滑坡导致的管道失效事件进行了统计分析，如表1-2所示。

表1-2　滑坡导致的管道破坏事件

管道	发生时间	灾害特性	管道破坏情况
巴西成品油管道	2001年2月	暴雨引发土壤缓慢滑动	管体产生环向裂纹，管道断裂，成品油外泄
重庆开县气管道	2005年8月	山体滑坡产生泥石流	管道被泥石流压断
重庆沙坪坝气管道	2005年9月	野蛮施工，堆土引发滑坡	管道受外力影响变形断裂，天然气泄漏爆炸
西气东输山西段	2007年4月	坡体裂缝，形成滑坡隐患	紧急改线施工，避免了可能出现的管道事故
边转油站管线	2007年8月	山体滑坡	管道断裂，原油泄漏
杭甬线天然气管道	2008年12月	管道附近堆土引发滑坡	管道断裂爆炸
延长石油输油管道	2013年8月	持续降雨造成黄土山体松动、滑坡	管道被砸伤、破裂，约10t原油泄漏
川气东送管道	2016年7月	暴雨引发山体滑坡	天然气主干管道扭曲断裂并发生爆炸，2人死亡，3人受伤

在滑坡广泛分布的山坡、丘陵地区，油气管道建设虽可采取绕避措施，但经济上需付出相当大的代价；有时在无法避开的情况下，管道仍需穿跨小的山体滑坡地段；在管道运营期，管道附近的堆土、开挖等人类工程活动也会对岩土体稳定产生破坏，进而诱发滑坡，滑坡已成为影响管道安全运营的重要因素。据统计，西气东输沿线存在滑坡155处，其中有17处滑坡不稳定；涩宁兰输气管道沿线存在滑坡13处；忠武输气管道沿线存在滑坡34处；中缅管道云南段存在各种滑坡上百处。

（2）崩塌

崩塌是指在一定的自然条件与地质条件下，组成斜坡的部分岩土体在重力作用下，向下（多数悬空）崩落的块体运动，即高陡斜坡上岩土体完全脱离母体后，以滚动、坠落等方式为主的移动现象与过程，如图1-3所示。崩塌的主要影响因素为长时间降水及特大暴雨、冰雪冻融、气温变化剧烈；地表水流冲刷坡脚，或大量渗入高陡斜坡上的岩土体，地下水溶蚀或浸润软化结构面；开挖坡脚或削坡、地下采空、大爆破及水库蓄水、引水、排水及渗漏等人工活动。

崩塌虽然没有滑坡对管道的破坏规模大，但由于其突发性强，对伴行路和管线安全的威胁不

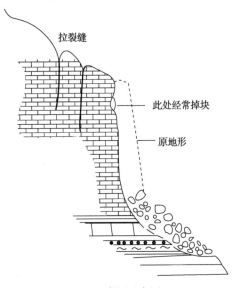

图1-3　崩塌示意图

容小觑。崩塌对管道的危害主要表现在两个方面：一是崩落的岩石对管道产生冲击荷载，尤其是在高程差较大的区域，落石冲击管道上方覆土层产生巨大的瞬时冲击载荷，使管道遭受超过其承载能力的附加应力，引起管道变形失稳甚至破裂泄漏；二是破坏伴行路，中断交通，影响管道正常维护。2005 年 4 月重庆忠县段发生危岩坠落冲破地表防护设施，将管道局部冲击变形的事故。兰成渝管道自投产以来发生数起落石冲击管道事件。据统计，西气东输沿线有崩塌 60 处，涩宁兰输气管道沿线存在崩塌 11 处；忠武输气管道沿线存在崩塌 23 处；西气东输二线的龙岗—西峡支干线存在崩塌 29 处；西南管道有崩塌 102 处。

（3）泥石流

泥石流是介于流水与滑坡之间的一种地质作用。典型的泥石流由悬浮着粗大固体碎屑物并富含粉砂及黏土的黏稠泥浆组成。在适当的地形条件下，大量的水体浸透山坡或沟床中的固体堆积物质，使其稳定性降低，饱含水分的固体堆积物质在自重作用下发生运动，与洪水叠加形成了泥石流，如图 1-4 所示。泥石流的主要影响因素有长时间降雨及大暴雨、冰雪融化、水库溃决、不合理的开采开挖破坏地表及滥采滥伐导致植被减少和水土流失。

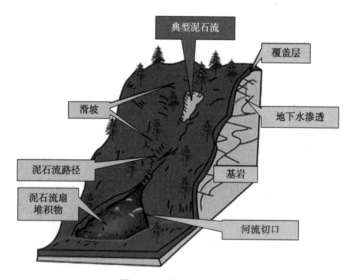

图 1-4　泥石流示意图

泥石流对管道的危害巨大，当管道敷设于泥石流形成区时，泥石流形成时造成的水土流失导致管道埋深不足甚至露管；当管道敷设于泥石流流通区时，造成河沟下切导致埋深不足、露管、防腐层破坏，甚至局部凹陷、断裂；当管道敷设于堆积区时，泥石流堆积后，使管道深埋，危害不明显；泥石流还可能冲毁、堵塞站场、伴行路等管道设施。

长输管道沿线地质条件复杂，难以避免地要通过泥石流易发区。西气东输沿线有泥石流 209 条；涩宁兰输气管道沿线有泥石流 18 条；西气东输二线的龙岗—西峡支线有泥石流 14 条；西南管道沿线有泥石流 13 条。

（4）地面塌陷

地面塌陷是在人为和自然因素作用下，地表岩土断错坍塌，形成塌陷坑、洞、槽的地质现象。导致地面塌陷的主要原因：一是人类活动，如对地下煤、铁矿等固体矿产进行开采等；二是特殊的地理构造，如岩溶地形等。固体矿产采空区在全国各地都有大面积分布；我国熔岩分布面积达 $365 \times 10^4 km^2$，随着岩溶地区的经济发展和土地、矿产和水等资源的开发，由此引起的岩溶塌陷问题越来越严重。

管道对地面的变形很敏感，容易因地表变形发生管道悬空和断裂，造成严重的经济损失和环境破坏。地面塌陷对管道的危害主要是由于地面沉降导致管道弯曲下沉或悬空，造成管体一些部位产生应力集中，当应力超过管体强度极限后，管道就会发生破裂。另外，采空区还可能导致地裂缝和滑坡等灾害，影响管道安全运行。地面塌陷是导致埋地管道破坏的重要原因之一。据统计，西气东输沿线存在采空塌陷99处；涩宁兰输气管道存在地表塌陷55处；陕京管线、兰成渝管道沿线存在的煤矿采空区严重影响了管道的正常运行；西南管道共有熔岩坍塌52处。

（5）地裂缝

地裂缝是地表岩、土体在自然或人为因素作用下，产生开裂，并在地面形成一定长度和宽度裂缝的一种地质现象；当这种现象发生在有人类活动的地区时，便成为一种地质灾害。地裂缝主要是发生在土层中的裂隙或断层。构造成因的地裂缝在地表常呈多级雁列式的组合形式，有的可连接成巨大的裂缝。

地裂缝属裂隙的一种特殊形态，常常是一些地质作用（如地震、断裂活动、地面沉降或塌陷等）的附属产物，与断裂不同。地裂缝灾害与构造运动、地下水开采和复杂的地质环境之间关系明显，这些因素对地裂缝灾害的影响程度不同。构造运动是地裂缝形成的背景条件，控制了地裂缝区域性的发育和分布；而地下水开采等活动是新生裂缝的诱发因素，会影响地裂缝发育的程度、位置等；而地层岩性和地貌环境则对地裂缝地表发育形态和发育程度具有一定的控制作用。

（6）湿陷性黄土

黄土在一定压力下受水侵蚀，土体结构迅速破坏，并发生显著附加下沉的现象称为黄土湿陷。湿陷性黄土广泛分布于我国甘肃、陕西、山西的大部分地区和河南、山东、宁夏、辽宁、新疆等部分地区。黄土的基本属性决定了黄土层遇水易发生湿陷，形成陷穴、暗洞、裂隙、土柱等地貌，或诱发崩塌和滑坡等地质灾害。引起黄土湿陷的主要原因是在水力作用下黄土失去承载力，并在重力作用下形成陷落洞，在水力冲刷作用下形成冲沟。

黄土湿陷对管道的危害主要表现在两个方面：一是管道下方黄土湿陷形成陷穴，导致管道长距离悬空，使管道产生不均匀沉降变形；二是过大的湿陷变形所产生的负摩阻力可能导致管道弯曲变形、裸露、悬空或折断，甚至诱发滑坡等次生灾害。

（7）活动断裂

活动断裂是引发管道重大事故的主要因素之一。活动断裂对油气管道造成危害主要体现在两方面：一是破坏土体的连续性和整体性，导致断层错动、滑坡、土壤液化、地裂等灾害；二是土体发生强烈振动，地震波在传播过程中破坏管道及附属设施产生破坏或引发次生灾害。活动断裂引发的直接破坏之一就是管道下部地基沉陷，失去支撑作用，进而导致管道的不均匀沉降，使管体轴向拉力增大；地震波传播对地下管道破坏影响较小，但影响区域大，当场地土松软或不均匀时，尤其在场地条件差异较大的交界处，破坏加重。部分学者对国内外地震导致管道失效的事件进行了统计分析，如表1-3所示。

表1-3　地震导致管道失效事件

地震断层灾害	管道破坏情况
美国圣费尔南多地震(1971 年)	输气管道和排水管道断裂、受压屈曲
马那瓜地震(1972 年)	滑动断层大面积位移，输水管道几乎全部破坏
苏联加兹拉地震(1976 年)	管道折断、断裂、管体裂缝、承口接头凸出和脱落
唐山地震(1976 年)	断裂、漏油、皱褶裂缝、弯曲
澳大利亚腾南特克里克地震(1988 年)	逆断层为主，煤气田管道轴向压缩
土耳其伊兹米特地震(1999 年)	断层水平错动导致管道破裂
昆仑山南麓地震(2001 年)	输油管道在断层地表破裂处破坏

1.4　油气管道地质灾害应急抢险技术

1.4.1　油气管道应急抢险技术现状

根据近几年管道失效事件的统计分析，通常发生地质灾害时响应的窗口期很短，能否对油气管道地质灾害进行准确识别、快速高效抢险，对管道本身的运行、公共安全和防止对环境造成破坏起到决定性作用。

当前来看，我国所建成的油气管网已经具有一定规模。油气管道具有输送介质易燃易爆、输送压力高、管道跨域较广等特点，极易因人为或自然灾害原因发生管道失效事故，产生较为严重的后果，如引发火灾甚至爆炸等事故，带来较为严重的人身财产损失的同时，也会对环境造成污染。有资料显示，从1995~2012 年的 7 年间，我国因安全问题所引发的管道事故达上千起。近 5 年来，中国在管道安全方面所发生的各类事故数量有所减少，但是带来的损害增大，特别是危及社会安全、造成多人死亡的重特大事故（如火灾和爆炸）时有发生，严重威胁着国家和人民的安全，也给环境造成较大污染。面对后果趋于严重的油气管道事故，如果管道运营企业应急能力不足，缺乏组织有效应急救援行动的能力，不仅不能及时控制事故蔓延，还大大增加了二次事故发生的可能性，严重威胁社会公众安全。

油气管道应急体系是伴随着油气管道建设发展起来的，其目的主要是用来预防和处置管道泄漏、火灾、爆炸等突发事件，降低人员伤亡和经济损失。近年来，随着管道完整性管理、系统化建设、经济一体化进程、环境保护等研究的发展，油气管道应急管理技术也得到了长足进步。应急管理一般包括事故的预防、应急预备、应急响应以及事故的恢复，指的是当突发事故发生以后，通过对其引发因素、发生过程和可能产生的后果进行合理分析，在充分整合社会资源的基础上，有效地处理和控制突发事故。其中，事故预防环节需要有大量完备的法律法规作为支撑，同时需结合危险识别、风险评估、检测、检查以及处理等环节，构成完整的事故预防过程。部分事故可以通过预防的方式避免，但是在人为因素或其他不可控因素的情况下，事故仍有可能出现，因此应急响应环节的有效实施对油气管道应急救援体系是否能有效发挥作用具有相当重要的意义。

目前，针对管道事故应急管理主要采用管道失效案例管理和抢险方案管理两种形式。其中管道失效案例管理是以事故案例为中心，基本思想是提供可供参照的处置方案模板，应急抢修案例都是针对具体的事故场景设计的，难以直接应用到实际事故抢修，现场施工人员多是依靠主观判断和传统经验进行抢修，缺乏标准化的详细操作步骤作为指导。抢险方案管理则是以事故类型与事故场景相结合的方式对抢险方案编纂管理，基本思想是为管道事故应急救援提供标准化的流程，且为了强调其广泛的适用性，对其中具体环节的实施规定缺乏详细描述，一旦发生事故，难以直接根据抢险规程快速制定抢修方案。同时，应急规程文件内容庞杂，沿线各站场、各管理处均有自己建立的应急预案体系，通过查阅相关文件制定具体应急处置方案所需工作量大。且由于管道路由跨度大，管道事故复杂多变，无法要求所有部门和沿程协作单位均熟悉所有的事故应急规程，当事故发生时，各部门可能根据各自的理解自行其是，容易造成现场混乱。

油气管道在人为和自然环境条件下发生结构损坏的安全事故是不可避免的，也是无法预测的。但事先制定完善的应急体系，建立具有实际可操作性的应急救援规程体系，为管道发生安全事故时的应急救援提供必要的技术支持是可行的。因此，从面向施工过程角度出发，开展应对油气管道安全事故的应急抢险体系的研究，在此基础上，开发应急抢修系统，由系统智能化生成针对该事故的应急抢修技术方案，对输气管道运营管理具有重要的经济效益和社会效益。

1.4.2　油气管道地质灾害应急抢险流程

为了及时、高效地做好突发地质灾害防治工作，减轻地质灾害造成的损失，进一步提高救灾工作应急快速反应能力，建立高效的应急抢险救灾机制，设定突发性地质灾害应急抢险的流程及启动机制具有十分重要的意义。

根据地质灾害特征及应急抢险工作经验，地质灾害现场应急抢险工作的程序可分为两步。首先，建立初步方案并开展现场地质灾害调查，获得现场事件中油气管道和地质灾害等方面的信息；其次，根据获得的地质灾害信息进行地质灾害风险等级判别，当风险级别达到某设定值时，即启动地质灾害应急抢险程序，并建立完整方案(图1-5)。

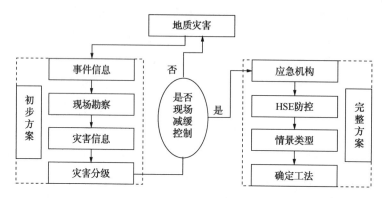

图1-5 地质灾害应急抢险的流程及启动控制

实际操作中，主要是对地质灾害的评价信息进行处理，通过录入地质灾害评价参数的数据，经计算即可获得油气管道突发地质灾害风险指数，当风险指数值达到某设定大小时，即"该等级风险为有条件接受风险，应保持关注，可采取有效应对措施降低风险"，作为启动地质灾害应急抢险的"阈值"条件。启动了地质灾害应急抢险程序后，则应建立应急机构，进行风险评估和HSE防控，根据地质灾害现场勘察信息确定地质灾害的情景类型，进而确定相应的现场减缓控制技术，并确定相关的工法，形成地质灾害应急抢险完整方案。

第2章 油气管道地质灾害调查与评价

2.1 油气管道地质灾害类型

结合油气管道运行期间地质灾害的类型、特点及对管道的影响程度，根据现有国内外规范标准对地质灾害的定义与划分，将油气管道地质灾害类型划分为滑坡、崩塌、泥石流、采空地面塌陷、岩溶塌陷、地裂缝、湿陷性黄土、活动断裂等8个类型。

2.1.1 滑坡地质灾害

2.1.1.1 滑坡地质灾害特征

滑坡一般发生在斜坡体上具有滑动空间且两侧有切割面的部位。滑坡一般由滑坡体、滑坡壁、滑动面、滑动带、滑坡床、滑坡舌、滑坡台阶、滑坡周界、滑坡洼地、滑坡鼓丘、滑坡裂缝等要素组成(图2-1)。从斜坡的物质组成来看，其具有松散土层、碎石土、风化壳和半成岩土层，抗剪强度较低，易产生变形面下滑；坚硬岩石中由于岩石的抗剪强度较大，能够承受较大的剪切力而不变形滑动。如果岩体中存在滑动面，特别是暴雨之后，由于水在滑动面上的浸泡，使其抗剪强度大幅度下降而产生滑动。

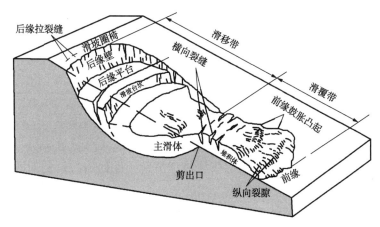

图2-1 滑坡要素示意图

滑坡根据其滑坡体的物质组成、形成原因及滑动形式可以有多种分类方式。根据物质组成可分为堆积层滑坡、黄土滑坡、黏性土滑坡、残坡积层滑坡、冰水(碛)堆积层滑坡、填土滑坡六种类型（表2-1）；根据滑动面特征可分为近水平层滑坡、顺层滑坡、切层滑坡、逆层滑坡、楔体滑坡五种类型（表2-2）；根据运动形式可分为推移式滑坡、牵引式滑坡两种类型（表2-3）等。

表 2-1　依据物质组成的滑坡分类

滑坡类别	滑坡特征
堆积层滑坡	不同性质的堆积层、体内滑动或沿基岩面的滑动，常见于坡积层中
黄土滑坡	不同时期黄土层中的滑坡，多群集出现；常见于高阶地前缘斜坡上或黄土层沿下伏第三纪岩层滑动
黏性土滑坡	沿黏土内部的变形滑动，或沿其他土层、岩层面的接触面滑动
残坡积层滑坡	由基岩风化壳、残坡积土构成，通常为浅表层滑动
冰水（碛）堆积层滑坡	冰川消融沉积物的松散堆积层，沿下伏基岩或滑坡体内软弱面滑动
填土滑坡	发生在路堤或人工填方区域，多沿老地面或基底以下的松软层滑动

表 2-2　依据滑动面特征的滑坡分类

滑坡类别	滑坡特征
近水平层滑坡	由基岩构成，沿缓倾岩层或裂隙滑动，滑动面角度≤10°
顺层滑坡	沿岩层面或裂隙面滑动，或沿坡积体与基岩交界面及基岩间不整合面滑动
切层滑坡	滑动面与岩层面相切，沿倾向山外的一组断裂面发生，滑坡床呈折线形
逆层滑坡	由基岩构成，沿倾向坡外的软弱面滑动，滑动面与岩层层面相切，且滑动面倾角大于岩层倾角
楔体滑坡	花岗岩、厚层灰岩等整体结构岩体中，沿多组弱面切割形成的楔形体滑动

表 2-3　依据滑动力学机理的滑坡分类

滑坡类别	滑坡特征
推移式滑坡	上部岩层滑动挤压下部产生变形，滑动速度较快，多呈楔形环谷外貌，滑坡体表面波状起伏，多见于有堆积物分布的斜坡地段
牵引式滑坡	下部滑动致上部土体失去支撑而产生变形滑动，一般变形速度较慢，多呈上小下大的塔式外貌，横向张性裂缝发育，多呈阶梯状或陡坎状

影响坡体稳定性的因素较多，总体概括为自然因素和人为因素，也可分为长期作用因素和短期作用因素，主要诱因可归纳为三类：

（1）改变坡体的应力状态，增加坡脚应力和滑带土的剪应力。例如河流冲刷、开挖坡脚、坡上加载。

（2）改变滑带土的性状从而减小抗滑力。例如地表水下渗、地下水位变化、潜蚀和溶蚀作用等降低滑带土强度。

（3）增加下滑力的同时减小抗滑力。例如地震、爆破的震动作用，滑带土（砂土）液化引起的土体结构破坏。

2.1.1.2　滑坡地质灾害破坏模式

根据管道展布方向与滑坡滑动方向的关系可将滑坡分为管道横穿滑坡、管道纵穿滑坡、管道斜穿滑坡三类情况。

（1）管道横穿滑坡

管道走向与滑坡主滑方向垂直，岩土体向运动方向推挤管道，管体主要承受管径方向推力，在滑坡边缘受到剪切作用。根据管道与滑坡体不同的位置关系将管道横向穿越滑坡分为 5 种情况，分别为：管道在滑坡体外部，从滑坡后缘穿过；管道从滑坡体内部穿过，位于滑坡体后部；管道从滑坡体内部穿过，位于滑坡体中部；管道从滑坡体内部穿过，位于滑坡体前部；管道在滑坡体外部，从滑坡前缘穿过（图 2-2）。

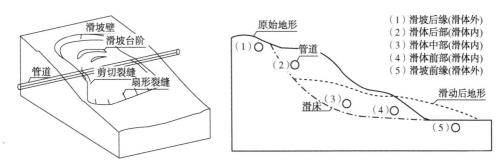

图 2-2　管道横向穿越滑坡体示意图

① 管道在滑坡体外部，从滑坡后缘穿过

滑坡体移动后，靠近滑坡体后缘的管道因侧向土体移动造成管道一侧土体约束力降低，管道易发生侧向移动，且越靠近滑坡体后缘土体移动越明显，可引起管道周围土体向临空面方向移动，进而引起管道裸露或悬空风险。

② 管道从滑坡体内部穿过

根据管道在滑坡体内部的位置关系，分为位于滑坡体后部、滑坡体中部、滑坡体前部。位于滑坡体后部的管道由于周围所包裹土体有限，在滑坡体拖拽作用下多表现为滑坡体轴部管道受力集中，滑坡体两侧附近管道受剪切作用不明显，多引起管道中部的露管、弯曲风险。位于滑坡体中部和前部的管道在滑坡体轴部及两侧边界附近受力明显，易形成受力集中，强烈时滑坡体轴部管道会发生位移乃至弯曲变形，滑坡体两侧管道会发生剪切破坏，当滑坡体厚度较大时，管道极易在滑坡体推挤作用下发生弯曲、断裂风险。

③ 管道在滑坡体外部，从滑坡前缘穿过

靠近滑坡体前缘的管道由于有周围稳定岩土体的包裹，受滑坡体推挤作用弱，一般为滑坡体移动后的堆积体压覆于管道上方，引起管道局部荷载增加和管道在竖直方向上不均匀受力，进而引起管道在竖向上的不均匀弯曲变形。

（2）管道纵穿滑坡

管道走向与滑坡的主滑方向平行，岩土体下滑力使管道外壁受到轴向摩擦，在坡上和坡下管道两端分别形成拉压作用，在滑坡边缘处，管道还受到下滑坡体的剪切作用（图2-3）。根据管道与滑坡体不同的位置关系将管道纵向穿越滑坡分为3种情况，分别为：管道从滑坡体外部、内部、中间位置穿过。

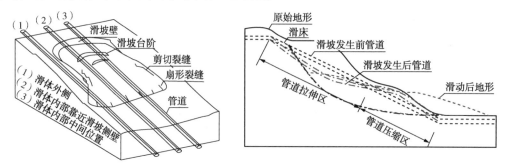

图2-3　管道纵向穿越滑坡体示意图

① 管道从滑坡体外部穿过

滑坡体移动后，靠近滑坡体侧壁的管道因侧向土体移动造成管道一侧土体约束力降低，管道易发生侧向移动，且越靠近滑坡体侧壁土体移动越明显，可引起管道周围土体向临空面方向移动，进而引起管道裸露或悬空风险。

② 管道从滑坡体内部穿过

当管道从滑坡体内部穿过时，根据管道在滑坡体内部的位置关系，分为从靠近滑坡体侧壁穿过、从滑坡体中部穿过。对于靠近滑坡体侧壁的管道，管道在滑坡体的拖拽作用下不但承受沿管道的拉伸、压缩变形，垂直于滑坡方向由于管体受力不均还承受侧向剪切作用，管道在综合作用下极易发生断裂风险。

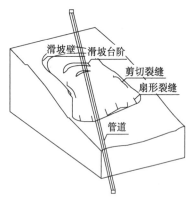

图2-4　管道斜向穿越
滑坡体示意图

③ 管道从滑坡体中间位置穿过

位于滑坡体中部的管道，在坡顶处管道受拉伸作用明显，易形成拉应力集中区，当拉应力集中到一定程度时管道将被拉断；在坡脚处管道受压缩作用明显，多形成压应力集中区，易发生管道屈曲破坏。

（3）管道斜穿滑坡

管道走向与滑坡的主滑方向成一定夹角，岩土体下滑力方向与管道轴向成一定角度，管道受力可分解为垂直和平行管道两个方向。滑坡体对管道的作用，既有推挤又有拉压，同时在滑坡边缘也存在剪切（图2-4）。因此管道变形破坏兼具纵向滑坡与横向滑坡中管道变形破坏特征。

2.1.2　崩塌地质灾害

2.1.2.1　崩塌地质灾害特征

崩塌一般发生在坡度大于45°的陡峻斜坡上，反坡大于90°的悬崖更易发生崩塌，高度越高崩塌发生的概率越大，崩塌的规模相对也越大；高山峡谷段岸坡、河流弯道的凹岸、冲沟沟壁、陡崖等处都是容易发生崩塌的地带。按崩塌体积规模可分为特大型崩塌、大型崩塌、中型崩塌及小型崩塌（表2-4）；按危岩体顶端距陡崖（坡）脚高度可划分为低位危岩、中位危岩、高位危岩和特高位危岩（表2-5）；按形成方式可划分为倾倒式、滑移式、鼓胀式、拉裂式和错断式（表2-6）。

表 2-4　按崩塌体积规模分类　　　　　　　　　　　　　　　$10^4 m^3$

崩塌等级	特大型	大型	中型	小型
体积 V	$V \geq 100$	$100 > V \geq 10$	$10 > V \geq 1$	$V < 1$

表 2-5　按危岩体顶端距陡崖（坡）脚高度分类　　　　　　　　　m

类型	低位危岩	中位危岩	高位危岩	特高位危岩
高度	≤15	15~50	50~100	>100

表 2-6　按崩塌形成方式分类

类型	地形地貌	受力状态	起始运动形式
倾倒式	直立岸坡、悬崖	受倾覆力矩作用	倾倒
滑移式	大于55°的陡坡	滑移面主要受剪切力	滑移
鼓胀式	陡坡	下部软岩受垂直挤压	鼓胀伴有下沉、滑移、倾斜
拉裂式	悬崖	拉张	拉裂
错断式	大于45°的陡坡	自重引起的剪切力	错落

（1）倾倒式崩塌

倾倒式崩塌多发生在河流峡谷区、黄土冲沟地段或岩溶区等陡坡上，岩体以垂直节理或裂隙与稳定的母岩分开。

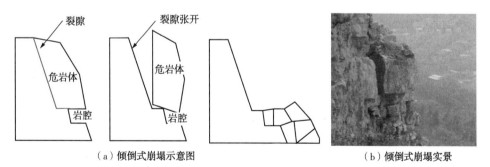

（a）倾倒式崩塌示意图　　　　　　　　（b）倾倒式崩塌实景

图 2-5　倾倒式崩塌成灾过程示意图

（2）滑移式崩塌

这种类型的崩塌主要发生在裂隙发育的岩质边坡，岩体的稳定性受节理及层面控制，结构面倾角一般较大，顺坡走向呈现不规则的锲形体（图2-6）。

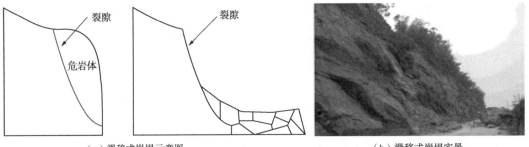

（a）滑移式崩塌示意图　　　　　　　　　　　　（b）滑移式崩塌实景

图 2-6　滑移式崩塌成灾过程示意图

（3）鼓胀式崩塌

较厚软弱岩层在上部岩体压力作用、水软化、风化剥落因素影响下不断压缩，向临空方向塑性流动，向外鼓胀，使上覆较坚硬岩层拉裂，岩体不断下沉和向外移动，拉张原有节理面或形成新裂隙。随着鼓胀发展，不稳定岩体不断下沉和外移，同时发生倾斜，一旦重心移出坡外，即产生鼓胀式崩塌（图 2-7）。

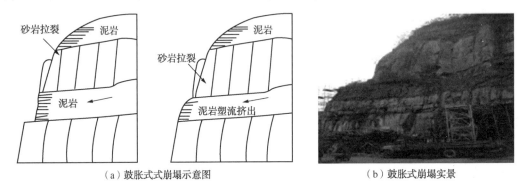

（a）鼓胀式式崩塌示意图　　　　　　　　　（b）鼓胀式崩塌实景

图 2-7　鼓胀式崩塌成灾过程示意图

（4）拉裂式崩塌

形成的岩质陡峭边坡由软硬相同的岩层组成，块体坚硬。因坡脚下软层等在风化作用或河流的冲刷掏蚀作用下，逐渐掏空而使上部坚硬岩层突显出来，进而发生悬臂式拉断（图 2-8）。

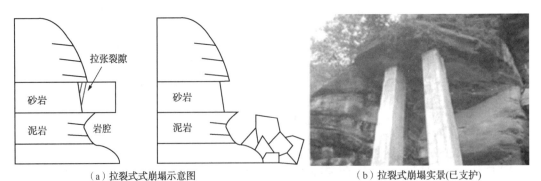

（a）拉裂式崩塌示意图　　　　　　　　　（b）拉裂式崩塌实景（已支护）

图 2-8　拉裂式崩塌成灾过程示意图

（5）错断式崩塌

当边坡发育有高倾角节理或卸荷裂隙，但无倾向临空面的结构面，在岩体的自重作用下，引起下部剪切力集中，当剪应力接近并大于危岩与母岩连接处的抗剪强度时，危岩体的下部被剪断，从而发生错断式崩塌(图 2-9)。

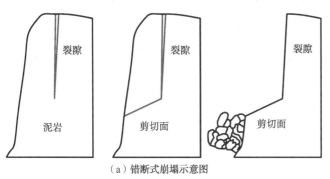

（a）错断式崩塌示意图　　　　　　　　　　　（b）错断式崩塌实景

图 2-9　错断式崩塌成灾过程示意图

2.1.2.2　崩塌地质灾害破坏模式

管道与崩塌地质灾害体的位置关系可分为管道从崩塌体上方通过和从崩塌体下方通过两种情况。

（1）管道位于崩塌体上方

管道从崩塌体上方穿过时，崩塌发生后，管道存在露管风险。当崩塌体方量较大时，会导致管道架空距离较长，引起管道的向下弯曲变形风险，严重的情况下可导致管道因自重弯曲变形过大而损坏、失效。例如某地一半风化岩质采砂边坡，长 170m、宽 60m、坡度 80°，近直立，发育有数组急倾斜节理，节理与边坡走向大角度斜交，坡体稳定，边坡最高处 9m，距离管道最近距离 14m，一旦发生崩塌灾害，其上方管道损毁的可能性极大(图 2-10)。

图 2-10　某地大面积崩塌导致管道露管

（2）管道位于崩塌体下方

① 架空管道

架空管道穿过崩塌体下方时，落石会直接作用于管道上，管道存在破坏变形、破损的风险，当落石方量较大时管道存在断裂风险。例如，某地管道架空穿过崩塌危岩体下方，尽管已经采取了钢筋混凝土格构、铁丝网覆盖等地质灾害防治措施，但仍然存在崩塌地质灾害危岩体，见图 2-11(a)；其滚落路径存在不稳定性，可能飞出坡体以外撞击管道，造成管道损毁的危险，见图 2-11(b)。

② 埋地管道

如果管道埋于地下，落石坠落冲击地面时，管道上方的回填土可以吸收或部分吸收落石的动能，管道在落石的冲击作用下存在一定的变形凹陷风险。若管道埋深足够大，则落石的冲击作用对管道的影响将会很小，乃至可以忽略不计。

（a）某地管道崩塌地质灾害防治实景

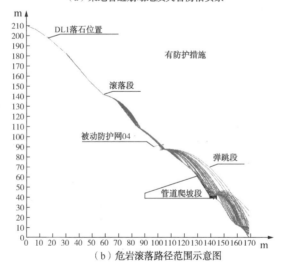

（b）危岩滚落路径范围示意图

图 2-11　某地管道崩塌地质灾害调查图

2.1.3　泥石流地质灾害

2.1.3.1　泥石流地质灾害特征

泥石流是一种在特殊地形、地貌地区出现的灾害性地质现象，其经常突然爆发，来势凶猛，可携带巨大的石块，并以高速前进，具有强大的能量，因而破坏性极大。泥石流流动的全过程一般只有几个小时，短的只有几分钟，其类型按流域特征可划分为标准型泥石流、河谷型泥石流、山坡型泥石流(表2-7)；按物质组成可划分为泥流、泥石流、水石流三种类型(表 2-8);按结构流变性质可划分为黏性泥石流、稀性泥石流(表 2-9)。

陡峭的地形、丰富的松散固体物质和强降雨是区内泥石流形成的基本条件,尤其历时短、高强度的降雨,极易产生特大型泥石流,如甘肃舟曲特大型泥石流灾害就是由高强度降雨引起。

表 2-7　泥石流按流域特征分类

类型	特征描述	示意图
标准型泥石流	流域呈扇形,能明显地分出形成区、流通区和堆积区。河床下切作用强烈,滑坡、崩塌等发育,松散物质多,主沟坡度大,地表径流集中,泥石流规模和破坏力较大	
河谷型泥石流	流域呈狭长形,形成区不明显,松散物质主要来自沟谷中分散的坍滑坡体,流通区和堆积区不能明显分开;泥石流沿沟谷有堆积也有冲刷、搬运,形成逐次搬运的"再生式泥石流"	
山坡型泥石流	流域面积小,呈漏斗状,流通区不明显,形成区与堆积区直接相连,堆积作用迅速。由于汇水面积不大,水量一般不充沛,多形成重度大、规模小的泥石流	

表 2-8　泥石流按物质组成分类

类型	特征描述
泥流	重度 16~23kN/m³;以黏性土为主,混少量砂土、石块。黏度大、呈黏泥状
泥石流	重度 12~23kN/m³;由大量的黏性土和粒径不等的砂、石块组成
水石流	重度 12~18kN/m³;以大小不等的石块、砂为主,黏性土含量较少

表 2-9　泥石流按结构流变性质分类

类型特征	黏性泥石流	稀性泥石流
重度	16~23kN/m³	13~18kN/m³
固体物质含量	960~2000kg/m³	300~1300kg/m³
黏度	≥0.3Pa·s	<0.3Pa·s
物质组成	含大量黏性土的泥石流或泥流，黏性大，固体物质占40%~60%，最高达80%，水不是搬运介质而是组成物质	水为主要成分，黏性土含量少，固体物质占10%~40%，有很大分散性，水是搬运介质
沉积物特征	呈舌状，起伏不平，保持流动结构特征，剖面中一次沉积物的层次不明显，间有"泥球"，但各次沉积物之间层次分明，洪水后不易干枯	呈垄岗状或扇状，洪水后即可通行，干后层次不明显，呈层状，具有分选性
流态特征	层流状，固、液两相物质成整体运动，无垂直交换，浆体浓稠，承浮和悬托力大，石块呈悬移状，有时滚动，流体阵性明显，直进性强，转向性弱，弯道爬高明显，沿程渗漏不明显	紊流状，固、液两相不等速运动，有垂直交换，石块流速慢于浆体，呈滚动或跃移状，泥浆体混浊，有股流和散流现象，水与浆体沿程易渗漏
危害作用	来势凶猛，冲击力大，磨蚀力强，直进性强，爬越高度大，推动力大，一次性破坏作用大	冲击力较小，磨蚀力较强，一次性破坏作用较大

2.1.3.2　泥石流地质灾害破坏模式

油气管道在规划设计选线阶段，对于可能发生的大型泥石流，多会选择绕避，对于中小泥石流，油气管道会选择横向跨越或伴行的方式通过泥石流发生区域。

（1）形成区的破坏特征

由于其位置的特殊性，油气管道多数不经过此区域，对于少量布设在此的管道，一般主要受地表流水侵蚀的危害，松散岩土体流失可导致管道裸露，架空管道的基座地基则可能受到潜蚀作用破坏。

（2）流通区的破坏特征

对埋地管道的冲击破坏：夹杂着大量石块的泥石流流体沿着一定坡度的沟谷快速冲下，可对敷设在沟底一定深度的油气管道造成破坏，冲刷管道上方的覆土，当泥石流冲击力足够大时，可导致管道位置发生偏移(图2-12)。

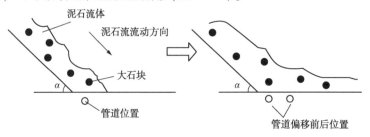

图 2-12　泥石流冲击埋地管道

对半裸露管道的冲击破坏：泥石流达到一定规模后具备较大冲刷能力，首先冲刷管道的裸露管体及其保护土层，使得管道进一步暴露。泥石流冲击可破坏裸露管道表面的防护层，影响管道的长期维护，泥石流中体积较大的岩块有可能造成管道破裂(图 2-13)。

对完全裸露架空(悬空)管道的冲击破坏：对于架空或悬空的管道，泥石流将直接作用在裸露的管道上，在含有大量石块泥石流的强烈冲击作用下，管体可能被快速的岩块冲击而损伤，短时间淤积的大量泥石流体对管道产生较大推力，管道两端支撑架可能发生毁坏，甚至造成管道弯曲变形过大而发生折断破坏(图 2-14)。

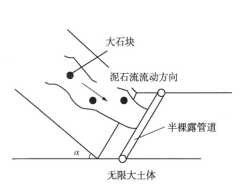

图 2-13　泥石流对半裸露管道的冲击

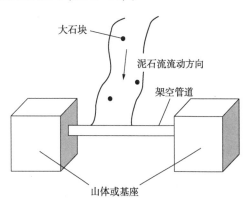

图 2-14　泥石流对架空(悬空)管道的冲击

（3）堆积区的破坏特征

堆积区位于泥石流的下游，地势平坦、谷口开阔，常有堆积扇，油气管道多在此处敷设。对于架空敷设管道，架设的桥墩可能遭受泥石流冲击损坏，从而导致管道破裂、折断；对于地下埋设管道，泥石流带来的石块等会堆积在管道上部，加大管道上部的覆盖载荷，其直接影响较小，但会给后期管道的维护带来困难。

2.1.4　采空地面塌陷地质灾害

2.1.4.1　采空地面塌陷地质灾害特征

采空地面塌陷是指地下开采导致上部岩土体在自重作用下失稳引起的地面塌陷现象。由于地质条件复杂，加之不同的开采方法，地表变形会表现出不同的特征，其成灾过程也不尽相同。按照地表沉陷破坏形式、成灾过程，将其分为地表连续移动破坏、地表非连续移动破坏和突发性随机破坏三种类型。

（1）地表连续移动变形

地表连续移动变形是指矿层引起的沉陷在地表表现为连续的平缓下沉盆地，在下沉盆地外缘出现的拉伸区域，一般会出现较小的地表裂缝。

（2）地表非连续移动变形

地表非连续移动变形包括地表裂缝和台阶，塌陷坑和塌陷槽。开采缓倾斜、急倾斜矿层时，地表破坏的主要形式是地表出现裂缝，但在某些开采条件下地表也可能出现出漏斗状的塌陷坑或塌陷槽。

（3）地表突发性变形

在地表连续性移动变形破坏和地表非连续移动变形破坏情况条件之外，还会出现地表随机性、突发性沉陷的灾变破坏。这种突发性的变形主要是由于在对地下矿层开采时的无序管理造成，这类采空区中存在大量不稳定的煤柱支撑，这些非稳定性结构在受到重力加载、外荷载作用，或者经过长期的地下水侵蚀、风化作用进而变形失稳，从而产生突发性的地表塌陷灾变。

2.1.4.2 采空地面塌陷地质灾害破坏模式

根据管道所处位置地表移动变形破坏的类型分析管道可能的破坏模式。

（1）地表连续移动变形

对于充分开采的采空区，地表发生连续移动变形，形成的地表移动盆地分为中间区、内边缘区和外边缘区 3 个区域（图 2-15）。地表连续移动变形对采空区上覆油气管道的破坏相对较小，但是在连续移动变形盆地的范围内，仍会引起管道的弯曲变形、拉伸变形甚至是悬空折断等破坏。

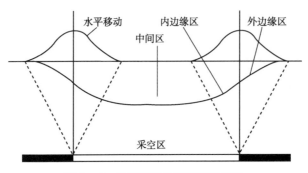

图 2-15 地表移动盆地剖面示意图

① 外边缘区管道拉裂和剪切破坏

外边缘区产生拉伸变形，地表一般产生拉裂缝；在靠近内边缘区，会出现少量的地表下沉。埋设在该区域的管道因为拉裂缝产生，可能遭受拉应力或剪切应力，以至于在管道的应力集中处产生变形，受预应力的弯头、弯管或存在焊接缺陷的焊缝处会发生失效破坏。

② 内边缘区管道鼓胀和扭曲变形破坏

外边缘区因为拉应力的存在使地表出现拉裂缝时，内边缘区会因为受压产生压缩变形，在地表局部产生鼓胀，该区域埋设的管道会因受压变形，管道的防腐补口出现卷边、褶皱、隆起等现象，严重时管体会发生变形、褶皱破坏（图 2-16）。

③ 中间区管道沉降与悬空变形破坏

采空区上方地表移动盆地表现为地表整体塌陷，造成管道随地表沉降而产生整体向下的弯曲变形。当一定长度内管道的实际竖向沉降量大于其自身允许沉降量时，造成移动盆地内管道长距离悬空，管道处于危险状态。当管道的竖向实际沉降量大于允许沉降量时，管道会发生破坏甚至是断裂；相反，当管道的竖向沉降量小于允许沉降量时，管道处于相对安全状态(图 2-17)。

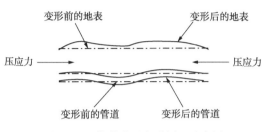

图 2-16　管道受压变形剖面示意图

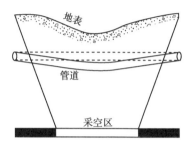

图 2-17　管道穿越采空区主断面示意图

（2）地表非连续移动变形

开采引地表裂缝、台阶或塌陷坑等地表非连续移动变形的出现，对采空区上覆油气管道的危害极大。地表非连续移动变形具有突发性、隐蔽性、不可预测和多次间断性等特点，可能直接造成管道突然的断裂，甚至发生起火爆炸。

当管道下方的地表突然出现非连续变形塌陷坑时，管道将呈现悬空状态，在管道自重和上覆岩土荷载作用下管道发生弯曲变形，对于小型塌陷坑或发生弯曲变形值较小时，管道会暂时处于安全状态，仍可运行；但当形成的塌陷坑规模较大，弯曲变形超过管道设计强度值时，管道会发生折断、断裂等现象(图 2-18)。

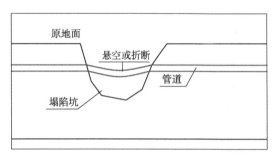

图 2-18　管道穿越非连续变形塌陷坑示意图

（3）地表突发性变形

地表突发性变形多发生在不规则开发的小窑采空区或急倾斜厚层采空区场地，地表发生突然性的塌陷破坏，形成塌陷坑，上部运行的管道失去支撑，发生悬空，进而引发管道的悬空弯曲、断裂等破坏，与非连续地表变形对管道造成的破坏模式类似。该地表变形具有突发性，预测难度大，对管道造成的破坏极大。

2.1.5　岩溶塌陷地质灾害

2.1.5.1　岩溶塌陷地质灾害特征

由于可溶岩中溶洞、岩溶空隙等发育，可溶岩上方覆盖的土体潜蚀、塌陷而导致地面失稳变形，称为岩溶地面塌陷或岩溶塌陷。根据岩溶塌陷形成的地质条件和可溶岩地层的出露条件，可将岩溶区划分为覆盖型岩溶区、裸露型岩溶区和埋藏型岩溶区(表 2-10)。

此外，也可从成因上将岩溶塌陷地质灾害类型划分为自然塌陷和人为塌陷。自然塌陷受地下水动态演变的控制，多发生在旱涝交替强烈的年份，尤其是在暴雨、洪水、地震、重力等因素作用下，地下水位变幅增大，水动力条件急剧变化，使上覆土层的自然状态被破坏而导致塌陷的发生。人为塌陷是在岩溶洞穴的基础上由于人类工程活动而引起的塌陷，其诱发因素包括：抽取地下水引起的塌陷，地表水或污水下渗引起的塌陷，震动或加载引起的塌陷等（表2-11）。

表 2-10　根据发育条件划分的岩溶区类型

分类指标	类型			
	裸露型	覆盖型		埋藏型
		浅覆盖型	厚覆盖型	
可溶岩出露情况	大部分	零星		无
盖层		第四系松散层		非可溶岩
第四系厚度/m	<5	5~30	>30	不定

表 2-11　岩溶塌陷地质灾害类型

划分依据	类型		发育条件或成因
按照地质条件	石灰岩中的溶洞顶板塌陷		内外部溶蚀、剥蚀使顶板变薄，或洞内发生正负水压等
	覆盖层中的土洞顶板塌陷	黏性土的土洞塌陷	地下水水位下降至黏性土层底板以下时，岩溶洞穴产生负压吸蚀，使土层剥落向下流失
		砂性土的土洞塌陷	岩溶地下水水位下降，岩溶管道开口处砂层随下渗水流向下潜蚀流失
按照成因	自然塌陷		主要受地下水自然动态演变的控制
	人为塌陷		人类抽排水等工程活动而引起的塌陷

　　岩溶塌陷的影响因素较多，其中地层岩性、地质构造、岩土层结构等条件基本不变，短期内能够骤然发生变化的条件，主要是地下水变化和人工活动，如地下水位周期性升降、雨季大气降水垂向入渗、雨季前后地下水位快速升降、地下水资源的人工开采、地震及人工振动等。

2.1.5.2　岩溶塌陷地质灾害破坏模式

岩溶塌陷地质灾害对管道的破坏模式主要有以下几种：

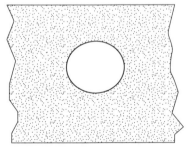

图 2-19　蠕变方式

（1）土体下陷蠕变

岩溶塌陷的形成阶段具有隐蔽性，形成过程十分缓慢，地表很少出现明显的变形。基于此原因，管道中由于岩溶塌陷作用产生的应力和应变会逐渐累积，长时间作用有可能使管道失效，甚至破裂。在土体移动的蠕变阶段，地表变形量很小，管体也尚未造成悬空，土体蠕变形成的附加荷载由管体承担（图2-19）。

（2）管体局部暗悬

该阶段土体塌陷过程明显加快，地表出现裂缝等变形迹象。起初管体随土体同步下沉，由于管体刚度远大于土体，当土体下沉增大到一定程度，管体与其下方的土体脱离。此时管体上方及周围土体尚无沿管道周边滑落至管体以下的空间，管体仅局部暗悬并且悬空长度随着时间逐渐增加，因此管体除受自身及输送介质荷载作用之外，上覆土体荷载全部由悬空段管体承担（图2-20）。

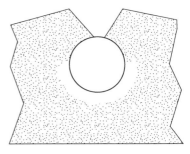

图2-20 暗悬方式

（3）管体完全悬空外露

该阶段岩溶塌陷继续发展，由于管体与地表变形不一致，导致管体与下方土体的离隙距离越来越大，管道四周土体与管体脱离，并沿管壁逐渐垮塌至塌陷盆地中，塌陷区土体完全塌陷至管体以下，造成管体完全垂悬外露，此时管体只受自身及输送介质的荷载作用（图2-21）。

（4）土体突发沉陷

由于岩溶塌陷机理的不同，还可能出现土体突发沉陷的情况。该阶段土体在瞬时发生垮塌，直接造成管体上覆覆土的剪切破坏，因此该阶段管体承受的荷载包括覆土土柱荷载、管体自身、输送介质荷载及管道两侧土体突然剪切造成的剪力（图2-22）。

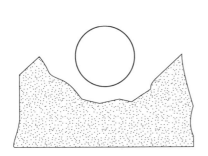

图2-21 完全悬空形式

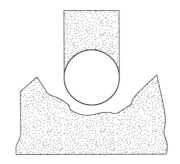

图2-22 有覆土悬空形式

2.1.6 地裂缝地质灾害

2.1.6.1 地裂缝地质灾害特征

地裂缝是地表岩、土体在自然或人为因素作用下产生开裂，并在地面形成一定长度和宽度裂缝的一种地质现象，当这种现象发生在有人类活动的地区时，便可成为一种地质灾害。地裂缝可采用不同的分类方法，最常见的有成因分类、形态分类和力学分类，本书重点分析地裂缝成因分类方法，将地裂缝划分为三种类型：构造地裂缝、非构造地裂缝及混合成因地裂缝（表2-12）。

表 2-12　地裂缝成因分类

类型	亚类	特征描述	
构造地裂缝	地震裂缝	地震引起地面的强烈震动，均可产生这类裂缝	常呈条带状或串珠状，裂缝张开性较大，相对发育较强烈，破坏性较大
	基底断裂活动地裂缝	基底断裂的长期蠕动，使岩体或土层逐渐开裂，并显露于地表而成	
非构造地裂缝	松散土体潜蚀地裂缝	由于地表水或地下水的冲刷、潜蚀、软化和液化作用等，使松散土体中部分颗粒随水流失，土体开裂而成	常呈串珠状，裂缝张开性较小，相对发育较弱，破坏性受环境因素影响较大，隐蔽性较大，不易辨识等
	黄土湿陷地裂缝	因黄土地层受地表水或地下水的浸湿产生沉陷而成	
	膨胀土胀缩地裂缝	由于气候干、湿变化，使膨胀土或淤泥质软土产生胀缩变形发展而成	
	地面沉陷裂缝	地面沉陷时外边缘部位因拉张而形成	
	滑坡裂缝	滑坡体后缘在滑动过程中受到拉张作用，形成张性裂缝	
混合成因地裂缝	隐伏裂隙开启裂缝	发育隐伏裂隙的土体在地表水或地下水的冲刷、潜蚀作用下，裂隙中的物质被水带走，裂隙向上开启、贯通而成	

（1）构造地裂缝

构造地裂缝是由于地壳构造运动在基岩或土层中引起的开裂变形，多数由断裂的缓慢蠕滑或快速黏滑而产生。

（2）非构造地裂缝

非构造地裂缝常伴随地面沉降、滑坡和崩塌等地质灾害发生，其纵剖面形态大多近乎直立，或呈圈椅状、弧形等开关。此外，地面塌陷及特殊土的理化性质改变也会引发地裂缝。这种地裂缝由外动力形成，受地质条件的限制，一般规模性较小，具有突发性和不确定性，受环境因素的影响较大。

（3）混合成因地裂缝

混合成因地裂缝是在构造地裂缝的基础上或发生的同时，在其他外力的作用下，共同作用而形成。

2.1.6.2　地裂缝地质灾害破坏模式

根据地裂缝灾害的表现形式，可将地裂缝引发的管道地质灾害破坏模式划分为以下几种类型：

（1）水平拉裂。大多数地裂缝都具有这种特点，其位于地裂缝带的位置不同，水平拉裂的程度会表现出一定的差异。

（2）垂直位错。发生在主裂缝带上的管道垂直位错比较明显，这是引起管道最终破坏的主要原因。

（3）水平扭动。这种形式常伴随着结构不均匀沉降，地裂缝本身的扭动分量很小，但当管道与地裂缝斜交，特别是交角较小时，产生的扭转变形比较明显。

（4）不均匀沉降。管道破坏不明显，但在一段距离内，可看到地面有明显的差异沉降。

地裂缝引起的管道工程灾害不是以单一的破坏形式呈现，常常是由两种或两种以上的破坏形式组合而成。如管道在土体地裂缝灾害中造成的损伤，大多数是由垂向错动和水平张拉共同造成的。

2.1.7 湿陷性黄土地质灾害

2.1.7.1 湿陷性黄土地质灾害特征

湿陷性土是一种非饱和、结构不稳定的土，该类土在上覆土层自重应力作用下，或者在自重应力和附加应力共同作用下，浸水后土结构迅速破坏而发生显著的附加下沉变形。当湿陷性黄土浸水后，没有任何外部的附加荷载，仅在地基土的自重压力作用下发生湿陷，称之为自重湿陷性黄土。当湿陷性黄土没有外部附加荷载的作用下浸水不发生湿陷，需要有一定的附加荷载作用浸水才能发生湿陷的，称之为非自重湿陷性黄土。

按照形成时代早晚，湿陷性黄土可分为四类（表 2-13）。

表 2-13 黄土地层的划分

时代		地层划分	说明
全新世（Q4）黄土	晚期	新黄土	黄土状土	一般具有湿陷性
	早期			
晚更新世（Q3）黄土			马兰黄土	
中更新世（Q2）黄土		老黄土	离石黄土	上部部分土层具湿陷性
早更新世（Q1）黄土			午城黄土	不具湿陷性

湿陷性黄土在我国分布较广，面积约 $45×10^4 km^2$。按照工程地质特征和湿陷性强弱程度，可将我国湿陷性黄土划分为 7 个分区，各个分区的黄土物理力学性质指标具有明显差别。

（1）陇西含青海地区：自重湿陷性黄土分布广，湿陷性黄土层厚度通常大于 10m，地基湿陷等级多为Ⅲ~Ⅳ级，湿陷性敏感。

（2）陇东—陕北—晋西地区：自重湿陷性黄土分布广泛，湿陷性黄土层厚度通常大于 10m，地基湿陷等级一般为Ⅲ~Ⅳ级，湿陷性较敏感。

（3）关中地区：低阶地多属非自重湿陷性黄土，高阶地和黄土塬多属自重湿陷性黄土。地基湿陷等级一般为Ⅱ~Ⅲ级，湿陷发生较迟缓。

（4）山西—冀北地区：低阶地多属非自重湿陷性黄土，高阶地（包括山麓堆积）多属自重湿陷性黄土。地基湿陷等级一般为Ⅱ～Ⅲ级。

（5）河南地区：一般为非自重湿陷性黄土，湿陷性黄土层厚度一般为5m，土结构较密实，压缩性较低。该区浅部分布新近堆积黄土，压缩性较高。

（6）冀鲁地区：一般为非自重湿陷性黄土，地基湿陷等级一般为Ⅱ级，土结构较密实，压缩性较低。在黄土边缘地带及鲁山北麓的局部地段，湿陷性黄土层薄，含水量高，湿陷系数小，地基湿陷性等级为Ⅰ级或不具湿陷性。

2.1.7.2 湿陷性黄土地质灾害破坏模式

当管道穿越湿陷性黄土分布区，黄土发生湿陷性下沉变形时，管道下方与土体分离出现虚脱空隙，在上覆土压力作用下，管道不断下沉、变形，直至受力平衡被破坏（图2-23）。

将管道在沉陷作用下的受力问题简化为拟静力问题进行分析，从管道变形形态分析中可以发现，位于沉陷区和非沉陷区管道的力学响应是不同的。管道在非沉陷区为弹性状态；而在沉陷区，由于管道发生了大变形，两个区域的管道受力与变形状态有明显不同（图2-24），故可采用不同的力学模型分别描述两个区域的管道，然后根据交界处的协调条件得到管道最大轴向应力。

图2-23 管道与下部管周土体非协同变形

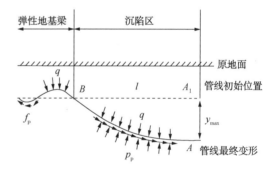

图2-24 受沉陷影响的埋地管线变形分析

2.1.8 活动断裂地质灾害

2.1.8.1 活动断裂地质灾害特征

活动断裂一般可以认为是第四纪以来曾有过活动的断裂。活动断裂有两种基本活动方式，一种是以地震方式产生间歇性的突然滑动，称之为地震断层或黏滑型断层；另一种是沿断层两侧岩层连续缓慢滑动，称之为蠕动断层或蠕滑型断层。

活动断层是活动断裂的主要形式，在大多数情况下活动断层可以代替活动断裂的概念，故在本文中常以"断层"来说明"断裂"。活动断裂可按两盘相对位移方式或者断层活动方式划分其类型（表2-14）。

表2-14 活动断裂类型及特征

分类指标	类型		构造应力状态	区别		
				几何特征	运动特征	活动后果
按断层面位移的矢量水平的关系	倾滑断层	正断层	σ_1近直立，σ_3近水平	断层面与水平面夹角大于45°，且往往呈参差状，断层带较宽	上盘分支和次生断裂发育，岩性破碎，地面变形大	地震（小）
		逆断层	σ_1近水平，σ_3近直立	断层面与水平面夹角小于45°，呈舒缓波状，规模较大，断层带很宽	上盘分支和次生裂隙较发育，岩性破碎，地面变形大	地震（大）
	走滑断层	左行走滑	σ_1、σ_3均近水平	断层面即为σ_1、σ_3之间的最大剪应力面，近垂直，断层面平直，断层带较窄	两盘逆时针方向做相对运动	地震（中）
		右行走滑			两盘顺时针方向做相对运动	
按活动方式	地震断层（黏滑断层）		应力集中突然释放	围岩强度高，锁固能力强，能不断累积应变能	间歇性突然滑动	地震周期性
	蠕变断层（蠕滑断层）		应力集中缓慢释放	围岩强度低，断裂带内含软弱充填物，或孔隙水压、地温高异常	连续缓慢滑动	无地震或小震

活动断裂与地震密切相关，可通过地震活跃度来反映活动断裂的分布。中国大陆5级以上的强震分布十分广泛，不同震级的强震具有明显规律性。除了塔里木(塔克拉玛干沙漠区)和阿拉善(腾格里沙漠区)等人烟稀少的地区没有记录之外，其他地区均有大量5~5.9级地震的发生；6~6.9级地震的分布更加集中；7级以上强震的分布更加局限，主要发生在大型活动断裂带上。

2.1.8.2 活动断裂地质灾害破坏模式

多次震害经验表明，地震作用下活动断层对埋地管道的破坏部位、破坏方式可分以下几种情况：

（1）破坏部位

① 连续性管道的破坏失效。管体本身发生破坏，一般发生于长距离输油(气)钢管。

② 管道接口的破坏失效。对于城市燃气管网等非连续性管道，易发生此类破坏，如承插式管线接口填料松动，插头脱出成承口破坏。

③ 弯头、三通或管道与其他构筑物连接处的破坏。管道接头或三通弯头等特殊管段应尽量避开断层带。

（2）破坏方式

对断层附近管道的失效分析重点为管道自身的破坏，断层错动作用下埋地长输管道的失效模式大致可分为两类。

① 拉伸破坏：在断层两盘斜拉作用下，管道承受拉伸张力，当轴向应力应变超过管材的屈服极限，管体应力集中，存在明显的伸长、缩颈现象，直至拉裂。一般情况下，当

管道穿越正断层或以 $\beta \leq 90°$ 交角穿越走滑断层时，主要承受拉力，易发生拉伸失效。

② 屈曲破坏：地壳构造在水平挤压作用下，断层两盘有相向运动趋势，管道受压荷载达到某一值时，管道由稳定状态突然进入不稳定状态，丧失了保持其原有平衡状态的能力。管道穿越逆断层或以 $\beta > 90°$ 的交角穿越走滑断层时，易发生此类失效，具体包括局部屈曲和梁式屈曲(图 2-25)。

(a) 直径22m的钢管发生褶皱　　　　　　　(b) 放大后的褶皱管道

图 2-25　断层作用下埋地管道的屈曲失效

2.2　油气管道地质灾害调查

通过对油气管道沿线已发地质灾害或迹象的调查，可为分析该地区油气管道地质灾害成灾的原因、机理及特点提供可靠的依据。结合现场地质灾害体发育特征的调查，可了解各地区、区段的灾害成因及形态，及时了解最新的灾害动态，最终实现对地质灾害的有效管理。

2.2.1　滑坡地质灾害现场调查

(1) 调查内容

滑坡地质灾害的调查内容主要包括滑坡区调查、滑坡体调查、滑坡成因调查以及滑坡危害调查。

① 滑坡区调查

滑坡区调查内容主要包括：滑坡地理位置、地貌部位、斜坡形态、地面坡度、相对高度，沟谷发育、河岸冲刷、堆积物、地表水以及植被；滑坡体周边地层及地质构造；水文地质条件。

② 滑坡体调查

滑坡体调查内容主要包括：形态与规模，包括滑坡体的平面、剖面形状，长度、宽度、厚度、面积和体积等参数；边界特征，包括滑坡后壁的位置、产状、高度及其壁面上擦痕方向，滑坡两侧界线的位置与性状，前缘出露位置、形态、临空面特征及剪出情况，露头上滑床的性状特征等；表部特征，包括微地貌形态，裂缝的分布、方向、长度、宽度、产状、力学性质及其他前兆特征；内部特征，包括滑坡体的岩体结构、岩性组成、松动破碎及含泥含水情况，滑带的数量、形状、埋深、物质成分、胶结状况，滑动面与其他结构面的关系；变形活动特征，包括滑坡发生时间、发展特点及其变形活动阶段，滑动方向、滑距及滑速，滑动方式、力学机制和稳定状态。

③ 滑坡成因调查

滑坡成因调查内容主要包括：自然因素，如降雨、地震、洪水、崩塌加载等；人为因素，如森林植被破坏、不合理开垦，矿山采掘，切坡、滑坡体下部切脚，滑坡体中-上部人为加载、震动、废水随意排放、渠道渗漏、水库蓄水等；综合因素，主要表现为人类工程活动和自然因素共同作用。

④ 滑坡危害调查

滑坡危害调查内容主要包括：滑坡发生发展历史、人员伤亡、经济损失和环境破坏等现状；分析与预测滑坡的稳定性和滑坡发生后可能成灾范围及灾情。

（2）调查要点

为便于现场抢险人员（非地质人员）对滑坡灾害有效识别，增强可操作性，结合管道作为滑坡威胁对象的特性，针对油气管道滑坡现场调查要点如下：

① 滑坡规模调查：重点调查滑坡的范围（长度、宽度、厚度、面积和体积）、垂直错动距离、水平滑动距离。

② 管道与滑坡的位置关系调查：调查管道直径、规格、埋深、走向位置及潜在变形特征。

③ 管道损毁情况调查：初步对管道可能的破坏位置、破坏类型进行调查，对存在漏油、漏气的位置进行标记。

④ 滑坡特征调查：调查滑坡裂缝的发育情况，裂缝位置、宽度、长度、深度，裂缝出现的时间与发展趋势，裂缝与管道的位置关系；滑坡台阶的发育情况，台阶位置、宽度、长度、台阶高度，台阶出现的时间与发展趋势，台阶与管道的位置关系；滑坡体前、后缘出水情况，泉点位置，水量大小，有无异味。

⑤ 滑坡灾害的诱因及抢险过程中滑坡活化的可能性调查：判断滑坡的诱发因素，确定是降雨等自然因素引起的滑坡失稳，还是由于人工开挖坡脚、坡顶堆载等人工因素诱发的滑坡失稳；其次，调查并分析抢险过程中各种施工方式、临时道路修筑、临时堆载等促进滑坡活化的可能性。

2.2.2 崩塌地质灾害现场调查

（1）调查内容

崩塌的调查内容主要包括危岩体调查和崩塌堆积体调查。

① 危岩体调查

危险体调查内容主要包括：危岩体位置、形态、分布高程、规模；岩体及周边的地质构造、地层岩性、地形地貌、岩（土）体结构类型、斜坡组构类型；危岩体及周边的水文地质条件和地下水赋存特征；危岩体周边及底界以下地质体的工程地质特征；危岩体崩塌后可能的运移斜坡，不同崩塌体积条件下危岩运动的最大距离；危岩体崩塌可能到达并堆积的场地形态、坡度、分布、高程、地层岩性与产状。

② 崩塌成因调查

崩塌原因调查内容主要包括：自然因素调查，如降雨、河流冲刷、地震等；人为因素调查，如地面及地下开挖、采掘、爆破震动、机械振动等；综合因素调查，如人类工程活动和自然因素共同作用。

③ 崩塌堆积体调查

崩塌堆积体调查内容主要包括：崩塌堆积体位置、高程、规模、地层岩性、岩（土）体工程地质特征及崩塌产生的时间；崩塌体运移斜坡的形态、地形坡度、粗糙度、岩性、起伏差，崩塌方式、崩塌块体的运动路线和运动距离；崩塌堆积体的分布范围、高程、形态、规模、物质组成、分选情况、植被生长情况、块度、结构、架空情况和密实度；崩塌堆积床形态、坡度、岩性和物质组成、地层产状；崩塌堆积体内地下水的分布和运移条件；评价崩塌堆积体自身的稳定性和在上方崩塌体在冲击荷载作用下的稳定性。

④ 崩塌危害调查

崩塌危害应重点调查危岩体变形发育史，如历史上危岩体形成的时间，危岩体发生崩塌的次数、发生时间，崩塌前兆特征、崩塌方向、崩塌运动距离、堆积场所、崩塌规模、诱发因素，变形发育史、崩塌发育史、灾情等。

（2）调查要点

为便于现场抢险人员对崩塌灾害进行有效识别，增强可操作性，结合管道作为崩塌威胁对象的特性，针对油气管道崩塌现场调查要点如下：

① 危岩体规模形态调查：重点调查危岩体位置、形态、分布高程、规模。

② 危岩体周围裂缝、裂隙调查：重点调查危岩体周围岩石的裂隙发育情况，裂缝长度、宽度、组合关系，裂缝出现的时间。

③ 危岩体滚落路径调查：应重点调查危岩体滚落路径与管道的位置关系。

④ 管道损坏性调查：重点调查管道直径、管道规格、管道埋深、管道走向位置、管道的潜在变形特征；初步对管道可能的破坏位置、破坏类型进行调查，对存在漏油、漏气的位置进行标记。

⑤ 危害调查：重点调查潜在影响区域内的人员、建筑、河流、水库、自然保护区、道路、铁路及易燃易爆场所等。

2.2.3　泥石流地质灾害现场调查

（1）调查内容

泥石流的调查内容主要包括流域调查、泥石流特征调查、泥石流成因调查、泥石流危害调查等。

① 流域调查

流域调查内容主要包括：冰雪融化和暴雨强度，一次最大降雨量，一次降雨总量，平均及最大流量，地下水出水点位置和流量，地下水补给、径流、排泄特征，地表水系分布特征等；地层岩性、地质构造、不良地质作用、松散堆积物的物质组成、分布和储量；地形地貌特征，包括沟谷的发育程度、切割情况、坡度、弯曲、粗糙程度，并划分泥石流的形成区、流通区和堆积区，圈绘整个沟谷的汇水面积；调查流域内的人类工程活动，主要调查人类工程活动所产生的固体废弃物的堆放位置，以及砍伐森林、陡坡开荒和过度放牧等人类活动情况。

② 泥石流特征调查

泥石流特征调查主要包括形成区调查、流通区调查和堆积区调查三种。

形成区调查：形成区的水源类型、水量、汇水条件、山坡坡度、岩层性质和风化程度；断裂、滑坡、崩塌、岩堆等不良地质作用的发育情况及可能形成泥石流的固体物质分布范围、储量。流通区调查：流通区的沟床纵横坡度、跌水、急弯等特征；沟床两侧山坡坡度、稳定程度，沟床的冲淤变化和泥石流的痕迹。堆积区调查：堆积区的堆积扇分布范围、表面形态、纵坡、植被、沟道变迁和冲淤情况；堆积物的物质、层次、厚度、一般粒径和最大粒径；判定堆积区的形成历史、堆积速度，估算一次最大堆积量。

③ 泥石流成因调查

泥石流成因调查主要包括：泥石流形成的水动力条件调查，包括诱发泥石流的暴雨、冰雪融水、水体溃决(水库、冰湖、堰塞湖)等因素；调查流域内降水、山洪的变化特征，尤其是最大暴雨强度及年降水量、暴雨中心位置及山洪引发泥石流的地段。

④ 泥石流危害调查

泥石流危害调查主要包括：泥石流沟谷的历史，包括历次泥石流的发生时间、频数、规模、形成过程，暴发前的降雨情况和暴发后产生的灾害情况；当地防治泥石流的经验以及已有防护工程的损坏情况；分析与预测泥石流发生后可能成灾范围及灾情。

（2）调查要点

为便于现场抢险人员对泥石流灾害有效识别，增强可操作性，结合管道作为泥石流威胁对象的特性，针对油气管道泥石流现场调查要点如下：

① 泥石流沟历史调查：重点调查泥石流沟谷的历史，历次泥石流的发生时间、规模、形成过程、暴发前的降雨情况，暴发后对现有管段造成的影响。

② 现有防护工程的损坏情况调查：对现有防护工程的损坏性进行调查，对其现有的防护功能进行评估。

③ 管道损坏性调查：重点调查管道直径、管道规格、管道埋深、管道走向位置、管道潜在变形特征。对管道通过处产生的泥石流冲刷深度进行记录，初步对管道可能的破坏位置、破坏类型进行调查，对存在漏油、漏气的位置进行标记。

④ 其他危害调查：调查潜在影响区域内的人员、建筑、河流、水库、自然保护区、道路、铁路及易燃易爆场所等。

2.2.4　采空地面塌陷地质灾害调查

（1）调查内容

采空地面塌陷的调查内容主要包括采矿资料调查、地表变形特征调查、未来开采区域调查。

① 采矿资料调查

采矿资料调查内容主要包括：重点调查矿层的分布、层数、厚度、深度、埋藏特征和开采层上覆岩层的岩性、构造等；煤层开采的范围、深度、厚度、时间、方法和顶板管理方法；采空区的塌落、密实程度、空隙和积水情况。

② 地面变形特征调查

地面变形特征调查内容主要包括：地表变形特征和分布，包括地表陷坑、台阶、裂缝的位置、形状、大小、深度、延伸方向及其与地质构造、开采边界、工作面推进方向等的关系；地表移动盆地的特征，划分中间区、内边缘区和外边缘区，确定地表移动和变形的特征值；地表建构筑物破坏特征、分布范围。

③ 地下岩土体变形特征调查

地下岩土体变形特征调查应重点关注采空区顶板的冒落程度、冒落堆积物的密实程度、空隙及其联通性和积水等；开展未来开采区域调查。

（2）调查要点

为便于现场抢险人员对采空地面塌陷灾害进行有效识别，增强可操作性，结合管道作为采空地面塌陷威胁对象的特性，针对采空地面塌陷现场调查要点如下：

① 采空地面塌陷历史调查

调查管道所经过矿区的开采矿井情况，管线周边的地面塌陷情况，已出现的地表破坏类型，已出现的地裂缝、台阶、塌陷等地表变形现象；调查地表塌陷的范围、深度及距离油气管道的距离。

② 采空区治理措施和管道防护措施调查

重点对管道经过区域的采空区是否注浆加固进行调查，对管道经过采空区区域采取的基础形式进行调查，对管道加固措施进行调查等。

③ 管道损坏性调查

调查管道直径、规格、埋深、走向位置及管道的潜在变形特征等。对地面塌陷所影响的管道长度、地面下沉最大深度进行记录，初步对管道可能的破坏位置、破坏类型进行调查，对存在漏油、漏气的位置进行标记。

④ 地质灾害危害性调查

调查潜在影响区域内的人员、建筑、河流、水库、自然保护区、道路、铁路及易燃易爆场所等。

2.2.5 岩溶塌陷地质灾害调查

为了识别岩溶塌陷地质灾害的发育特征与致灾潜力，应在收集资料进行初步分析的基础上，开展地质灾害调查，主要调查内容如下：

（1）区域地质环境条件调查

调查内容主要包括：地貌类型与形态组合特征，微地貌形态、分布、组成物质、形成时代；地形切割起伏特征；阶地形态特征、结构与类型；古河床的分布特征；可溶岩区岩溶形态，所处地貌单元及形态组合特征；可溶岩地层岩性成分、结构构造、层组合及岩溶发育特征；非可溶岩地层岩性、结构构造与分布；区域构造格架与构造线方向，主要构造的形态特征、产状、性质、规模与密度分布；断裂构造的规模、产状、力学性质、组合与交切关系，以及破碎带的性状与特征；裂隙密集带在不同构造部位、不同岩性中的发育特征与发育方向；新构造运动的性质与特征及地震活动情况；第四系松散堆积物，调查土的成因类型、颗粒组成、土层结构及其厚度与分布；第四系底部土层的类型和性质；岩溶堆积物成因类型、成分与结构、分布与产状。

（2）岩溶塌陷动力条件调查

调查内容主要包括：地表水文网的配置格局、发育特征及其与岩溶发育的关系，地表水汇流面积、径流特征；地表水与岩溶地下水之间转化关系；岩溶含水层组的层位、岩性、含水介质类型、富水性及水化学特征，埋藏和分布状况，岩溶含水层组间水力联系及与第四系孔隙水和地表水体的关系；岩溶泉和地下河发育的基础地质条件，位置、规模、流量、补给条件和开发利用状况；第四系含水层分布与富水性，可溶岩上覆地层的透水性；岩溶地下水流场特征和水位埋深与基岩面的关系及其动态变化，岩溶地下水主径流带的分布与水动力特征；近河（湖）地段岩溶地下水、上覆土层孔隙水与地表水之间的补排关系，洪水涨落过程所引起的水位（水头）差及水力坡度的变化，以及洪水倒灌的影响范围；地下矿山工程的性质、规模、矿界、开采方式、地下水疏干情况，矿区地下水降落漏斗形成情况等；可能对岩溶地下水造成强烈影响的基础工程施工情况及水库、水渠等水利工程运行情况，隧道及矿坑突水突泥事件发生情况。

（3）岩溶塌陷现状调查

调查内容主要包括：岩溶塌陷的地理位置、发生与持续时间；塌陷坑数量、影响范围、灾情及处置情况；塌陷坑的平面形态、剖面形态、规模、空间位置、展布方向及内部特征；塌陷坑周边地裂缝的位置、长度、宽度、深度、数量、组合特征、延伸范围和展布方向等；塌陷坑的单坑数量、成生关系、展布方向、延展范围，以及各单坑之间的相对位置。

（4）岩溶塌陷演化过程与成因调查

调查内容主要包括：岩溶塌陷发生过程中的异常现象，水井水位和水浑浊度变化、隧道与坑道出水特征、地表水体漏失情况、喷水冒砂与地面裂缝情况、地下振动与异常响动等情况；岩溶塌陷的诱发因素，旱涝交替、暴雨、地震等自然因素，爆破、工程施工、采矿排水、地下水抽采等人类工程活动。

2.2.6　地裂缝地质灾害现场调查

（1）调查内容

① 调查了解地裂缝产生的自然地理及地质环境条件。

② 核查地裂缝油气管道的破坏形式、破坏程度和破坏过程。

③ 调查单个地裂缝及群体地裂缝的规模、性质、类型及特点，地裂缝的范围、地裂缝两侧错动距离、地裂缝内是否有积水情况等。

④ 调查地裂缝发生过程中相关因素变化，如温度、湿度、降雨、农田灌溉、集中抽取地下水和区域地震活动历史等。调查地裂缝发育过程，了解其发育时间、裂开过程、变化特征和其他现象，如有无地震、地声、地气或地光等。

⑤ 调查伴生地裂缝的其他地质灾害及危险性的大小等；判定是否要进行进一步的地裂缝地质灾害的勘察工作等。

（2）调查要点

① 现场依据地裂缝的发育情况、裂缝与管道的位置关系，判定地裂缝是否会对管道产生直接危害，是否出现管道变形、开裂，是否有油气泄漏等情况出现；若出现上述情况，应立刻向上级或组织部门汇报，采取应急措施。

② 现场地裂缝调查时，如有疑似地裂缝出现，应禁止携带可产生明火类物品，同时在可疑地裂缝地段应防止发生突然的塌陷，造成人员安全事故及财产损失等情况。

③ 在保证人员安全的前提下，调查地裂缝产生的自然地理及地质环境条件；单个地裂缝及群体地裂缝的规模、性质、类型及特点，与管道之间的相互位置关系等；调查地裂缝发生过程中相关因素的变化。

2.2.7　湿陷性黄土地质灾害现场调查

对存在黄土湿陷地质灾害的地段，应进一步开展地质灾害调查，识别相应的地质灾害类型与危险性。重点调查以下内容：

（1）查明黄土地层的时代、成因。

（2）应查明或试验确定场地湿陷性黄土层的厚度、下限深度、自重湿陷系数、湿陷类型及湿陷等级。

（3）查明场地及周边的地形地貌及工程地质条件。

（4）查明地下水及河、沟、湖、水库、雨水等地面水的汇聚和排泄。

（5）查明地基土垂向和水平向的渗透性。

（6）评价地下水上升、侧向水渗入和地面水汇聚、排泄、下渗对工程建筑的影响。

2.2.8 活动断裂地质灾害现场调查

（1）调查内容

活动断裂的调查内容主要包括活动断裂的范围、发育特征、成因以及活动断裂危害等，分述如下：

① 活动断裂的地理位置、地貌部位，所处构造位置，与管道的相对位置等。

② 从收集的构造地质资料及影像资料中查清管道是否处于主干断裂上。

③ 跨断层的最新沉积是否被断层错断及错动幅度；判定断层错动时代；揭露重复错动证据，以判定间歇错动的时间间隔。

④ 通过开挖探槽对活动断层发育特征等进行细致调查。

⑤ 活动断裂危害调查，应重点调查活动断裂发展历史，人员伤亡、经济损失和环境破坏等现状，分析与预测活动断裂的成灾范围及灾情。

（2）调查要点

① 活动断裂规模、特性调查。

② 活动断裂的擦痕调查。

③ 活动断裂的成因调查。

④ 调查活动断裂与管道之间的相互位置关系，判定危害程度。

⑤ 调查管道材质、试用年限、管道规格、管道埋深、管道走向位置、管道的潜在变形特征。

⑥ 管道损坏性调查。

2.3 油气管道地质灾害风险评价

油气管道地质灾害风险等级评价是地质灾害现场减缓控制措施制定的基础。地质灾害发生后，首先需要确定地质灾害的类型、规模、破坏程度及管道失效后果等问题，并进行灾害风险等级的综合判别，依据灾害风险等级为后续地质灾害现场减缓控制工作的开展提供指导。地质灾害风险等级决定了灾情的紧急程度、重视程度、抢险的规模、动员与准备工作等一系列的响应。

2.3.1 地质灾害风险等级评价方法

油气管道地质灾害风险评价应考虑以下三方面：

（1）地质灾害破坏性

地质灾害破坏性与地质灾害体的规模，如滑坡体的体积或者面积、崩塌危岩体的体积、泥石流的流量、地裂缝的长度、地面塌陷的面积等密切相关。

（2）管道失效后果

地质灾害造成油气管道损毁有不同的方式，如管道过载、变形、破裂等。管道失效后果越大，可认为管道损毁的危害性越大，两者密切关联，可参照 GB 32167—2015《油气输送管道完整性管理规范》，进行管道失效后果等级判别（表 2-15）。

表 2-15　管道失效后果等级评价表

后果分类	I	II	III	IV	V
人员伤亡	无或轻伤	重伤	死亡人数 1~2	死亡人数 3~9	死亡人数≥10
经济损失/万元	<10	10~100	100~1000	1000~10000	>10000
环境污染	无影响	轻微影响	区域影响	重大影响	大规模影响
停输影响	无影响	对生产有重大影响	对上/下游公司有重大影响	国内影响	国内重大或国际影响

注：以某一单项最高值作为取值依据。

（3）抢险过程中地质灾害"活化"的风险

所谓地质灾害"活化"，指在首次地质灾害的成灾过程发生后，由于抢险过程中再次出现地质灾害的诱因和形成条件，导致同一地质灾害二次发生的现象。为了保证地质灾害危害性有效的减缓，有必要将地质灾害"活化"因素列入油气管道地质灾害风险评价中。

油气管道地质灾害风险等级评价参照 SY/T 6828—2017《油气管道地质灾害风险管理技术规范》中半定量评价方法。将前文所列举的 3 个评价因素量化为相应指数，即地质灾害破坏性等级指数（R）、管道失效后果等级指数（δ）、抢险过程中地质灾害"活化"风险指数（φ）。

油气管道突发地质灾害风险指数（I_p）按式（2-1）计算：

$$I_p = R \cdot \delta \cdot \varphi \tag{2-1}$$

式中　I_p——油气管道突发地质灾害风险指数，无量纲；

　　　R——地质灾害破坏性等级指数，在 0~10 之间取值；

　　　δ——管道失效后果等级指数，在 0~1 之间取值；

　　　φ——地质灾害"活化"风险指数，在 1~2 之间取值。

对式（2-1）中各参数的取值范围说明如下：

（1）地质灾害破坏性是问题的根本，因此在计算中以地质灾害破坏性等级指数（R）作为基数，在此基础上再同时考虑其他两个因素，为便于地质灾害破坏性大小进行半定量的估算，取值为 0~10。

（2）对于油气管道而言，在发生了地质灾害的情况下，地质灾害对管道的破坏性可大可小，相应的管道失效后果也可大可小。因此，需要加入管道失效后果等级指数（δ），对油气管道突发地质灾害风险程度进行修正，根据管道失效后果大小取值 0~1，将地质灾害的破坏程度修正到与管道失效后果相匹配的水平。

（3）抢险过程中地质灾害在一定的诱因作用下再次发生是完全可能的，也是需要防范的，因此设立地质灾害"活化"风险指数（φ）进行二次修正。由于地质灾害已经发生且造成了管道失效后果，因此"活化"风险指数的基准值应为 1。考虑到地质灾害发生后会消除或削弱原先的"诱因"，在抢险过程中再次出现的诱因，其作用能力的大小一般不会超过首次灾害诱因的作用能力。因此，地质灾害"活化"的程度上限可设为 2，该指数取值为 1~2。

2.3.2　地质灾害风险等级评价标准

依据 SY/T 6828—2017《油气管道地质灾害风险管理技术规范》，统一将地质灾害风险等级由高到低划分为 5 级（表 2-16）。

表 2-16　地质灾害风险分级表

风险等级	风险描述
高	该等级风险为不可接受风险，应尽快采取有效应对措施降低风险
较高	该等级风险为不可接受风险，应在限定时间内采取有效应对措施降低风险
中	该等级风险为有条件接受风险，应保持关注，可采取有效应对措施降低风险
较低	该等级风险为可接受风险，宜保持关注
低	该等级风险为可接受风险，当前应对措施有效，可不采取额外技术、管理方面的预防措施

根据前文管道失效后果等级评价表（表 2-15），综合人员伤亡、经济损失、环境污染、停输影响等因素，将管道失效后果划分为 Ⅰ~Ⅴ类，在油气管道突发地质灾害风险指数（I_p）的计算中，管道失效后果等级指数（δ）在 0~1 之间取值，故可按表 2-17 对管道失效后果等级指数取值。

表 2-17　管道失效后果等级指数（δ）表

后果分类	Ⅰ	Ⅱ	Ⅲ	Ⅳ	Ⅴ
取值	(0，0.2]	(0.2，0.4]	(0.4，0.6]	(0.6，0.8]	(0.8，1.0]

2.3.3　不同类型地质灾害风险等级评价

2.3.3.1　滑坡地质灾害风险等级评价

根据前文地质灾害风险等级评价方法，油气管道滑坡地质灾害风险等级评价应考虑

3个评价指标：①滑坡地质灾害破坏性等级指数；②管道失效后果等级指数；③地质灾害"活化"风险指数。

（1）滑坡地质灾害破坏性评价

油气管道突发滑坡地质灾害的破坏性，一般与滑坡的规模等级直接相关，根据DZ/T 0218—2006《滑坡防治工程勘查规范》中有关分类标准，可依据滑坡的体积、厚度两个指标进行描述：

$$R_1 = \frac{S_v + S_t}{2} \times 10 \qquad (2-2)$$

式中　R_1——滑坡地质灾害风险等级指数，无量纲；

　　　S_v——滑坡体积系数，按表2-18在0~1之间取值；

　　　S_t——滑坡厚度系数，按表2-18在0~1之间取值。

（2）管道失效后果评价

根据前文管道失效后果等级评价表（表2-15），综合人员伤亡、经济损失、环境污染、停输影响等因素，将管道失效后果划分为Ⅰ~Ⅴ类。在油气管道突发地质灾害风险指数（I_p）的计算中，管道失效后果等级指数（δ）在0~1之间取值，故可按表2-17对管道失效后果等级指数取值。

表2-18　滑坡规模的等级划分

分类因素	滑坡类型	类型描述	取值
滑坡体积(V)	小型滑坡	$<10 \times 10^4 \, m^3$	(0, 0.2]
	中型滑坡	$10 \times 10^4 \sim 100 \times 10^4 \, m^3$	(0.2, 0.4]
	大型滑坡	$100 \times 10^4 \sim 1000 \times 10^4 \, m^3$	(0.4, 0.6]
	特大型滑坡	$1000 \times 10^4 \sim 10000 \times 10^4 \, m^3$	(0.6, 0.8]
	巨型滑坡	$>10000 \times 10^4 \, m^3$	(0.8, 1.0]
滑坡厚度(T)	浅层滑坡	$\leqslant 10m$	(0, 0.25]
	中层滑坡	$10 \sim 25m$	(0.25, 0.5]
	深层滑坡	$25 \sim 50m$	(0.5, 0.75]
	超深层滑坡	$>50m$	(0.75, 1.0]

（3）地质灾害"活化"风险评价

为了控制地质灾害的"活化"，避免二次灾害发生，对已经发生的地质灾害规模、特征、诱因及灾害后果等情况进行及时调查是非常必要的，也是后续抢险救灾的基础。在滑坡地质灾害"活化"风险评价中，常见的自然因素主要有降雨、地下水位和崩塌加载；人为因素主要有开挖坡脚、坡上加载和机械振动，这些因素的不利组合将会大大提高滑坡地质灾害"活化"风险。

基于以上分析，将各因素分别进行评估，评估结果划分为"轻微、中等、严重、极严重"四个等级，并分别赋予 1~2 之间的分值，定量化地描述地质灾害"活化"风险的不同程度(表 2-19)。

表 2-19　滑坡地质灾害"活化"风险指数(φ_1)评价表

问题分类		轻微	中等	严重	极严重
活化指数		(1.0, 1.25]	(1.25, 1.5]	(1.5, 1.75]	(1.75, 2.0]
地质灾害调查情况		管道损毁情况清楚，管道与滑坡的位置关系已经查清，滑坡规模、发育特征、滑坡灾害的诱因均已查明	管道损毁情况清楚，管道与滑坡的位置关系已经查清，滑坡规模、发育特征、滑坡灾害的诱因等尚未查明	管道损毁情况清楚，管道与滑坡的位置关系只知道大概，滑坡规模、发育特征、滑坡灾害的诱因等尚未查明	管道损毁情况不清楚，管道与滑坡的位置关系不明，尚未进行滑坡规模、发育特征、滑坡灾害诱因的调查
自然因素	降雨	预计一周内无降雨	预计一周内有小雨	预计一周内有中雨	预计一周内有大雨
	地下水位	原有的地下水位将有所下降	原有的地下水位将保持不变	原有的地下水位将小幅升高	原有的地下水位将大幅升高
	崩塌加载	滑坡体后缘不存在崩塌堆载	滑坡体后缘有少量崩塌堆载	滑坡体后缘存在一定程度崩塌堆载，估算超过滑坡体重的 1/10	滑坡体后缘存在大面积崩塌堆载，估算超过滑坡体重的 1/5
人为因素	开挖坡脚	抢险过程中不需要开挖坡脚	抢险过程中需要局部开挖坡脚	抢险过程中需要小方量开挖坡脚	抢险过程中需要大方量开挖坡脚
	坡上加载	可以保证滑坡体不受扰动	滑坡体上无荷载，但有人员、设备的活动荷载	少量的机械设备、救灾物资等堆放在滑坡体上	大量的机械设备、救灾物资等堆放在滑坡体上
	机械振动	抢险过程中不存在施工机械振动	抢险过程中存在小功率、短时间的施工机械振动	抢险过程中存在大功率、短时间，或者小功率、长时间的施工机械振动	抢险过程中存在大功率、长时间施工机械振动，或灾害区及附近尚有爆破施工

取值原则：
(1) 当"地质灾害调查情况"的分值最高时，则以该单值为最终值；
(2) 当"地质灾害调查情况"的分值不是最高时，则以自然因素和人为因素中达到最高值的任意因素不少于两个。

根据前文所列举的 3 个评价指标：滑坡地质灾害破坏性等级指数(R_1)、滑坡地质灾害管道失效后果等级指数(δ)、滑坡地质灾害抢险过程中地质灾害"活化"风险指数(φ_1)，油气管道突发滑坡地质灾害风险指数(I_{p1})按式(2-3)计算：

$$I_{p1} = R_1 \cdot \delta \cdot \varphi_1 \tag{2-3}$$

式中　I_{p1}——油气管道突发滑坡地质灾害风险指数，无量纲。

R_1——滑坡地质灾害破坏性等级指数，按式(2-2)计算；

δ——滑坡地质灾害管道失效后果等级指数，按表 2-17 取值；

φ_1——滑坡地质灾害"活化"风险指数，按表 2-19 取值。

依据 SY/T 6828—2017《油气管道地质灾害风险管理技术规范》，结合式(2-3)计算结果，将滑坡地质灾害风险等级划分为 5 级(表 2-20)。

表 2-20　滑坡地质灾害风险等级指数划分表

风险等级	风险指数	风险描述	编码
高	$I_{p1}>10$	该等级风险为不可接受风险，应尽快采取有效应对措施降低风险	A
较高	$6<I_{p1}\leq10$	该等级风险为不可接受风险，应在限定时间内采取有效应对措施降低风险	B
中	$4<I_{p1}\leq6$	该等级风险为有条件接受风险，应保持关注，可采取有效应对措施降低风险	C
较低	$2<I_{p1}\leq4$	该等级风险为可接受风险，宜保持关注	D
低	$I_{p1}\leq2$	该等级风险为可接受风险，当前应对措施有效，可不采取额外技术、管理方面的预防措施	E

2.3.3.2　崩塌地质灾害风险等级评价

（1）崩塌地质灾害破坏性评价

油气管道突发崩塌地质灾害的破坏性，一般与崩塌的规模等级直接相关，根据 DZ/T 0221—2006《崩塌、滑坡、泥石流监测规范》的有关分类标准，可依据崩塌的危岩体体积、危岩体顶端距陡崖（坡）脚高度两个指标进行描述：

$$R_2=\frac{C_v+C_h}{2}\times10 \tag{2-4}$$

式中　R_2——崩塌地质灾害风险等级指数，无量纲；

C_v——崩塌灾害的危岩体积系数，按表 2-21 在 0~1 之间取值；

C_h——崩塌灾害的危岩相对高度系数，按表 2-21 在 0~1 之间取值。

表 2-21　崩塌规模的等级划分

分类因素	崩塌类型	类型描述	取值
危岩体体积（V）	小型崩塌	$<1\times10^4 m^3$	（0，0.25]
	中型崩塌	$1\times10^4\sim10\times10^4 m^3$	（0.25，0.5]
	大型崩塌	$10\times10^4\sim100\times10^4 m^3$	（0.5，0.75]
	特大型崩塌	$>100\times10^4 m^3$	（0.75，1.0]
危岩体顶端距陡崖（坡）脚高度（h）	低位危岩	$\leq15m$	（0，0.25]
	中位危岩	$15\sim50m$	（0.25，0.5]
	高位危岩	$50\sim100m$	（0.5，0.75]
	特高位危岩	$>100m$	（0.75，1.0]

（2）管道失效后果评价

管道失效后果等级评价内容及方法参照前文。

（3）地质灾害"活化"风险评价

在崩塌地质灾害"活化"风险评价中，常见的自然因素有降雨、河流冲刷和地震，常见的人为因素有地面及地下开挖、采掘和机械或爆破振动，这些因素的不利组合将会大大提高崩塌地质灾害"活化"的风险。

崩塌地质灾害"活化"风险指数取值原则如表 2-22 所示。

表 2-22　崩塌地质灾害"活化"风险指数(φ_2)评价表

问题分类		轻微	中等	严重	极严重
活化指数		(1.0, 1.25]	(1.25, 1.5]	(1.5, 1.75]	(1.75, 2.0]
地质灾害调查情况		管道损毁情况清楚，管道与崩塌危岩体的位置关系已经查清，崩塌规模、发育特征、灾害诱因等均已查明	管道损毁情况清楚，管道与崩塌危岩体的位置关系已经查清，崩塌规模、发育特征、灾害诱因等尚未查明	管道损毁情况清楚，管道与崩塌危岩体的位置关系只知道大概，崩塌规模、发育特征、灾害诱因等尚未查明	管道损毁情况不清楚，管道与崩塌危岩体的位置关系不明，尚未进行崩塌规模、发育特征、灾害诱因的调查
自然因素	降雨	预计一周内无降雨	预计一周内有小雨	预计一周内有中雨	预计一周内有大雨
	河流冲刷	河流处于枯水期，几乎没有冲刷作用	河流水位变化不大，对河岸保持冲刷作用	上游降雨，河流水位上涨，河岸冲刷加剧	河流正处于汛期，河岸冲刷强烈
	地震	灾害区处于抗震设防烈度级别较低的地区	灾害区处于抗震设防烈度级别较高的地区	近期曾发生地震，后续发生余震可能性不大	近期曾经发生过地震，后续可能发生余震
人为因素	地面及地下开挖	抢险过程中不需开挖坡脚，或者地下无矿山采空区	抢险过程中需局部开挖坡脚，或地下为矿山采空区	抢险过程中需小方量开挖坡脚，或附近存在矿山采空区	抢险过程中需大方量开挖坡脚，或地下存在矿山采空区
	采掘	灾害区为自然斜坡区，无矿山开采，崩塌危岩体结构面不甚发育	灾害区曾是露天矿山开采区，崩塌危岩体结构面一般发育	灾害区位于露天矿山生产区附近，崩塌危岩体结构面较发育	灾害区位于露天矿山生产区，崩塌危岩体结构面极其发育
	机械或爆破振动	抢险过程中不存在施工机械振动	抢险过程中存在小功率、短时间的施工机械振动	抢险过程中存在大功率、短时间，或者小功率、长时间施工机械振动	抢险过程中存在大功率、长时间施工机械振动，或附近有爆破施工

取值原则：

(1) 当"地质灾害调查情况"的分值最高时，则以该单值为最终值；

(2) 当"地质灾害调查情况"的分值不是最高时，则以自然因素和人为因素中达到最高值的任意因素不少于两个。

油气管道突发崩塌地质灾害风险指数(I_{p2})按式(2-5)计算：

$$I_{p2} = R_2 \cdot \delta \cdot \varphi_2 \tag{2-5}$$

式中　I_{p2}——油气管道突发崩塌地质灾害风险指数，无量纲。

　　　R_2——崩塌地质灾害破坏性等级指数，按式(2-4)计算；

　　　δ——崩塌地质灾害管道失效后果等级指数，按表 2-17 取值；

　　　φ_2——崩塌地质灾害"活化"风险指数，按表 2-22 取值。

依据 SY/T 6828—2017《油气管道地质灾害风险管理技术规范》，结合式(2-5)计算结果，将崩塌地质灾害风险等级划分为 5 级(表 2-23)。

表2-23　崩塌地质灾害风险等级指数划分表

风险等级	风险指数	风险描述	编码
高	$I_{p2}>10$	该等级风险为不可接受风险，应尽快采取有效应对措施降低风险	A
较高	$6<I_{p2}\leq10$	该等级风险为不可接受风险，应在限定时间内采取有效应对措施降低风险	B
中	$4<I_{p2}\leq6$	该等级风险为有条件接受风险，应保持关注，可采取有效应对措施降低风险	C
较低	$2<I_{p2}\leq4$	该等级风险为可接受风险，宜保持关注	D
低	$I_{p2}\leq2$	该等级风险为可接受风险，当前应对措施有效，可不采取额外技术、管理方面的预防措施	E

2.3.3.3　泥石流地质灾害风险等级评价

（1）泥石流地质灾害破坏性评价

油气管道突发泥石流地质灾害的破坏性，一般与泥石流的规模等级（表2-24）直接相关，根据DZ/T 0221—2006《崩塌、滑坡、泥石流监测规范》有关分类标准，可依据泥石流一次性堆积的土石体积、泥石流的洪峰量两个指标进行描述：

$$R_3=\frac{D_v+D_f}{2} \tag{2-6}$$

式中　R_3——泥石流地质灾害风险等级指数，无量纲。

　　　D_v——泥石流一次性堆积的土石体积系数，在0~1之间取值。

　　　D_f——泥石流灾害的洪峰量系数，在0~1之间取值。

表2-24　泥石流规模的等级划分

分类因素	泥石流类型	类型描述	取值
一次性堆积的土石体积	小型泥石流	一次性堆积土石体积<$1\times10^4m^3$	（0，0.25]
	中型泥石流	一次性堆积土石体积=1×10^4~$10\times10^4m^3$	（0.25，0.5]
	大型泥石流	一次性堆积土石体积=10×10^4~$100\times10^4m^3$	（0.5，0.75]
	特大型泥石流	一次性堆积土石体积>$100\times10^4m^3$	（0.75，1.0]
泥石流洪峰量	小型泥石流	洪峰量<$50m^3/s$	（0，0.25]
	中型泥石流	洪峰量=50~$100m^3/s$	（0.25，0.5]
	大型泥石流	洪峰量=100~$200m^3/s$	（0.5，0.75]
	特大型泥石流	洪峰量>$200m^3/s$	（0.75，1.0]

（2）管道失效后果评价

根据前文管道失效后果等级评价内容及方法参照前文。

（3）地质灾害"活化"风险评价

在泥石流地质灾害"活化"风险评价中，常见的自然因素有降雨、融雪（冰）和地震，常见的人为因素有水库溢流、尾矿弃渣和植被破坏等，这些因素的不利组合将会大大提高泥石流地质灾害"活化"的风险。

泥石流地质灾害"活化"风险指数取值原则如表2-25所示。

油气管道突发泥石流地质灾害风险指数(I_{p3})按式(2-17)计算：

$$I_{p3} = \frac{R_3 + 2 \times \delta}{3} \times \varphi_3 \times 10 \qquad (2-7)$$

式中　I_{p3}——油气管道突发泥石流地质灾害风险指数，无量纲；

　　　R_3——泥石流地质灾害破坏性等级指数，按式(2-6)计算；

　　　δ——泥石流地质灾害管道失效后果等级指数，按表2-17取值；

　　　φ_3——泥石流地质灾害"活化"风险指数，按表2-25取值。

表2-25　泥石流地质灾害"活化"风险指数(φ_3)评价表

问题分类		轻微	中等	严重	极严重
活化指数		(1.0, 1.25]	(1.25, 1.5]	(1.5, 1.75]	(1.75, 2.0]
地质灾害调查情况		管道损毁情况清楚，管道与泥石流危岩体的位置关系已查清，泥石流规模、发育特征、灾害诱因等均已查明	管道损毁情况清楚，管道与泥石流危岩体的位置关系已查清，泥石流规模、发育特征、灾害诱因等尚未查明	管道损毁情况清楚，管道与泥石流危岩体的位置关系知道大概，泥石流规模、发育特征、灾害诱因等尚未查明	管道损毁情况不清楚，管道与泥石流危岩体的位置关系不明，尚未进行泥石流规模、发育特征、灾害诱因的调查
自然因素	降雨	预计一周内无降雨	预计一周内有小雨	预计一周内有中雨	预计一周内有大雨
	融雪(冰)	高寒地区仍处于较寒冷的季节，气温不超过0℃	高寒地区近期气温将升高到0℃以上	高寒地区近期转暖，气温将升高到0℃以上	高寒地区近期将进入夏季
	地震	灾害区处于抗震设防烈度级别较低的地区	灾害区处于抗震设防烈度级别较高的地区	近期曾发生过地震，后续发生余震的可能性不大	近期曾发生过地震，后续可能发生余震
人为因素	水库溢流	山区尚未进入雨季，上游水库库容压力很小	山区开始进入雨季，水库库容压力增大	山区处于雨季，水库库容压力很大	山区处于雨季，水库已有泄洪要求
	尾矿弃渣	山区河谷上游不存在尾矿坝	山区河谷上游存在尾矿坝，采矿弃渣堆积量不大	山区河谷上游存在尾矿坝，采矿弃渣堆积量较大	山区河谷上游存在尾矿坝，采矿弃渣堆积量很大
	植被破坏	流域内植被未遭受破坏，绿化率较高	流域内植被遭受破坏，绿化率受到影响	流域内植被遭受较大破坏，绿化率不高	流域内植被被破坏严重，绿化率很低

取值原则：

(1) 当"地质灾害调查情况"的分值最高时，则以该单值为最终值；

(2) 当"地质灾害调查情况"的分值不是最高时，则以自然因素和人为因素中达到最高值的任意因素不少于两个。

依据SY/T 6828—2017《油气管道地质灾害风险管理技术规范》，结合式(2-7)计算结果，将泥石流地质灾害风险等级划分为5级(表2-26)。

表 2-26　泥石流地质灾害风险等级指数划分表

风险等级	风险指数	风险描述	编码
高	$I_{p3}>10$	该等级风险为不可接受风险，应尽快采取有效应对措施降低风险	A
较高	$6<I_{p3}\leqslant10$	该等级风险为不可接受风险，应在限定时间内采取有效应对措施降低风险	B
中	$4<I_{p3}\leqslant6$	该等级风险为有条件接受风险，应保持关注，可采取有效应对措施降低风险	C
较低	$2<I_{p3}\leqslant4$	该等级风险为可接受风险，宜保持关注	D
低	$I_{p3}\leqslant2$	该等级风险为可接受风险，当前应对措施有效，可不采取额外技术、管理方面的预防措施	E

2.3.3.4　采空地面塌陷地质灾害风险等级评价

（1）采空地面塌陷地质灾害破坏性评价

油气管道采空地面塌陷地质灾害的破坏性，与采空地面塌陷的规模等级直接相关。根据 DZ/T 0286—2015《地质灾害危险性评估规范》分类标准，可依据采空地面塌陷的下沉量、倾斜、水平变形、地形曲率和开采深厚比等地表移动变形参数进行描述；或根据 DZ/T 0284—2015《地质灾害排查规范》规定，按照塌陷变形面积进行划分（表 2-27）。

表 2-27　采空地面塌陷规模的等级划分

分类因素	地面塌陷类型	类型描述	取值
地表移动变形参数（G_p）	强烈发育	下沉量>60mm/a，倾斜>6mm/m，水平变形>4mm/m，地形曲率>0.3mm/m²，开采深厚比<80	(0.7, 1.0]
	中等发育	下沉量 20~60mm/a，倾斜 3~6mm/m，水平变形 2~4mm/m，地形曲率 0.2~0.3mm/m²，开采深厚比 80~120	(0.3, 0.7]
	微弱发育	下沉量<20mm/a，倾斜<3mm/m，水平变形<2mm/m，地形曲率<0.2mm/m²，开采深厚比>120	(0, 0.3]
塌陷变形面积系数（G_d）	特大型	$a\geqslant1$	(0.75, 1.0]
	大型	$1>a\geqslant0.10$	(0.5, 0.75]
	中型	$0.10>a\geqslant0.01$	(0.25, 0.5]
	小型	$a<0.01$	(0, 0.25]

采空地面塌陷地质灾害风险等级评价可用式（2-8）表示：

$$R_4=\frac{G_p+G_a}{2} \tag{2-8}$$

式中　R_4——采空地面塌陷地质灾害风险等级指数，无量纲。

　　G_p——采空地面塌陷灾害的地表移动变形系数，按表 2-27 取值；

　　G_a——采空地面塌陷灾害的塌陷变形面积系数，按表 2-27 取值。

（2）管道失效后果评价

管道失效后果等级评价内容及方法参照前文。

（3）地质灾害"活化"风险评价

采空地面塌陷地质灾害本身就是由于人类采矿活动造成的，其"活化"风险的影响因素又可分长期因素与短期因素。长期因素主要来自采空区残存矿体、垮落带岩体的风化、失稳；短期因素则有地震（自然因素）、抽采地下水和邻近采矿活动（人为因素）。在油气管道地质灾害抢险期间，地质灾害"活化"风险主要来自短期的不确定因素，即地震、抽采地下水和邻近采矿活动。

采空地面塌陷地质灾害"活化"风险指数取值原则如表 2-28 所示。

表 2-28　采空地面塌陷地质灾害"活化"风险指数（φ_4）评价表

问题分类		轻微	中等	严重	极严重
活化指数		（1.0，1.25]	（1.25，1.5]	（1.5，1.75]	（1.75，2.0]
地质灾害调查情况		管道损毁情况清楚，管道与采空地面塌陷的位置关系已查清，塌陷规模、发育特征、灾害诱因等均已查明	管道损毁情况清楚，管道与采空地面塌陷的位置关系已查清，塌陷规模、发育特征、灾害诱因等尚未查明	管道损毁情况清楚，管道与采空地面塌陷的位置关系知道大概，塌陷规模、发育特征、灾害诱因等尚未查明	管道损毁情况不清楚，管道与采空地面塌陷的位置关系不明，尚未进行塌陷规模、发育特征、灾害诱因的调查
自然因素	地震	灾害区处于抗震设防烈度级别较低的地区	灾害区处于抗震设防烈度级别较高的地区	近期曾经发生过地震，后续发生余震可能性不大	近期曾经发生过地震，后续可能发生余震
人为因素	抽排地下水	采空区影响范围内近期无地下水抽排活动	采空区影响范围内近期有地下水抽排，地下水位降深不大	采空区影响范围内近期有地下水抽排，地下水位降深较大	采空区影响范围内近期有地下水抽排，地下水位降深达到采空区
	采矿活动	采空区邻近无矿山地下采矿活动	采空区邻近有矿山地下采矿活动	紧邻采空区有小型矿山地下采矿	紧邻采空区有大型矿山地下采

取值原则：

（1）当"地质灾害调查情况"的分值最高时，则以该单值为最终值；

（2）当"地质灾害调查情况"的分值不是最高时，则以自然因素和人为因素中达到最高值的任意因素不少于两个。

油气管道突发采空地面塌陷地质灾害风险指数（I_{p4}）按式（2-9）计算：

$$I_{p4} = \frac{R_4 + 2 \times \delta}{3} \times \varphi_4 \times 10 \qquad (2-9)$$

式中　I_{p4}——油气管道突发采空地面塌陷地质灾害风险指数，无量纲。

　　　R_4——采空地面塌陷地质灾害破坏性等级指数，按式（2-8）计算；

　　　δ——采空地面塌陷地质灾害管道失效后果等级指数，按表 2-17 取值；

　　　φ_4——采空地面塌陷地质灾害"活化"风险指数，按表 2-22 取值。

依据 SY/T 6828—2017《油气管道地质灾害风险管理技术规范》，结合式（2-9）计算结果，将采空地面塌陷地质灾害风险等级划分为 5 级（表 2-29）。

表 2-29 采空地面塌陷地质灾害风险等级指数划分表

风险等级	风险指数	风险描述	编码
高	$I_{p4}>10$	该等级风险为不可接受风险，应尽快采取有效应对措施降低风险	A
较高	$6<I_{p4}\leq10$	该等级风险为不可接受风险，应在限定时间内采取有效应对措施降低风险	B
中	$4<I_{p4}\leq6$	该等级风险为有条件接受风险，应保持关注，可采取有效应对措施降低风险	C
较低	$2<I_{p4}\leq4$	该等级风险为可接受风险，宜保持关注	D
低	$I_{p4}\leq2$	该等级风险为可接受风险，当前应对措施有效，可不采取额外技术、管理方面的预防措施	E

2.3.3.5 岩溶塌陷地质灾害风险等级评价

（1）岩溶塌陷地质灾害破坏性评价

油气管道突发岩溶塌陷地质灾害的破坏性，一般与岩溶塌陷的规模等级直接相关，根据 DZ/T 0286—2015《地质灾害危险性评估规范》分类标准，可依据岩溶塌陷的发育程度进行描述，或根据岩溶塌陷规模（《1：50000 岩溶塌陷调查规范（征求意见稿）》附录 G）进行划分（表 2-30），故按式（2-10）计算岩溶塌陷地质灾害风险等级。

$$R_5=\frac{K_a+K_b}{2} \tag{2-10}$$

式中 R_5——岩溶塌陷地质灾害风险等级指数，无量纲；

K_a——岩溶塌陷灾害的发育程度系数，按表 2-30 取值；

K_b——岩溶塌陷灾害的规模等级系数，按表 2-30 取值。

表 2-30 岩溶塌陷规模的等级划分

分类因素	塌陷类型	类型描述	取值
岩溶塌陷的发育程度	强烈	（1）质纯厚层灰岩为主，地下存在中大型溶洞、土洞或有地下暗河通过； （2）地面多处下陷、开裂，塌陷严重； （3）地表建（构）筑物变形开裂明显； （4）上覆松散层厚度小于 30m； （5）地下水位变幅大	(0.7, 1.0]
	中等	（1）以次纯灰岩为主，地下存在小型溶洞、土洞等； （2）地面塌陷、开裂明显； （3）地表建（构）筑物变形，有开裂现象； （4）上覆松散层厚度小于 30~80m； （5）地下水位变幅不大	(0.3, 0.7]
	微弱	（1）灰岩质地不纯，地下溶洞、土洞等不发育； （2）地面塌陷、开裂不明显； （3）地表建（构）筑物无变形、开裂现象； （4）上覆松散层厚度大于 80m； （5）地下水位变幅小	(0, 0.3]
岩溶塌陷的规模等级	大型	塌陷坑直径>50m，塌陷坑数量>20 个，影响范围>10km²	(0.7, 1]
	中型	塌陷坑直径 10~50m，塌陷坑数量 5~20 个，影响范围 1~10km²	(0.3, 0.7]
	小型	塌陷坑直径<10m，塌陷坑数量<5 个，影响范围<1km²	(0, 0.7]

（2）管道失效后果评价

根据前文管道失效后果等级评价内容及方法参照前文。

（3）地质灾害"活化"风险评价

岩溶塌陷地质灾害有多种影响因素及诱因，其"活化"风险主要分为自然因素与人工因素，地质灾害抢险救灾期间主要应考虑降雨及人工抽排水造成短期内地下水位变化、岩溶塌陷区邻近采矿爆破震动及地震，以及救灾活动过程中的机械振动和堆载等自然和人为影响因素。

岩溶塌陷地质灾害"活化"风险指数取值原则如表 2-31 所示。

表 2-31　岩溶塌陷地质灾害"活化"风险指数（φ_5）评价表

问题分类		轻微	中等	严重	极严重
活化指数		(1.0, 1.25]	(1.25, 1.5]	(1.5, 1.75]	(1.75, 2.0]
地质灾害调查情况		管道损毁情况清楚，管道与岩溶塌陷的位置关系已查清，岩溶塌陷规模、发育特征、灾害诱因等均已查明	管道损毁情况清楚，管道与岩溶塌陷的位置关系已查清，岩溶塌陷规模、发育特征、灾害诱因等尚未查明	管道损毁情况清楚，管道与岩溶塌陷的位置关系知道大概，岩溶塌陷规模、发育特征、灾害诱因等尚未查明	管道损毁情况不清楚，管道与岩溶塌陷的位置关系不明，尚未进行岩溶塌陷规模、发育特征、灾害诱因的调查
自然因素	降雨及地下水位	近期降雨稀少，原有的地下水位保持不变	近期降雨较为频繁，原有的地下水位小幅升降	近期降雨集中，原有的地下水位中等幅度升降	近期为雨季或雨季过后不久，原有地下水位大幅升高或者降低
	地震	灾害区处于抗震设防烈度级别较低的地区	灾害区处于抗震设防烈度级别较高的地区	近期曾经发生过地震，后续发生余震可能性不大	近期曾经发生过地震，后续可能发生余震
人为因素	抽排地下水	岩溶区范围近期无地下水抽排活动	岩溶区范围近期有地下水抽排，地下水位降深较小	岩溶区范围近期有地下水抽排，地下水位降深中等	岩溶区范围近期有地下水抽排，地下水位降深较大
	邻近采矿活动	岩溶区邻近地区无矿山采矿生产及爆破工程	岩溶区邻近地区有矿山采矿生产及爆破工程	紧邻岩溶区有小型矿山采矿生产及爆破工程	紧邻岩溶区有大型矿山采矿生产及爆破工程
	机械振动、堆载等	抢险过程中不存在施工机械振动，也没有堆载	抢险过程存在小功率、短时施工机械振动，有人员、设备的活动荷载	抢险过程存在大功率、短时或小功率、长时间机械振动，有少量机械设备等堆载	抢险过程存在大功率、长时间施工机械振动，有大量机械设备等堆载

取值原则：

（1）当"地质灾害调查情况"的分值最高时，则以该单值为最终值；

（2）当"地质灾害调查情况"的分值不是最高时，则以自然因素和人为因素中达到最高值的任意因素不少于两个。

油气管道突发岩溶塌陷地质灾害风险指数（I_{p5}）按式（2-11）计算：

$$I_{p5} = \frac{R_5 + 2 \times \delta}{3} \times \varphi_5 \times 10 \qquad (2-11)$$

式中　I_{p5}——油气管道突发岩溶塌陷地质灾害风险指数，无量纲；

　　　R_5——岩溶塌陷地质灾害破坏性等级指数，按式（2-10）计算；

　　　δ——岩溶塌陷地质灾害管道失效后果等级指数，按表2-17取值；

　　　φ_5——岩溶塌陷地质灾害"活化"风险指数，按表2-31取值。

依据SY/T 6828—2017《油气管道地质灾害风险管理技术规范》，结合式（2-11）计算结果，将岩溶塌陷地质灾害风险等级划分为5级（表2-32）。

表2-32　岩溶塌陷地质灾害风险等级指数划分表

风险等级	风险指数	风险描述	编码
高	$I_{p5}>10$	该等级风险为不可接受风险，应尽快采取有效应对措施降低风险	A
较高	$6<I_{p5}\leqslant10$	该等级风险为不可接受风险，应在限定时间内采取有效应对措施降低风险	B
中	$4<I_{p5}\leqslant6$	该等级风险为有条件接受风险，应保持关注，可采取有效应对措施降低风险	C
较低	$2<I_{p5}\leqslant4$	该等级风险为可接受风险，宜保持关注	D
低	$I_{p5}\leqslant2$	该等级风险为可接受风险，当前应对措施有效，可不采取额外技术、管理方面的预防措施	E

2.3.3.6　地裂缝地质灾害风险等级评价

（1）地裂缝地质灾害破坏性评价

油气管道突发地裂缝地质灾害的破坏性，一般与地裂缝的规模等级直接相关，根据DZ/T 0286—2015《地质灾害危险性评估规范》分类标准，可依据地裂缝的发育程度进行描述，或根据DZ/T 0284—2015《地质灾害排查规范》规定，按照地裂缝长度规模进行划分（表2-33），故按式（2-12）计算地裂缝地质灾害风险等级：

$$R_6=\frac{G_{f1}+G_{f2}}{2}\qquad(2-12)$$

式中　R_6——地裂缝地质灾害风险等级指数，无量纲；

　　　G_{f1}——地裂缝灾害的发育程度系数，按表2-33取值；

　　　G_{f2}——地裂缝灾害的规模等级系数，按表2-33取值。

表2-33　地裂缝规模的等级划分

分类因素	发育程度	类型描述	取值
地裂缝发育程度（G_{f1}）	强烈	（1）评估区有活动断裂通过，中或晚更新世以来有活动，全新世以来活动强烈，地裂缝非常发育并通过管道工程区，地表开裂明显，可见陡坎、斜坡等微地貌现象。 （2）平均活动速率>1.0mm/a，地震震级≥7	(0.7, 1.0]
	中等	（1）评估区有活动断裂通过，中或晚更新世以来有活动，全新世以来活动较强烈，地裂缝中等发育并通过管道工程区，地表有开裂现象，无微地貌现象。 （2）1.0mm/a≥平均活动速率≥0.1mm/a，7>地震震级≥6	(0.3, 0.7]

分类因素	发育程度	类型描述	取值
地裂缝发育程度（G_{f1}）	微弱	（1）评估区有活动断裂通过，全新世以来活动有微弱活动，地面地裂缝不发育，或距离管道工程区较远，地表有零星小裂缝，不明显。 （2）平均活动速率<0.1mm/a，地震震级<6	(0，0.3]
地裂缝规模等级（G_{f2}）	特大型	裂缝长度≥5km	(0.75，1]
	大型	5km>裂缝长度≥1km	(0.5，0.75]
	中型	1.0km>裂缝长度≥0.5km	(0.25，0.5]
	小型	裂缝长度<0.5km	(0，0.25]

（2）管道失效后果评价

管道失效后果等级评价内容及方法参照前文。

（3）地质灾害"活化"风险评价

对于构造成因类型的地裂缝地质灾害，最直接的诱因是新构造运动，其表现形式主要是地震；对于非构造成因的地裂缝灾害，诱因是多方面的，与其他类型的地质灾害有密切联系。为了独立描述地裂缝地质灾害的"活化"风险影响因素，且不与其他类型地质灾害"活化"重复，将地裂缝地质灾害"活化"的主要因素确定为地震（自然因素）和抽排（采）地下水（人工因素）。

地裂缝地质灾害"活化"风险指数取值原则如表2-34所示。

表 2-34 地裂缝地质灾害"活化"风险指数（φ_6）评价表

问题分类		轻微	中等	严重	极严重
活化指数		(1.0，1.25]	(1.25，1.5]	(1.5，1.75]	(1.75，2.0]
地质灾害调查情况		管道损毁情况清楚，与地裂缝位置关系已查清，地裂缝规模、发育特征、灾害诱因等均查明	管道损毁情况清楚，与地裂缝位置关系已查清，地裂缝规模、发育特征、灾害诱因等尚未查明	管道损毁情况清楚，与地裂缝位置关系知道大概，规模、发育特征、灾害诱因未查明	管道损毁情况不清，与地裂缝位置关系不明，尚未进行地裂缝规模、发育特征、灾害诱因调查
自然因素	地震	灾害区处于抗震设防烈度级别较低的地区	灾害区处于抗震设防烈度级别较高的地区	近期曾经发生过地震，后续发生余震可能性不大	近期曾经发生过地震，后续可能发生余震
人为因素	抽排地下水	灾害区及其影响范围内近期无地下水抽排活动	灾害区及其影响范围内近期有地下水抽排，地下水位降深较小	灾害区及其影响范围内近期有地下水抽排，地下水位降深中等	灾害区及其影响范围内近期有地下水抽排，地下水位降深较大

取值原则：

（1）当"地质灾害调查情况"分值最高时，以该单值为最终值；

（2）当"地质灾害调查情况"分值不是最高时，可按"地震"因素确定最高值，或由"地质灾害调查情况"与"抽排地下水"因素共同确定。

油气管道突发地裂缝地质灾害风险指数(I_{p6})按式(2-13)计算：

$$I_{p6} = \frac{R_6 + 2 \times \delta}{3} \times \varphi_6 \times 10 \qquad (2-13)$$

式中　I_{p6}——油气管道突发地裂缝地质灾害风险指数，无量纲；

　　　R_6——地裂缝地质灾害破坏性等级指数，按式(2-13)计算；

　　　δ——地裂缝地质灾害管道失效后果等级指数，按表2-17取值；

　　　φ_6——地裂缝地质灾害"活化"风险指数，按表2-34取值。

依据 SY/T 6828—2017《油气管道地质灾害风险管理技术规范》，结合式(2-13)计算结果，将地裂缝地质灾害风险等级划分为5级(表2-35)。

表 2-35　地裂缝地质灾害风险等级指数划分表

风险等级	风险指数	风险描述	编码
高	$I_{p6} > 10$	该等级风险为不可接受风险，应尽快采取有效应对措施降低风险	A
较高	$6 < I_{p6} \leq 10$	该等级风险为不可接受风险，应在限定时间内采取有效应对措施降低风险	B
中	$4 < I_{p6} \leq 6$	该等级风险为有条件接受风险，应保持关注，可采取有效应对措施降低风险	C
较低	$2 < I_{p6} \leq 4$	该等级风险为可接受风险，宜保持关注	D
低	$I_{p6} \leq 2$	该等级风险为可接受风险，当前应对措施有效，可不采取额外技术、管理方面的预防措施	E

2.3.3.7　湿陷性黄土地质灾害风险等级评价

(1) 黄土湿陷地质灾害破坏性评价

油气管道突发黄土湿陷地质灾害的破坏性，一般与黄土湿陷的规模等级直接相关，参照 GB 50025—2018《湿陷性黄土地区建筑标准》中关于黄土地基湿陷等级划分(表2-36)，并参照前文岩溶塌陷规模的等级划分标准，建立黄土湿陷地质灾害规模等级判别标准，并按式(2-14)计算黄土湿陷地质灾害风险等级：

$$R_7 = \frac{C_{11} + C_{12}}{2} \qquad (2-14)$$

式中　R_7——黄土湿陷地质灾害风险等级指数，无量纲；

　　　C_{11}——黄土湿陷灾害的发育程度系数，按表2-36取值；

　　　C_{12}——黄土湿陷灾害的规模等级系数，按表2-36取值。

表 2-36 黄土湿陷规模的等级划分

分类因素	湿陷类型	类型描述	取值
黄土湿陷的 发育程度 (C_{11})	很严重	自重湿陷性场地：$\Delta s>700$，$\Delta zs>350$	(0.75，1.0]
	严重	自重湿陷性场地：$\Delta s>600$，$300<\Delta zs \leqslant 350$ 或：$300<\Delta s \leqslant 700$，$\Delta zs>350$	(0.5，0.75]
	中等	非自重湿陷性场地：$\Delta s>300$，$\Delta zs \leqslant 70$ 自重湿陷性场地：$100<\Delta s \leqslant 300$，$70<\Delta zs \leqslant 350$ 或：$50<\Delta s \leqslant 300$，$\Delta zs>350$ 或：$300<\Delta s \leqslant 600$，$70<\Delta zs \leqslant 300$	(0.25，0.5]
	轻微	非自重湿陷性场地：$50<\Delta s \leqslant 300$，$\Delta zs \leqslant 70$ 自重湿陷性场地：$50<\Delta s \leqslant 100$，$70<\Delta zs \leqslant 350$	(0，0.25]

注：Δs(mm) 为湿陷量；Δzs(mm) 为自重湿陷量。

黄土湿陷的 规模等级 (C_{12})	大型	最大湿陷坑直径>50m，数量众多，影响范围>10km²	(0.7，1]
	中型	最大湿陷坑直径为 10~50m，数量较多，影响范围为 1~10km²	(0.3，0.7]
	小型	最大湿陷坑直径<10m，数量不多，影响范围<1km²	(0，0.7]

（2）管道失效后果评价

根据前文管道失效后果等级评价内容及方法参照前文。

（3）地质灾害"活化"风险评价

对于黄土湿陷地质灾害而言，诱因比较单一，主要考虑水的因素。在地质灾害抢险救灾期间，短期内可能引起地表或浅层地下水变化的诱因，自然条件下有降雨、西部高寒地区融雪，雨季期间邻近地区的河流补给也可造成地下水位变化；人为因素则有农业灌溉管理不善造成地表水漫流。另外，非自重湿陷性黄土的湿陷还与压力有关，管道自身及其沿线出现人为造成的荷载变化也应考虑。

基于以上分析，对各种因素分别进行评估，评估结果划分为"轻微、中等、严重、极严重"四个等级，并分别赋予 1~2 之间的分值，定量化的描述地质灾害"活化"风险不同程度。

油气管道突发黄土湿陷地质灾害风险指数（I_{p7}）按式（2-15）计算：

$$I_{p7}=\frac{R_7+2\times\delta}{3}\times\varphi_7\times10 \qquad (2-15)$$

式中 I_{p7}——油气管道突发黄土湿陷地质灾害风险指数，无量纲；

R_7——黄土湿陷地质灾害破坏性等级指数，按式（2-14）计算；

δ——黄土湿陷地质灾害管道失效后果等级指数，按表 2-17 取值；

φ_7——黄土湿陷地质灾害"活化"风险指数，按表 2-37 取值。

依据 SY/T 6828—2017《油气管道地质灾害风险管理技术规范》，结合式（2-15）计算结果，将黄土湿陷地质灾害风险等级划分为 5 级（表 2-38）。

表2-37 黄土湿陷地质灾害"活化"风险指数(φ_7)评价表

问题分类		轻微	中等	严重	极严重
活化指数		(1.0, 1.25]	(1.25, 1.5]	(1.5, 1.75]	(1.75, 2.0]
地质灾害调查情况		管道损毁情况清楚，与黄土湿陷的位置关系已查清，黄土湿陷规模、发育特征、灾害诱因等均已查明	管道损毁情况清楚，与黄土湿陷的位置关系已查清，黄土湿陷规模、发育特征、灾害诱因等尚未查明	管道损毁情况清楚，与黄土湿陷的位置关系知道大概，黄土湿陷规模、发育特征、灾害诱因等尚未查明	管道损毁情况不清，管道与黄土湿陷的位置关系不明，尚未进行黄土湿陷规模、发育特征、灾害诱因的调查
自然因素	降雨或融雪	近期无降雨，或低温阴云天气，不利于积雪融化	近期有小雨，或晴到多云天气，积雪开始融化	近期有中雨，或晴朗天气，积雪融化	近期有大到暴雨，或晴朗升温天气，积雪大面积融化
	地下水位	原有的地下水位将有所下降	原有的地下水位将保持不变	原有的地下水位将小幅升高	原有的地下水位将大幅升高
人为因素	农业灌溉	灾害区近期无农田灌溉作业	灾害区局部地段有农田灌溉，地表水无漫流	灾害区正灌溉农田，管理有方，地表水无漫流	灾害区正灌溉农田，地表漫流严重
	荷载变化	管道沿线及附近无堆载	因抢险救灾需要，管道附近有少量堆载	因抢险救灾需要，管道沿线有一定量的堆载	因抢险救灾需要，管道沿线有大量堆载

取值原则：
(1)当"地质灾害调查情况"的分值最高时，则以该单值为最终值；
(2)当"地质灾害调查情况"的分值不是最高时，则以自然因素和人为因素中达到最高值的任意因素不少于两个。

表2-38 黄土湿陷地质灾害风险等级指数划分表

风险等级	风险指数	风险描述	编码
高	$I_{p7}>10$	该等级风险为不可接受风险，应尽快采取有效应对措施降低风险	A
较高	$6<I_{p7}\leq10$	该等级风险为不可接受风险，应在限定时间内采取有效应对措施降低风险	B
中	$4<I_{p7}\leq6$	该等级风险为有条件接受风险，应保持关注，可采取有效应对措施降低风险	C
较低	$2<I_{p7}\leq4$	该等级风险为可接受风险，宜保持关注	D
低	$I_{p7}\leq2$	该等级风险为可接受风险，当前应对措施有效，可不采取额外技术、管理方面的预防措施	E

2.3.3.8 活动断裂地质灾害风险等级评价

（1）活动断裂地质灾害破坏性评价

油气管道突发活动断裂地质灾害的破坏性与活动断裂的规模等级直接相关。我国学术界在活动断裂的研究中，依据断裂的平均活动速率和历史地震震级，将活动断裂的规模从强到弱划分为四个等级。GB 50021—2001《岩土工程勘察规范[2009年版]》中将全新活动断裂划分为强烈、中等和弱三个等级，本书根据以上划分标准（表2-39），按式

(2-16)计算活动断裂地质灾害风险等级：

$$R_8 = \frac{A_{f1} + A_{f2}}{2} \qquad (2-16)$$

式中　R_8——活动断裂地质灾害风险等级指数，无量纲；

　　　　A_{f1}——活动断裂灾害的发育程度系数，按表2-39取值；

　　　　A_{f2}——活动断裂灾害的规模等级系数，按表2-39取值。

表2-39　活动断裂规模的等级划分

分类因素	活动断裂类型	类型描述	取值
活动断裂发育程度 （A_{f1}）	特别强烈	（1）$v > 10$mm/a； （2）$M \geq 8$	(0.75, 1]
	强烈	（1）10mm/a$\geq v \geq 1$mm/a； （2）$8 > M \geq 7$	(0.5, 0.75]
	中等	（1）1mm/a$\geq v \geq 0.1$mm/a； （2）$7 > M \geq 6$	(0.25, 0.5]
	微弱	（1）$v < 0.1$mm/a； （2）$M < 6$	(0, 0.25]
全新活动断裂分级 （A_{f2}）	强烈	（1）中晚更新世以来有活动，全新世活动强烈； （2）$v > 1$mm/a，$M \geq 7$	(0.7, 1.0]
	中等	（1）中晚更新世以来有活动，全新世活动较强烈； （2）1mm/a$\geq v > 0.1$mm/a，$7 > M \geq 6$	(0.3, 0.7]
	微弱	（1）全新世有微弱活动； （2）$v < 0.1$mm/a，$M < 6$	(0, 0.3]

注：v(mm/a)为活动断裂平均活动速率；M为历史地震震级。

（2）地质灾害"活化"风险评价

对于活动断裂地质灾害，最直接的诱因就是新构造运动，而新构造运动的表现形式主要是地震；其次，水库蓄水也是诱发地震的重要因素之一，故将活动断裂地震灾害"活化"的主要因素确定为地震（自然因素）和水库蓄水（人工因素）。

基于以上分析，将各种因素分别进行评估，评估结果划分为"轻微、中等、严重、极严重"四个等级，并分别赋予1~2之间的分值，定量化的描述地质灾害"活化"风险的不同程度。

油气管道突发活动断裂地质灾害风险指数（I_{p8}）按式（2-17）计算：

$$I_{p8} = \frac{R_8 + 2 \times \delta}{3} \times \varphi_8 \times 10 \qquad (2-17)$$

式中　I_{p8}——油气管道突发活动断裂地质灾害风险指数，无量纲；

　　　　R_8——活动断裂地质灾害破坏性等级指数，按式（2-16）计算；

δ——活动断裂地质灾害管道失效后果等级指数，按表 2-17 取值；

φ_8——活动断裂地质灾害"活化"风险指数，按表 2-40 取值。

表 2-40 活动断裂地质灾害"活化"风险指数（φ_8）评价表

问题分类		轻微	中等	严重	极严重
活化指数		(1.0, 1.25]	(1.25, 1.5]	(1.5, 1.75]	(1.75, 2.0]
地质灾害调查情况		管道损毁情况清楚，管道与活动断裂的位置关系已经查清，活动断裂规模、发育特征、灾害诱因等均已查明。	管道损毁情况清楚，管道与活动断裂的位置关系已经查清，活动断裂规模、发育特征、灾害诱因等尚未查明	管道损毁情况清楚，管道与活动断裂的位置关系只知道大概，活动断裂规模、发育特征、灾害诱因等尚未查明	管道损毁情况不清楚，管道与活动断裂位置关系不明，尚未进行活动断裂规模、发育特征、灾害诱因的调查
自然因素	地震	灾害区处于抗震设防烈度级别较低的地区	灾害区处于抗震设防烈度级别较高的地区	近期曾经发生地震，后续发生余震可能性不大	近期曾经发生地震，后续可能发生余震
人为因素	水库蓄水	灾害区附近无大库容水库，或者水库蓄水作业刚完成不久	灾害区附近的水库库容较大，已经完成蓄水作业 3 个月以上	灾害区附近水库库容较大，已经完成蓄水作业 6 个月以上	灾害区附近有大库容水库，已经完成蓄水作业 1 年以上

取值原则：

（1）当"地质灾害调查情况"的分值最高时，则以该单值为最终值；

（2）当"地质灾害调查情况"的分值不是最高时，可按"地震"因素确定最高值，或由"地质灾害调查情况"与"水库蓄水"因素共同确定。

依据 SY/T 6828—2017《油气管道地质灾害风险管理技术规范》，结合式（2-17）计算结果，将活动断裂地质灾害风险等级划分为 5 级（表 2-41）。

表 2-41 活动断裂地质灾害风险等级指数划分表

风险等级	风险指数	风险描述	编码
高	$I_{p8} > 10$	该等级风险为不可接受风险，应尽快采取有效应对措施降低风险	A
较高	$6 < I_{p8} \leq 10$	该等级风险为不可接受风险，应在限定时间内采取有效应对措施降低风险	B
中	$4 < I_{p8} \leq 6$	该等级风险为有条件接受风险，应保持关注，可采取有效应对措施降低风险	C
较低	$2 < I_{p8} \leq 4$	该等级风险为可接受风险，宜保持关注	D
低	$I_{p8} \leq 2$	该等级风险为可接受风险，当前应对措施有效，可不采取额外技术、管理方面的预防措施	E

第3章 油气管道地质灾害减缓控制技术

地质灾害现场减缓控制技术的首要目标是实现最短时间内对灾情最大限度地控制；长期性目标是实现对地质灾害的永久性治理。基于以上原则，书中分别提出地质灾害的临时紧急处置技术与措施、长效治理技术与措施。同时考虑滑坡、崩塌、泥石流、采空地面塌陷、岩溶塌陷、地裂缝、湿陷性黄土及活动断裂等地质灾害类型，提出各类地质灾害减缓控制技术。

3.1 滑坡地质灾害减缓控制技术

3.1.1 临时紧急处置技术与措施

滑坡是具有滑动条件的斜坡在多种因素综合作用下的结果，具体特定的滑坡总有一个或两个因素对滑坡的发生起控制作用，称之为主控因素。在滑坡防治中应重点找出主控因素及其作用机制，并采取针对主控因素的工程措施消除或控制其作用以减缓、稳定滑坡的发展。针对滑坡主控作用因素的临时紧急治理，常见的技术与措施有以下几种：

（1）设置木桩（钢板桩）加固土体、防护管道

利用临时打桩加固滑坡体或防护管道是非常有效的技术方法。无论管道位于滑坡体的边缘部位，还是位于滑坡体的中心部位，在管道沿滑坡体滑动方向的前方或后方，均可通过打桩增加滑坡体的抗滑力；同时抗滑桩对管道本身也具有防护作用（图 3-1）。

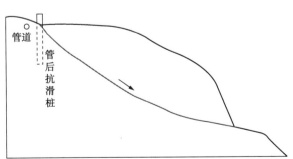

图 3-1　管道位于滑坡体边缘部位时的打桩加固技术

桩体的材质可根据不同情况进行优选。例如，若仅考虑临时加固土体，控制土体的侧移或坍塌，可选择较经济的木桩；若需要较大的桩体强度或需要贯入较深的土体，可考虑钢板桩。

（2）滑坡体上方削坡减重，滑坡体下方坡脚堆载

滑坡形成的力学原理是滑动力超过抗滑力。因此，将滑坡体上方削坡减重以减小滑动力，在滑坡体下方的坡脚堆载以增加抗滑力，是最直接有效的治理技术。一般采取将削坡挖除的土体直接堆放在坡脚的就地取材方式；如果因松散的堆土导致堆载效果不好，还可堆放临时"堆载包"，其效果相当于快速砌设一座重力挡土墙(图 3-2)。

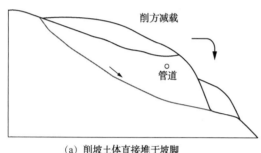

(a) 削坡土体直接堆于坡脚　　　　　　(b) 利用堆载包临时堆砌挡土墙

图 3-2　削坡压脚的临时处理技术

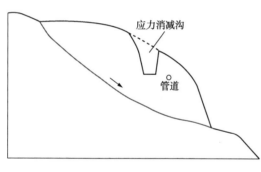

图 3-3　应力消减沟示意图

（3）挖设应力削减沟

当滑坡体厚度较小、管道埋深较浅时，可在滑坡滑动的相反方向靠近管道处挖设应力削减沟(图 3-3)，减小土体对管道的滑动推挤力，也可将管道直接挖出完全释放滑坡土体作用在管体上的应力。

（4）临时排水、防水措施

可通过在滑坡体周缘挖设临时截排水沟，地裂缝发育范围铺设塑料布等防渗材料进行临时的排水、防水。该方法虽然不能直接消除滑坡体滑动，但可以避免雨水下渗造成的滑坡"活化"。

（5）管道稳定性加固措施

当管道位于滑坡体的边缘，因土体滑动而导致管道暴露失去支撑，或者在滑坡体内部，管道受松散的滑动土体裹挟而失去稳定性，容易受拉张、推挤或重力压覆。这种情况下，可在管道下方回填灰土，或者分段砌设基座予以支撑，增加管道的稳定性，起到临时加固的效果。

以上临时紧急的滑坡地质灾害现场减缓控制技术，应根据滑坡地质灾害的风险级别、破坏模式、管道与滑坡体的位置关系、管道受力方式等进行不同的组合。此外，通

过灾情综合编码，可以实现现场减缓控制技术的快速选择(表 3-1)。

表 3-1 滑坡地质灾害现场减缓控制技术(临时紧急)的分类及编码

灾害类型(编码)	破坏模式	管道与滑坡体位置关系(编码)	示意图	问题描述	管道受力方式(编码)	灾情综合编码	现场减缓控制技术
滑坡(Ⅰ)	管道横穿滑坡	管道在滑坡体外部,从滑坡后缘穿过(A1)		滑坡发生后,可以导致管道悬空,并受到自身重力作用弯曲变形	重力弯曲(G)	ⅩⅠA1(G)	(1)滑坡体后缘设置一排木桩(钢板桩),控制土体坍塌和向临空面的侧移; (2)滑坡后缘回填灰土加固,控制管道侧移; (3)滑坡后缘发育拉张裂缝范围,全部覆盖塑料布,控制雨水下渗
		管道从滑坡体内部穿过,位于滑坡体后部(A2)		滑坡体中轴部位管道集中受力,两侧管道受剪切作用不大,易露管、推挤变形	推挤变形(P)	ⅩⅠA2(P)	(1)沿滑坡体滑移的方向,管道前方设置一排木桩(钢板桩),桩长应能穿过滑动带; (2)沿滑坡体滑移的方向,管道后方挖沟截断滑坡体,削除滑坡体的推力; (3)滑坡体周缘设截水沟
		管道从滑坡体内部穿过,位于滑坡体中部(A3)		滑坡体中轴部位管道集中受力,两侧管道受剪切作用较大,管道推挤变形,甚至剪断	推挤变形、剪切(PS)	ⅩⅠA3(PS)	(1)沿滑坡体滑移方向,管道前方设置一排木桩(钢板桩),桩长应能穿过滑动带; (2)滑坡体前缘堆载; (3)沿滑坡体滑移方向,管道后方挖沟截断滑坡体,削除滑坡体的推力; (4)滑坡体周缘设截水沟
		管道从滑坡体内部穿过,位于滑坡体前部(A4)		滑坡体两侧管道受剪切作用大,中轴部位集中受力,管道受剪切、推挤变形;规模较大时,被滑坡体裹挟扭转	剪切、推挤变形、扭转(SPR)	ⅩⅠA4(SPR)	(1)滑坡体前缘堆载; (2)沿滑坡体滑移方向,管道后方设置一排木桩(钢板桩),桩长应能穿过滑动带; (3)滑坡体周缘设截水沟

灾害类型（编码）	破坏模式	管道与滑坡体位置关系（编码）	示意图	问题描述	管道受力方式（编码）	灾情综合编码	现场减缓控制技术
滑坡（Ⅰ）	管道横穿滑坡	管道在滑坡体外部，从滑坡前缘穿过（A5）		滑坡前缘的土体被推移并堆积，管道主要受到向滑移前方、上方等不同方向的推挤变形	多向推挤变形（PP）	ⅩⅠA5（PP）	（1）滑坡体前缘、沿滑坡体滑移方向的管道后方，清淤堆载、同时设置一排木桩（钢板桩）防护管道；（2）滑坡体周缘设截水沟
	管道纵穿滑坡	管道在滑坡体外部穿过（B1）		管道周围土体向临空面方向移动，管道易发生侧移，进而裸露或悬空	重力弯曲（G）	ⅩⅠB1（G）	（1）在管道邻近滑坡体一侧，设置一排木桩（钢板桩），加固土体、同时防护管道；（2）削减滑坡体上部以减重，并将削减的土体堆载于坡脚以增大抗滑力
		管道从滑坡体内部穿过，靠近滑坡侧壁（B2）		受滑坡体拖拽作用，管道沿轴向拉伸变形，由于滑坡滑动不均匀，侧向承受一定的推挤作用	拉伸、推挤（TP）	ⅩⅠB2（TP）	（1）沿管道两侧挖设应力削减沟，以减小土体对管道的影响；（2）分段在管道下方挖除滑动土层，砌砖石基座，增加管道的稳定性；（3）滑坡体周缘设截水沟
		管道从滑坡体内部中间位置穿过（B3）		受滑坡体拖拽作用明显，管道轴向拉伸变形，滑坡前缘土体堆积、鼓胀，滑坡下方管道受垂向推挤作用	拉伸、推挤（TP）	ⅩⅠB3（TP）	（1）管道两侧挖设应力削减沟以减小对管道影响；（2）分段在管道下方挖除滑动土层，砌砖石基座，增加管道的稳定性；（3）削减滑坡体上部以减重，并将削减土体堆载于坡脚以增大抗滑力；（4）滑坡体周缘设截水沟
	管道斜穿滑坡	管道从滑坡体上方边缘斜向穿过（C1）		滑坡发生后，管道随土体向临空面滑移，可导致管道悬空，并受到自身重力作用弯曲变形	重力弯曲（G）	ⅩⅠC1（G）	（1）在管道邻近滑坡体一侧，设置一排木桩（钢板桩），控制土体坍塌和向临空面侧移；（2）滑坡后缘壁回填灰土加固，控制管道侧移；（3）滑坡后缘发育拉张裂缝的范围，全部覆盖塑料布，控制雨水下渗

续表

灾害类型（编码）	破坏模式	管道与滑坡体位置关系（编码）	示意图	问题描述	管道受力方式（编码）	灾情综合编码	现场减缓控制技术
滑坡（Ⅰ）	管道斜穿滑坡	管道从滑坡体中心斜向穿过(C2)		管道随土体滑移，既有推挤作用的分力，也有受裹挟而拉伸作用的分力，主要产生弯曲变形	推挤、拉伸(PT)	ⅩⅠC2(PT)	(1) 管道两侧挖设应力削减沟以减小对管道影响；(2) 分段在管道下方挖除滑动土层，砌砖石基座，增加管道的稳定性；(3) 削减滑坡体上部以减重，并将削减土体堆载于坡脚以增大抗滑力；(4) 滑坡体周缘设截水沟
		管道从滑坡体下方边缘斜向穿过(C3)		管道随着土体滑移，主要受推挤作用，产生弯曲变形；当滑坡规模较大时，可能会被滑坡体裹挟而扭转	推挤、扭转(PR)	ⅩⅠC3(PR)	(1) 滑坡体前缘堆载；(2) 沿滑坡体滑移的方向，管道后方设置一排木桩(钢板桩)，桩长应能穿过滑动带；(3) 滑坡体周缘设截水沟

注：灾情综合编码中的"Ⅹ"为地质灾害风险级别代码，按表2-20取A~E。

3.1.2　长效治理技术与措施

虽然滑坡地质灾害通过临时紧急现场减缓控制技术的有效处置后，暂时得到了治理，但并未完全或彻底消除滑坡地质灾害的危险性。因此，尚需要考虑永久性的治理措施。

滑坡地质灾害的永久性治理，需要采取长效的防治技术。包含两方面内容：其一，针对已经发生的滑坡地质灾害，采取必要的技术手段进行永久性加固，彻底排除滑坡地质灾害的危险性；其二，针对新出现的滑坡地质灾害诱发因素，采取必要的技术手段进行预防性治理，避免未来新的滑坡地质灾害发生。后者这种预防性治理的策略，在管道建设初期就可采取。

滑坡地质灾害永久性的防治技术，需要根据滑坡地质灾害特征进行具体分析，可参照 GB/T 38509—2020《滑坡防治设计规范》执行。本书中仅提出常见的一般性技术手段和处理原则。

（1）抗滑桩技术

抗滑桩技术是一种有效消除滑坡危险性的技术手段。抗滑桩一般设计在滑坡体的下方较薄部位，桩体有圆柱形抗滑桩、矩形抗滑桩；桩径、桩长及嵌固段长度等抗滑桩设计参数，应根据滑坡体规模进行抗滑力计算后确定，如图3-4(a)所示。

无论管道与滑坡体的位置关系如何，采用抗滑桩的条件是：管道穿越滑坡体中心，且受滑坡体推挤压力大，其他技术手段不能达到完全消除滑坡危险性的效果。在抗滑桩的布置方案中，抗滑桩设置在沿管道滑坡体滑移方向的后方，方可达到阻止滑坡体滑动、保护管道安全的目的，如图3-4(b)所示。

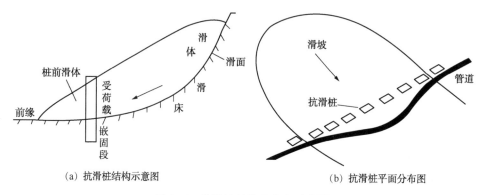

（a）抗滑桩结构示意图　　　　　（b）抗滑桩平面分布图

图3-4　抗滑桩结构及分布示意图

（2）锚索(杆)格构组合技术

当滑坡体坡面较陡且为堆积层或土质滑坡时，可采取预应力锚索(杆)与钢筋混凝土格构组合技术。锚索(杆)正式使用前，应先进行锚固实验确定其锚固力和有关设计参数，这种情况下，以锚索(杆)的锚固作用为主。当滑坡体较厚，滑坡表面岩土体易风化、剥落且有浅层崩落、蠕滑等现象，以及坡面需要进行绿化时，宜采用格构加锚固组合技术进行综合防护，以格构防护为主。

（3）抗滑挡墙技术

抗滑挡墙技术成本相对较低，施工也相对灵活。在滑坡危险性不太严重的情况下，无论管道在滑坡体内部，还是在滑坡体滑移前方，均可采用抗滑挡墙技术消除滑坡危险性(图3-5)。抗滑挡墙可采用重力式挡墙、扶壁式抗滑挡墙、桩板式挡墙、石笼式抗滑挡墙等多种形式。

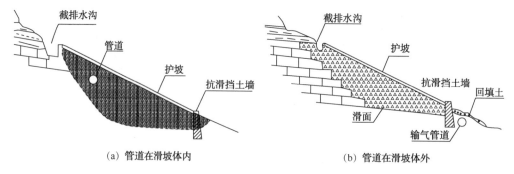

（a）管道在滑坡体内　　　　　（b）管道在滑坡体外

图3-5　抗滑挡墙结构示意图

① 重力式挡墙

利用抗滑挡墙技术进行滑坡地质灾害治理时，一般多采用重力式挡墙，宜与排水、减载、护坡等其他滑坡防治工程配合使用。挡墙参数应根据地形条件、滑坡地质条件、稳定状态、施工条件、土地利用和经济性等因素综合确定。

② 扶壁式抗滑挡墙

扶壁式抗滑挡墙具有压脚效果好、施工速度快等优点，适用于滑坡前缘反压填土边坡的支挡；挡墙的基础应置于滑带之下且不小于 1m，其埋置深度应根据滑面位置、地基承载力、水流冲刷深度等因素综合确定。

③ 桩板式挡墙

桩板式挡墙适用于开挖土石方可能危及相邻建筑物或环境安全的边坡、填方边坡的支挡以及工程滑坡治理，桩身应嵌固在稳定的地层中，确保桩后土体不越过桩顶或从桩间滑走，不产生新的深层滑动。

④ 石笼式抗滑挡墙

对于地基承载力较低的滑坡堆积体边坡防护、受水流冲刷且防护工程基础不易处理的滑坡前缘阻滑治理工程，可采用石笼式抗滑挡墙。

（4）削方减载与回填压脚技术

削方减载就是在滑坡后缘挖除滑坡土体，以减轻滑坡体自重，降低滑坡体的滑动力，包括滑坡体后缘减载、表层滑体或变形体的清除、削坡降低坡度、设置马道等形式。另外，削坡设计中，应设置纵向排水沟，注意坡面耕植土的回填利用等。

回填压脚工程一般与削方减载同时进行，两者相互配套工程。回填压脚的填方土石料就是来自削方减载挖除的土石方，从方便取材角度看，这是最优的施工方案；削方减载的目的是降低滑坡体的滑动力，而回填压脚的目的则是增加滑动面的抗滑力，两者也是相辅相成的。

（5）排水工程技术

滑坡体中蕴含的地下水往往是滑坡形成的重要诱因。因此，滑坡体的排水工程无论作为独立设计，还是其他滑坡治理技术的配套工程，都是不可缺少的。排水工程设计应在滑坡防治总体方案基础上，综合地形条件、工程地质条件、水文地质条件及降雨条件进行，包括地表排水、地下排水或者两者相结合的方案。

地表排水工程设计标准应满足工程等级所确定的降雨强度重现期标准，当滑坡体上存在地表滞留水体时，还应考虑防渗处理。地下排水工程设计应视滑面分布情况、滑坡体及围岩的水文地质结构及地下水动态特征，选用隧洞排水、钻孔排水、盲沟排水等方案，滑坡体为土岩二元结构且基岩面较浅时，可设置截水墙，兼有截水和挡土功能(图 3-6)。

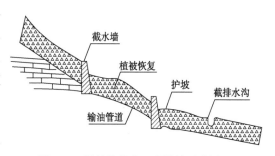

图 3-6　滑坡体排水工程设计示意图

（6）滑坡监测技术

监测也是滑坡防治的重要内容之一。滑坡防治工程监测包括施工安全监测、防治效果监测和动态长期监测，监测内容包括位移监测、应力监测及应变监测等。通过在滑坡区域设置竖向和水平位移监测标可监测滑坡体的位移，在裂缝发育区设置裂缝监测标可监测裂缝发育情况；在滑坡体内部设置应力、应变监测标可监测滑坡体的应力与变形情况；在管道上布设应力、应变监测标可监测管道内部的应力、应变情况。此外，监测工作应采取专业仪器与人工监测相结合的方式进行，尤其是深山野外，可通过征召当地村民作为人工监测巡视员，弥补专业仪器的不足。

3.2 崩塌地质灾害减缓控制技术

3.2.1 临时紧急处置技术与措施

崩塌地质灾害发生后，现场临时紧急的灾害减缓控制技术有限，一般只能做到最大限度避免管道进一步受到损伤，可考虑以下几种技术手段：

图3-7　崩塌体上方托垫管道

（1）管道从崩塌体上方穿越

上方危岩体垮塌坠落后，容易导致管道悬空，管道悬空距离较大时，受自身重力作用极易发生弯曲变形，甚至拉张破损。由于这种情况下管道所处的地形地貌位置不便于抢险施工，临时的紧急处置方法可考虑用"工"字钢梁从稳定的基岩面侧向伸出，托垫悬空管道的中点，减缓管道弯曲变形(图3-7)。

（2）管道从崩塌体下方穿越

管道从崩塌体下方穿越时，又分两种情况：一是管道在地面架空穿越；二是管道埋于地下穿越。

① 管道从崩塌危岩体下方、地表架空穿越

这种方式便于施工和维护，但对于崩塌地质灾害却是最为不利的情形，一旦崩塌发生，高位坠落的岩体(块)极可能造成管道的损毁。对于崩塌灾害已经发生的情况下，临时的紧急处置措施可为：

● 管道上方覆盖保护层——笼式或箱式钢筋网，或多层架空钢板，缓冲后续可能发生的崩塌坠岩冲击。

● 管道保护层覆盖后，再行清理上方崩塌危岩体，否则人为清理的危岩坠落会造成不必要的管道损伤。

● 危岩体清理后，再清理管道压覆岩体，否则会存在残余危岩体二次崩塌灾害发生的危险和危害。

② 管道从崩塌危岩体下方、地下埋管穿越

管道埋于地下是安全的，尽管施工和维护比较麻烦。这种情况下，坠落的岩体动能大多被管道上覆回填土所吸收，埋深较大的情况下，坠落的岩体也不会对管道造成伤害。

根据崩塌地质灾害的风险等级，结合以上不同管道遭受崩塌地质灾害的模式，可分别采取相应的地质灾害减缓处置技术(表 3-2)。

表 3-2　崩塌地质灾害现场减缓控制技术(临时紧急)的分类及编码

灾害类型(编码)	破坏模式	管道与崩塌体位置关系(编码)	示意图	问题描述	管道受力方式(编码)	灾情综合编码	现场减缓控制技术
崩塌(Ⅱ)	上方穿越	管道从崩塌危岩体上方穿越(A1)		崩塌发生后，导致管道悬空，并受自身重力作用弯曲变形，可能因悬空距离较大而受拉张	重力弯曲拉张(GT)	ⅩⅡA1(GT)	"工"字钢梁从稳定的基岩面侧向伸出，托垫悬空管道的中点，减缓管道弯曲变形
	下方穿越	管道从崩塌危岩体下方、地表架空穿越(B1)		崩塌发生时，高能坠落岩体(块)撞击管道，或大面积倾倒压覆管道	撞击重力压覆(HG)	ⅩⅡB1(HG)	(1) 管道上方覆盖保护层，如笼式或箱式钢筋网、多层架空钢板，缓冲坠岩冲击力；(2) 管道覆盖保护层后，再行清理上方崩塌危岩体；(3) 清理危岩体后，再行清理管道压覆岩体
		管道从崩塌危岩体下方、地下埋管穿越(B2)		崩塌发生时，高能坠落岩体(块)撞击管道上方，能量被回填土部分或全部吸收	撞击(H)	ⅩⅡB2(H)	清理上方崩塌危岩体

注：灾情综合编码中的"Ⅹ"为地质灾害风险级别代码，按表 2-23 取 A~E。

3.2.2　长效治理技术与措施

崩塌地质灾害通过临时紧急的现场减缓控制技术有效处置后，残余的危岩体仍然存在形成崩塌地质灾害的危险性。因此，需要考虑永久性的治理措施。常见的一般性技术手段和处理原则如下所述。

（1）主动防治技术

① 支撑技术

对于高陡山坡上的悬岩危岩体，通常可以采用支撑技术消除崩塌地质灾害的危险性。具体支撑方式应综合考虑危岩体的大小、形态、质量等因素，对于孤立的危岩体可采用立柱、砌墙等支撑方式，如图3-8(a)、图3-8(b)所示；对于较大、连续的危岩体，可采用拱形支撑，如图3-8(c)所示。

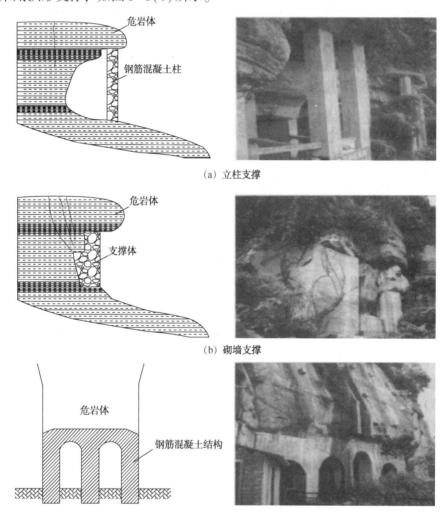

（a）立柱支撑

（b）砌墙支撑

（c）拱形支撑

图3-8　崩塌危岩体的支撑处理

② 锚固技术

对于体积大、不易支撑的危岩体，常采用锚固技术予以治理。通过钻孔穿透危岩体的主裂隙面，采用锚杆、锚索等将危岩体锚固，同时配套喷射混凝土、挂钢筋网等技术，使得三者与边坡岩土体共同作用形成主动支护，最大限度利用岩土体的自身支护能力。对于体积较大的潜在崩塌体边坡，可采用全黏型或预应力锚杆(索)，并配合挂网喷射混凝土护面进行治理。

国内著名的崩塌地质灾害治理工程是三峡链子崖危岩体治理工程。链子崖危岩体的陡崖高 70~100m，由于载荷、风化、溶蚀作用及崖下煤层大面积采空，造成陡崖近 700m 范围内，由 40 余条深度不等的裂隙切割而成的危岩体体积达数百万立方米，是锚固技术治理的典范(图 3-9)。

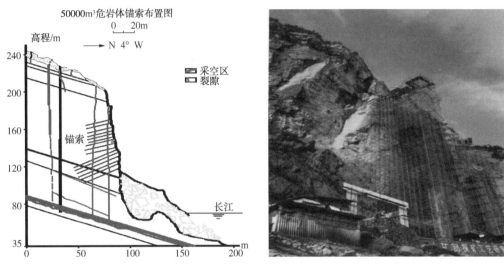

图 3-9　三峡链子崖危岩体防治工程

③ 封填及嵌补技术

对于节理裂隙发育的坡面，当崩塌节理裂隙不太发育且张开度较大时，可通过喷射细骨料混凝土或水泥砂浆对节理裂隙进行封填、嵌补，使得坡体形成整体，防止边坡落石掉块，雨水进入坡体、岩体进一步风化(图 3-10)。

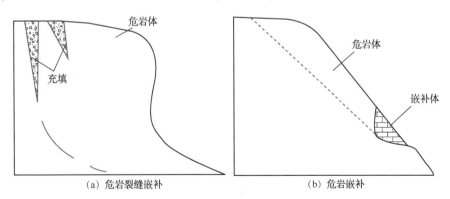

(a) 危岩裂缝嵌补　　　　　　　(b) 危岩嵌补

图 3-10　崩塌危岩的封填与嵌补技术

④ 灌浆技术

对于节理发育、坡面少见开口端，或节理发育较深，喷射混凝土、水泥砂浆等固结

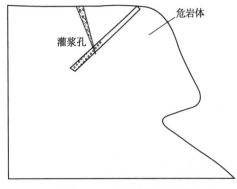

图 3-11 崩塌危岩裂缝灌浆

材料不能进入节理深处时可以采用灌浆技术。通过坡面施工钻孔，将混凝土、水泥砂浆等材料灌入坡体内部，充填节理系统，达到固化坡体、提高强度、消除崩塌危险性的目的(图 3-11)。

⑤ 排水技术

在边坡上修建完善的地表排水系统，汇聚地表径流，将地表水排到坡外，防止雨水进入坡体内部润滑结构面、侵蚀岩体等，消除崩塌灾害隐患(图 3-12)。

⑥ 清除技术

清除坡面危岩体，开挖施工时不使用爆破，在施工时应对其下方的管道上铺设一定厚度的土作为缓冲，谨防危岩体坠落引起管道的二次损坏(图 3-13)。

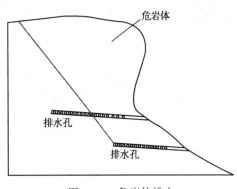

图 3-12 危岩体排水

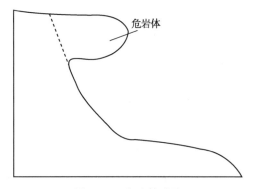

图 3-13 危岩体清除

（2）被动防治技术

被动防治技术与主动防治技术的区别在于，主动防治目的在于提高危岩体的稳定性，降低崩塌灾害发生的危险；而被动防治目的在于崩塌发生后，落石被有效拦截，从而避免灾害的发生。常用技术有：

① 拦石墙

在崩塌危岩体下方边坡的适当部位，预计危岩体崩落至管道的前方，修建拦石墙以拦挡上部危岩崩塌后的落石、滚石，一般砌筑重力式拦石墙(图 3-14)，为了提高拦石墙的拦挡能力，还可采用板(桩)、墙的结合体形式(图 3-15)。

② 拦石网及拦石栅栏

相较于拦石墙，拦石网、拦石栅栏结构具有简便、高效的优点。尤其是柔性拦石网（SNS），通过钢丝绳网、支撑绳、钢柱等组合，充分利用柔性材料的易铺展性和高防冲击能力，广泛应用于高陡边坡崩塌灾害的治理(图 3-16)。

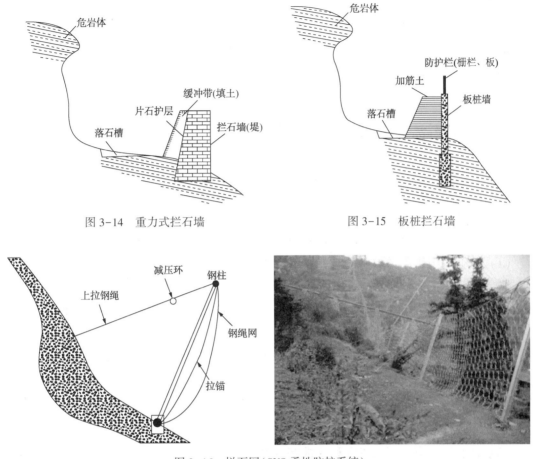

图 3-14 重力式拦石墙   图 3-15 板桩拦石墙

图 3-16 拦石网(SNS 柔性防护系统)

③ 遮挡技术

在管道上方覆填一定厚度的土层，减小、消除落石对管道的冲击力。当管道上方不具备覆土时，可采用管涵、落石棚和明硐等形式，对管道进行遮挡，同时可在构筑物上覆盖一定厚度的砂土作为缓冲层，减小落石的冲击力(图 3-17)。

图 3-17 管道上方覆土遮挡落石的技术

④ 崩塌监测技术

在危岩体上设置竖向、水平位移监测标，在裂缝发育处设置裂缝监测标，监测危岩的变形情况。该方法虽然不能直接达到防治崩塌地质灾害的目标，却是掌握崩塌地质灾害发展趋势的重要技术手段，在崩塌地质灾害防治中不可或缺。

3.3 泥石流地质灾害减缓控制技术

3.3.1 临时紧急处置技术与措施

由于泥石流地质灾害有着较大的流域，包括形成区（启动区）、流通区和堆积区，灾害发生后，根据管道所处的流域位置，可考虑以下几种技术手段：

（1）对于冲刷作用导致管道裸露、悬空的情况，在悬空的管道中点部位砌筑基座进行支撑。

（2）对于埋地管道，应清除管道上方压覆的土石及淤泥，减轻管道承受的荷载。

（3）对于架空管道基座遭受损毁的情况，应在管道基座周围打入一圈木桩（钢管桩）拦挡泥石流的大块岩石，减轻泥石流堆积体对管道的推挤作用力或采用其他方式对基座进行临时加固。

（4）对于管道遭受大块岩石冲击的情况，裸露管道应覆盖草垫编织物，防治泥石流岩块冲击。

（5）对于管道遭受泥石流堆积体推挤的情况，应清除管道向泥石流上游一侧的堆积体，打入一排平行于管道的木桩（钢管桩），减轻泥石流堆积体对管道的推挤作用；管道下方掏挖多个小涵洞，疏通淤积的泥砂、泥浆等细颗粒流体。

以上各种技术手段，应根据泥石流地质灾害和管道受损的具体情况，进行组合使用（表3-3）。

表3-3 泥石流地质灾害现场减缓控制技术（临时紧急）的分类及编码

灾害类型（编码）	破坏模式	管道与崩塌体位置关系（编码）	示意图	问题描述	管道受力方式（编码）	灾情综合编码	现场减缓控制技术
泥石流（Ⅲ）	穿越形成区	管道从泥石流形成区（上游）穿越（A1）	管道位置 α	雨水长期冲刷，岩土体流失导致管道裸露、悬空而受重力弯曲变形；或架空管道基座地基受长期潜蚀而破坏	重力弯曲（G）	ⅢA1（G）	（1）悬空管道中点部位砌筑基座进行支撑；（2）架空管道基座遭到损毁时，应对基座进行临时加固

灾害类型（编码）	破坏模式	管道与崩塌体位置关系（编码）	示意图	问题描述	管道受力方式（编码）	灾情综合编码	现场减缓控制技术
泥石流（Ⅲ）	穿越流通区	管道从泥石流流通区（中游）埋地穿越（B1）		泥石流冲刷管道上方的覆土，强大的冲击力导致管道位置发生偏移	推挤、重力压覆（PG）	ⅩⅢB1（PG）	（1）清除管道上方压覆的土石及淤泥，减轻管道承受荷载；（2）清除管道向泥石流上游一侧的堆积体，必要时打入一排平行于管道的木桩（钢管桩）减轻泥石流堆积体对管道的推挤作用力
		管道从泥石流流通区（中游）半裸露穿越（B2）		泥石流冲击破坏裸露管道表面的防护层，体积较大的岩块可造成管道破裂；泥石流堆积体对管道侧向推挤，导致管道拉张变形	撞击、推挤（HP）	ⅩⅢB2（HP）	（1）裸露管道覆盖草垫编织物，防治泥石流岩块冲击；（2）清除管道向泥石流上游一侧的堆积体，打入一排平行于管道的木桩（钢管桩）减轻堆积体对管道推挤作用力；（3）管道下方掏挖多个小涵洞，疏通淤积的泥砂等细颗粒流体
		管道从泥石流流通区（中游）架空穿越（B3）		泥石流中大量石块冲击管体，管道保护层甚至管体本身均可被损伤；淤积的大量泥石流体对管道产生较大推力，毁坏管道两端支架或基座，造成管道弯曲变形过大而折断	撞击、推挤（HP）	ⅩⅢB3（HP）	（1）裸露的管道覆盖草垫编织物，防治泥石流岩块冲击；（2）清除管道向泥石流上游一侧的堆积体，打入一排平行于管道的木桩（钢管桩）拦挡大块岩石，减轻泥石流堆积体对管道的推挤作用力；（3）架空管道的基座遭到损毁时，应对基座进行临时加固
	穿越堆积区	管道从泥石流堆积区（下游）穿越（C1）		架设管道的桥墩遭受泥石流冲击，若损坏可导致管道破裂、折断；泥石流堆积物压覆在埋地管道上部，增大管道承受的上覆载荷，影响后期管道的维护	推挤、重力压覆（PG）	ⅩⅢC1（PG）	（1）管道基座周围打入一圈木桩（钢管桩）拦挡大块岩石，减轻泥石流的堆积体对管道的推挤作用力；（2）清除埋地管道上方压覆的土石及淤泥，减轻管道承受的荷载

注：灾情综合编码中的"Ⅹ"为地质灾害风险级别代码，按表 2-26 取 A～E。

3.3.2 长效治理技术与措施

泥石流地质灾害在通过临时紧急的现场减缓控制技术有效处置后，暂时得到了治理，但滞留的泥石流堆积体、后续的次生泥石流二次冲击等，对油气管道仍然存在较大的地质灾害危险性，因此，需要考虑永久性的治理措施。常见的一般性技术手段和处理原则如下文所述。

（1）治水措施

在泥石流上游形成区修建调洪水库、截水沟、蓄水池、泄洪隧洞和引水渠等工程，主要作用是调节洪水，削减洪峰，消除或削弱泥石流爆发的水动力条件。

（2）拦挡与支挡工程

① 拦挡工程通常有拦砂坝、谷坊坝。拦砂坝是在泥石流主沟中修建规模较大的拦挡坝，谷坊坝是在无常流水支沟中修建规模较小的拦挡坝。拦挡工程主要功能为拦阻泥砂，削减泥石流规模，减小沟谷的纵坡降，减轻泥石流的侵蚀能力等（图3-18）。

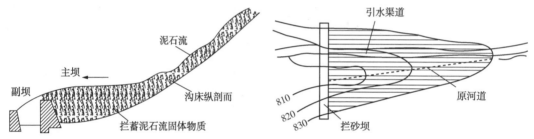

图 3-18　泥石流拦挡工程

该类工程种类繁多，根据建筑结构可分为实体坝和格栅坝；根据建筑材料可分为土坝、砌块石坝、浆砌块石坝、木石混合坝、钢筋石笼坝、钢管坝等；部分泥石流拦挡工程如图3-19所示。

（a）格栅坝　　　　　　　　　　　　　　（b）砌块石坝

图 3-19　泥石流拦挡工程实景

② 支挡工程通常也是护坡工程，对于沟坡、谷坡中零星分布的滑坡体、崩塌体等，其松散堆积体为泥石流提供了大量的物质来源。因此，修筑挡土墙等支挡工程护坡，具

有防治泥石流的功能。

弯曲的河道中，水流(包括泥石流)对河岸的侧蚀作用强烈，也需要修筑支挡工程保护河岸，避免河岸塌岸，此项工程也属于泥石流的防治工程(图 3-20)。

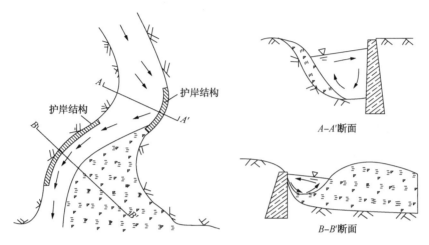

图 3-20 护岸结构的平面、剖面图

③ 潜坝工程。某些暴雨型泥石流多因特大洪水掏蚀沟床底部的沉积物而形成，潜坝工程就是针对这一类泥石流的防治工程。潜坝多建于泥石流形成区、流通区的沟床中，坝基嵌入基岩，坝顶与沟床齐平，以此抵抗强水流对沟床底部的冲刷作用。

(3) 排导工程

为了保护下游重要的油气管道设施，常在流通区和堆积区修建排导沟、急流槽、导流堤、顺水坝、明硐等排导工程，其主要作用是调整泥石流的流向、防止漫流，以固定沟槽、约束水流、改善沟床平面，有利于减少淤泥堆积，从而减少泥石流对油气管道的冲击破坏，如图 3-21(a)所示。

排导工程可采用浆砌块石、混凝土或钢筋混凝土等现场砌筑，也可采用一定尺寸的预制件进行整体组装[图 3-21(b)]，预制件组装具有更高的施工效率。

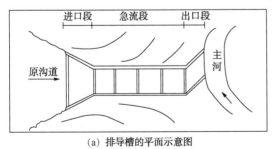

(a) 排导槽的平面示意图

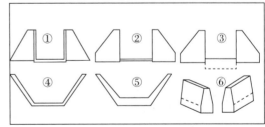

(b) 急流槽的结构样式

图 3-21 导工程布局及结构

(4) 储淤工程

储淤工程主要包括拦泥库和储淤场两类。拦泥库的主要作用是拦截并存放泥石流，多设置于流通区，其作用临时、有限；储淤场一般设置于堆积区的后缘，利用天然地形条件，采用简易工程措施，如导流堤、拦淤堤、挡泥坝、溢流堰、改沟工程等，将泥石流引向开阔、平缓的地带，削减下泄的固体物质(图3-22)。

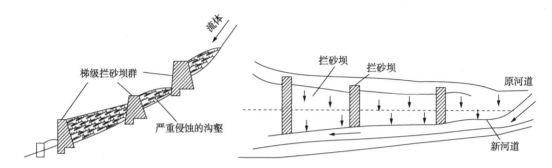

图3-22　储淤工程的剖面结构、平面分布图

（5）生物措施

在泥石流的流域地区禁止乱砍滥伐，保护和恢复林木植被，防止水土流失，这也是一项泥石流治理的长期措施。尽管生物措施见效慢，但可以从根本上削弱泥石流活动强度及发生频率，应当作为泥石流地质灾害治理不可或缺的长效措施。

3.4　采空地面塌陷地质灾害减缓控制技术

3.4.1　临时紧急处置技术与措施

采空地面塌陷的发生与发展具有初期快速、后期缓慢的特点，统计显示采空地面塌陷约有6个月左右的时间为地面沉陷活跃期，其后则进入衰退期(图3-23)。因此，一般在地面沉陷活跃期内管道会发生较大变形，乃至破坏。如果采空区残存矿柱缓慢风化、强度降低而失稳，则在衰退期也可出现突发性变形破坏。从采空地面塌陷的形式及管道变形响应而言，采空地面塌陷地质灾害的现场减缓控制技术考虑两种情况即可：地表连续移动变形和非连续移动变形。

采空地面塌陷对管道变形的影响方式有限，主要是重力弯曲变形、拉伸变形和局部挤压变形，相应的地质灾害现场减缓控制技术可根据具体情况进行组合采用(表3-4)。

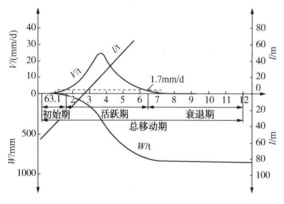

图3-23　采空区地表移动延续时间的特征曲线

表 3-4　采空地面塌陷地质灾害现场减缓控制技术(临时紧急)的分类及编码

灾害类型(编码)	破坏模式	管道与塌陷区位置关系(编码)	示意图	问题描述	管道受力方式(编码)	灾情综合编码	现场减缓控制技术
采空地面塌陷(Ⅳ)	地表连续移动变形	外边缘区(A1)		外边缘区产生拉伸变形,地表一般产生拉裂缝	拉张、重力弯曲(TG)	ⅩⅣA1(TG)	(1)采用滑轮从内、外边缘区分界处开始,向中间区分段将管道起吊,缓解管道变形;
		内边缘区(A2)		内边缘区受压产生压缩变形,可使管道局部产生鼓胀	压缩、重力弯曲(PG)	ⅩⅣA2(PG)	(2)塌陷区内(沿管线)回填片石、砂卵石、碎石土、灰土等,将塌陷垫平;　(3)砌筑临时支座垫支和稳定管道
		中间区(A3)		采空区上方地表移动盆地表现为地表整体塌陷,造成管道随地表的沉降而产生整体向下的弯曲变形	重力弯曲(G)	ⅩⅣA2(G)	(1)在中间区分段将管道起吊、缓解变形;　(2)塌陷区内(沿管线)回填片石、砂卵石、碎石土、灰土等,将塌陷垫平;　(3)砌筑临时支座垫支和稳定管道;　(4)埋地管道应全面开挖露出管体,再进行相应处理
	地表非连续移动变形	直接穿越(B1)		塌陷坑导致管道悬空,在管道自重和上覆荷载下,管道发生弯曲变形,当管道自重和上覆荷载较大时,管道可能折断、破裂	重力弯曲、边缘剪切(GS)	ⅩⅣB1(GS)	(1)根据管道变形情况,选择合适的垫支点,将管道起吊、砌筑支座垫支和加固;　(2)塌陷区内(沿管线)回填片石、砂卵石、碎石土、灰土等,将塌陷垫平;　(3)加强地面塌陷的监测

注:灾情综合编码中的"Ⅹ"为地质灾害风险级别代码,按表 2-29 取 A~E。

(1)采用滑轮从内、外边缘区分界处或其他变形较大的管段开始,向塌陷中间区分段将管道起吊,缓解管道变形;

(2)地面塌陷区内(沿管线)回填片石、砂卵石、碎石土、灰土等,将塌陷地段垫平;

(3)砌筑临时支座垫支、加固管道,提高管道的抗沉陷变形能力;

(4)埋地管道应全面开挖露出管体,再进行相应处理;

(5)对于突发性的采空地面塌陷,一般是地下采空区的"活化",并形成非连续的地面塌陷,故应加强监测,提高监测的强度与频次。

3.4.2 长效治理技术与措施

（1）注浆减沉

该项技术主要利用钻孔形式，将填充物通过高压注浆泵填充到离层空隙带，主要使用的填充物为注入粉煤灰。通过填充物的支撑作用，以减少采空区上建（构）筑物发生下沉、坍塌、倾斜等现象（图3-24）。

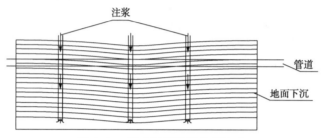

图3-24　采空区的注浆处理技术

在注浆减沉治理采空地面塌陷的过程中，为了达到有效的治理效果，一般要注意以下几方面：

① 注浆减沉技术治理要从裂隙带与弯曲带之间的离层区展开，填充料可在离层区域起到支撑作用，有效阻止覆岩层的移动。

② 注浆减沉技术治理中填充料的强度系数非常高，填充完成以后会在离层带区域形成一个覆岩带，其压缩性差，能更好地起到支撑作用。

③ 注浆减沉技术治理所使用的填充料以粉煤灰为主，在分离层发挥其胶结性，可在岩层内部将破碎岩体重新整合，强度增加，有效避免岩层变形，进而提升注浆减沉技术的治理效果。

（2）管沟穿越

管沟穿越是利用管道具有较好的弹性变形特点，减小地表移动变形对油气管道的影响。具体措施为，加宽加深管沟，大面积长距离的在管道下方回填细砂或松散物质，给管道预留一定的移动空间，当发生地表移动时，管道可利用自身的弹性，释放应力，减小对自身的破坏影响（图3-25）。

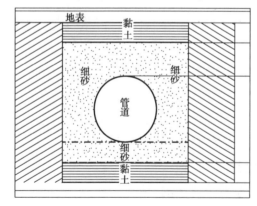

图3-25　管沟穿越采空区时管道下方填土垫层

回填的松散砂土应沿管线穿过整个采空地面塌陷影响范围，相当于在采空地面塌陷范围的地表增加一层松软垫层，缓解地表不均匀变形，从而避免管道的不均匀变形，使得采空地面塌陷范围内的管道整体相对均匀下沉。由于其管道自身的弹性，可保持在安全的变形范围内。

(3)桩基梁板跨越

非连续变形的采空地面塌陷多发生在地下不连续的采空区范围内，如房柱式开采、小窑开采等，也常具突发性，对管道的破坏性较大。当地下不连续的采空区发生失稳，地表发生局部塌陷，产生小型塌陷坑致管道发生悬空甚至是折断时，采用桩基础架设梁板使管道跨越的方式可达到永久性治理的目标。

梁板跨越法主要适用于宽度小于 10m 的稳定或基本稳定的巷道、地下硐室的采空塌陷。采用梁板跨越法时，应采用简支结构，桩基底应置于稳定地层内，且桩顶位于采空塌陷移动范围之外。在采用梁板跨越法的同时，对于产生的地表塌陷坑，应回填加固，防止塌陷坑进一步扩大，确保梁板桩基的稳定(图 3-26)。

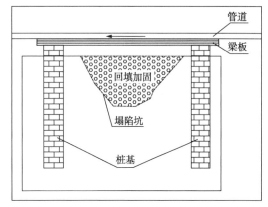

图 3-26　桩基梁板跨越采空区处理技术

3.5　岩溶塌陷地质灾害减缓控制技术

3.5.1　临时紧急处置技术与措施

岩溶塌陷在具备了发育条件及诱因的情况下，具有突发性和群发性特点，其灾害形式较为单一，即地表出现大小不一的圆形或近圆形塌陷坑。跨越塌陷坑的管道受重力压覆而导致弯曲变形，相应的现场临时紧急减缓控制技术有限，主要采用挖除覆土、垫支变形较大的管段等措施以缓解变形，然后再进行永久性治理。根据管道的埋设或架设具体情形，实地的处理技术有以下几种：

(1)对于埋地管道，应将塌陷区范围内的管体覆土及围土挖除，减轻负荷便于下一步施工。

(2)对于有覆土的裸露管道，应先清除覆土，减轻管体负荷。

(3)对于埋地管道变形较大的管段，挖除覆土、露出管体后，应逐段起吊、垫支，缓解变形，垫支物应有较大的底面或者下铺木板、钢板，减小下沉量。

(4)对于裸露管道变形较大的管段，可直接从底部进行垫支，缓解变形，垫支物应有较大的底面或者下铺木板、钢板，减小下沉量。

(5)塌陷区内(沿管线)回填片石、砂卵石、碎石土、灰土等，将塌陷垫平。

以上处理技术可根据油气管道岩溶塌陷地质灾害的具体情况，进行组合使用(表 3-5)。

表3-5　岩溶塌陷地质灾害现场减缓控制技术(临时紧急)的分类及编码

灾害类型(编码)	破坏模式	管道与塌陷区位置关系(编码)	示意图	问题描述	管道受力方式(编码)	灾情综合编码	现场减缓控制技术
岩溶塌陷(Ⅴ)	埋地管道蠕变	管道以埋地方式跨越塌陷区(A1)		岩溶塌陷速率较缓慢,管道随土体以蠕变形式下沉,受重力作用、上覆土体荷载压覆,主要为弯曲变形和拉张	重力弯曲、拉张(GT)	ⅩⅤA1(GT)	(1)挖除塌陷区范围内埋地管道覆土及围土,减轻负荷; (2)变形较大管段,逐段起吊、垫支,缓解变形; (3)塌陷区内沿管线回填片石、砂卵石、碎石土等,将塌陷垫平
	管道悬空有覆土	埋地管道跨越塌陷区,管体裸露且上有覆土(A2)		塌陷区土体快速下沉,埋地管道裸露且上有覆土,管道受自重和覆土重力作用弯曲、边缘部位受剪切作用	重力弯曲、边缘剪切(GS)	ⅩⅤA2(GS)	(1)清除管道覆土; (2)变形较大的管段,从底部进行垫支,缓解变形; (3)塌陷区内(沿管线)回填片石、砂卵石、碎石土、灰土等,将塌陷垫平
	管道悬空无覆土	埋地管道裸露无覆土或地表管道跨越塌陷区(A3)		塌陷区土体快速下沉,埋地管道裸露,主要受管道自身重力作用弯曲变形、边缘部位受剪切作用	重力弯曲、边缘剪切(GS)	ⅩⅤA3(GS))	(1)变形较大的管段,从底部进行垫支,缓解变形; (2)塌陷区内(沿管线)回填片石、砂卵石、碎石土、灰土等,将塌陷垫平

注:灾情综合编码中的"X"为地质灾害风险级别代码,按表2-32取A~E。

3.5.2　长效治理技术与措施

一般岩溶塌陷地质灾害的治理工程主要集中在三个方面:加固、跨越、地表及地下水排导。具体实施中应根据岩溶洞穴位置、大小、埋深、围岩稳定性和水文地质条件等进行综合分析,因地制宜选择合适的处理措施。

(1)地面及地下加固处理

①消除填堵法

该方法用于塌坑较浅或浅埋的土洞。首先,从岩溶土洞中把松土清除,然后用砾石与岩石将其填满，最后把黏土夯实。

② 强夯法

该方法用于场地较平坦，覆土厚度不超过 10m，且通有便道的地段。具体操作方法是将夯锤升到一定高度，然后利用重力使其自由落下，产生剧烈冲击，如此反复达到将覆盖层夯实，消除隐伏土洞的目的。

③ 高压喷射注浆法

该种方法适用条件有：

a. 较薄上覆盖层或较浅埋藏基岩的塌陷区。

b. 较深埋藏土洞塌陷，且洞内包含大量漏浆的塌陷区。

c. 浅部土层或塌坑回填土层的处理，以使其覆盖层的性能得到改善。其原理是利用钻杆底部的喷嘴，用高压脉冲泵向周围土喷洒化学泥浆。这种高压射流可破坏土壤结构，同时将破坏的土体与化学液混合、胶结硬化，最终达到加固地基的目的。

④ 灌注法

该种方法的目标是强化，适用于岩溶、土洞埋藏较深的地段。它通过溶洞口或钻孔来进行注浆，从而达到加固土层、稳定充填岩溶洞隙、加强隔断地下水流通道及强化建筑物地基的目的。

（2）结构物跨越

① 梁、板、拱结构跨越

岩溶土洞的规模较大且洞里充满柔软填充物，或岩溶洞穴小，但水流不堵塞的区域，可采用梁、板或拱等结构形式跨越塌陷坑。

② 深基础跨越

该方法适用于深度较大，一般跨越结构无能为力的土洞、塌陷地段。深基础将荷载传递到深层稳定基岩，一般采用桩基础。

③ 设置"褥垫"

在压缩性不均匀的土岩组合地基上，凿去局部突出的石芽或大块孤石，用炉渣、中粗砂、碎石土等材料垫层，调整地基变形量，厚度应能保证跨越塌陷坑的管体均匀沉降。

（3）地表及地下水排导

① 地表水疏、排、围、改，即在已发现的岩溶洞穴和土洞处理中，通过围堰、排水沟等工程合理地疏排地表水，防止地表水入渗，引起或加剧岩溶塌陷地质灾害的发生或发展。该方法适用于矿坑及周围地表、其他低洼积水的工程场地，已有的塌陷坑等场地。

② 平衡水气压法适用于地下水位下降时能在密闭的岩溶腔或土洞内形成真空的负压地段。当地下水位上升，水气压力会在岩溶空腔里发生变化，导致气爆或冲爆塌陷。

因此，在确定地下岩溶通道后，可设置岩溶管道的通风装置，以平衡水、气压力，消除真空负压。

3.6 地裂缝地质灾害减缓控制技术

3.6.1 临时紧急处置技术与措施

地裂缝地质灾害具有突发性和群发性特点，其灾害形式较为单一，即地表出现张性裂缝，一般多条平行延伸发育，相应的现场临时紧急灾害减缓控制技术有限。由于地裂缝垂深一般较大，无论管道埋地与否，均会受到影响，因此处理措施主要为挖除覆土、垫支变形较大的管段以缓解变形，然后再进一步永久性治理。现场临时紧急的灾害减缓控制技术措施一般可以考虑以下几种：

（1）埋地管道挖除覆土及围土，减轻管道的额外负荷并便于施工；

（2）对沉陷较大地裂缝一侧的管道进行垫支，缓解变形；

（3）对于变形较大的管段逐段起吊，从底部进行垫支，缓解变形；

（4）因基座不均匀斜歪沉陷导致管道扭转时，修正基座形态、缓解扭转作用力。

以上处理技术可根据油气管道地裂缝地质灾害的具体情况，进行组合使用（表3-6）。

表3-6　地裂缝地质灾害现场减缓控制技术（临时紧急）的分类及编码

灾害类型（编码）	破坏模式	管道与地裂缝位置关系（编码）	示意图	问题描述	管道受力方式（编码）	灾情综合编码	现场减缓控制技术
地裂缝（Ⅵ）	张、剪破坏（A）	管道垂直跨越地裂缝（A1）		管道垂直穿越地裂缝或与地裂缝大角度斜交，管道将受瞬时集中力作用，以拉张力作用为主，若地裂缝两侧不均匀沉陷，则受剪切力作用	拉张、剪切（TS）	ⅥA1（TS）	（1）埋地管道挖除覆土及围土，减轻额外负荷并便于施工；（2）对沉陷较大的地裂缝一侧管道进行垫支，缓解变形
	剪、扭破坏（B）	管道斜交跨越地裂缝（B1）		管道斜交穿越地裂缝，发生地裂缝地质灾害时，管道将受瞬时拉张力作用，当地裂缝两侧不均匀沉陷时，管道将受到剪切力作用，并有一定的扭转	拉张、剪切、扭转（TSR）	ⅥB1（TSR）	（1）埋地管道挖除覆土及围土，减轻额外负荷并便于施工；（2）对沉陷较大一侧的管道垫支，缓解变形；（3）因基座不均匀斜歪沉陷导致管道扭转时，修正基座形态、缓解扭转的作用力

续表

灾害类型（编码）	破坏模式	管道与地裂缝位置关系（编码）	示意图	问题描述	管道受力方式（编码）	灾情综合编码	现场减缓控制技术
地裂缝（Ⅵ）	弯、扭破坏（C）	管道平行于地裂缝伴行（C1）		管道与地裂缝走向近似平行，发生地裂缝地质灾害时，裂缝区的拉张、不均匀沉陷，可导致管道局部重力作用下弯曲变形，并伴有扭转	重力弯曲、扭转（GR）	ⅩⅥC1（GR）	（1）埋地管道挖除覆土及围土，减轻额外负荷并便于施工；（2）对于变形较大管段逐段起吊，从底部垫支，缓解变形；（3）因基座不均匀斜歪沉陷导致管道扭转时，修正基座形态、缓解扭转的作用力

注：灾情综合编码中的"X"为地质灾害风险级别代码，按表 2-35 取 A~E。

以上技术措施主要是针对构造型地裂缝，对于非构造型地裂缝，因其与地面塌陷、滑坡、黄土湿陷、膨胀土胀缩等其他地质灾害有关，实际处理时应结合相应类型的地质灾害进行治理，故不在本章赘述。

3.6.2　长效治理技术与措施

（1）管道工程的地裂缝地质灾害防治，主要是防止管道与土体一起产生位移，故可作跨越地裂缝处理。如做预应力拱梁，将管道置于拱顶上或在管道底部铺设一定厚度的碎石垫层；也可在地裂缝带挖设槽沟，在槽沟中设置活动式支座或收缩式接头；还可设置弹性支座。

（2）对于区域开启型微地裂缝，因其一般无水平位移和垂直位错，可采取及时回填、掩埋、夯实，防止地表水体流入而复活。对于较大的地裂缝可进行上部段开挖后，回填压实下部地裂缝，上部用地表土或其他材料回填夯实(图 3-27)。

（3）宽度大、沿线多串珠状陷穴的地裂缝处理方法：

① 对地裂缝及小而直的陷穴，可用干砂灌实方法处理；当洞身和裂缝不宽，但洞壁和缝壁曲折起伏较大的地裂缝和陷穴，或离管道保护范围较远的裂缝和小陷穴，用泥浆重复多次灌注，有时为了封闭地下水流，也可用水泥砂浆。

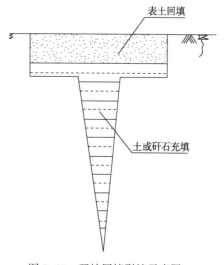

图 3-27　开挖回填裂缝示意图

表土回填

土或矸石充填

② 对于直接影响各类工程建筑和较大的沿地裂缝串珠洞穴，应根据其洞情况，设计开挖回填，一般用黏性土分层夯实，为提高回填质量和工效，可采用坯砖回填方法。

（4）采用平整场地、消除洼地、搞好排水等辅助性措施，防止区域微破裂。

（5）因其他类型地质灾害（地面塌陷、滑坡、黄土湿陷等）而发育的非构造型地裂缝，应针对相应类型地质灾害进行专门治理。

（6）地裂缝治理工程结束后，应进行地裂缝变形观测，监测地裂缝活动性。

3.7 湿陷性黄土地质灾害减缓控制技术

3.7.1 临时紧急处置技术与措施

黄土湿陷地质灾害形式较为单一，湿陷区（坑）形状一般为不规则的近圆形，跨越湿陷区的管道主要受重力压覆而产生弯曲变形，现场临时紧急的灾害减缓控制技术措施一般可以考虑以下几种：

（1）将湿陷区范围内的埋地管道挖除覆土及围土，减轻负荷。

（2）变形大的管段用滑轮起吊，其下换土垫层，并加砖垛临时支撑，或直接以木桩、钢板桩等支撑。

（3）湿陷区内（沿管线）回填碎石土、灰土等，并垫平。

（4）当管体歪斜、倾倒明显时，沿管体在湿陷区一侧打入木桩或钢板桩进行临时围护。

以上处理技术可根据油气管道黄土湿陷地质灾害的具体情况，进行组合使用（表3-7）。

表3-7 黄土湿陷地质灾害现场减缓控制技术（临时紧急）的分类及编码

灾害类型（编码）	破坏模式	管道与黄土湿陷位置关系（编码）	示意图	问题描述	管道受力方式（编码）	灾情综合编码	现场减缓控制技术
黄土湿陷（Ⅶ）	弯曲为主（A）	管道跨越湿陷区（A1）		管道跨越湿陷区承受外力：（1）管道及油品自重；（2）埋地管道除自重外，还有覆土的重力作用。管道主要发生重力弯曲变形	重力弯曲（G）	ⅦA1（G）	（1）将湿陷区范围内埋地管道挖除覆土及围土，减轻负荷；（2）变形大的管段用滑轮起吊，其下换土垫层，并加砖垛临时支撑或以木桩、钢板桩等支撑；（3）湿陷区内（沿管线）回填碎石土等并垫平

续表

灾害类型（编码）	破坏模式	管道与黄土湿陷位置关系（编码）	示意图	问题描述	管道受力方式（编码）	灾情综合编码	现场减缓控制技术
黄土湿陷（Ⅶ）	扭转为主（B）	管道在湿陷区边部伴行（B1）		管道在湿陷区边缘部位，伴随不规则湿陷区延伸，湿陷区边部管道及基座因基础受力不平衡向中心方向歪斜倾倒，管体发生扭转变形，局部有重力弯曲	扭转、局部重力弯曲（RG）	XⅦB1（RG）	（1）沿湿陷区边部将埋地管道挖除覆土及围土，减轻负荷； （2）湿陷区一侧挖除湿陷性黄土，换填碎石土、灰土等； （3）当管体歪斜、倾倒明显时，沿管体湿陷区一侧打入木桩或钢板桩进行临时围护
	混合变形（C）	管道以不同形式与湿陷区交汇(C1)		因湿陷区形态不规则，管道穿越湿陷区时，部分管体跨越湿陷坑、部分管体沿湿陷区边部伴行，同时受重力弯曲和扭转两种变形作用	重力弯曲、扭转（GR）	XⅦC1（GR）	综合以上 A1、B1 两种处理方式

注：灾情综合编码中的"X"为地质灾害风险级别代码，按表 2-38 取 A~E。

3.7.2 长效治理技术与措施

为了消除或消减黄土湿陷的发生、发展，一般应考虑地基处理、基础结构加固和外部防水等三个方面的措施。

（1）地基处理措施

① 灰土或素土垫层法

将基底以下湿陷性土层全部挖除或挖至预计深度，然后以灰土或素土分层回填夯实。该法施工简单，适用于地基浅层处理或部分湿陷性地基处理。

② 强夯法

通过重锤在一定高度下落，夯击土层，使土层迅速固结，提高其强度，降低压缩性。

③ 挤密处理法

对于处理地段不大、不适用强夯法处理且湿陷性黄土在地下水位之上的情况，可采用挤密处理法。该方法通常采用振动碎石，利用钢管套成孔，打入黏土或灰土等措施，在我国西北、华北地区应用比较广泛。

④ 预浸水法

该方法利用黄土浸水产生湿陷的特点，在施工前进行大面积浸水，使土体产生自重湿陷，达到消除深层黄土湿陷的目的，再配合上部土层处理措施，消除全部土层湿陷性。具有施工条件简单，处理效果好的优点，宜用于处理自重湿陷性黄土层厚度大于10m、自重湿陷量计算值不小于500mm的场地。浸水前宜通过现场试坑浸水试验确定浸水时间、耗水量和湿陷量等。

⑤ 注浆搅拌法

包括高压喷射和深层搅拌两种，高压喷射法主要是利用高压射水切削地基土，通过注浆管喷出浆液，将土和浆液进行搅拌混合，形成一种加固地基的新方法。深层搅拌法是通过特制的深层搅拌机械，在地基深部将软黏土和水泥强制搅拌，使软黏土硬结成具有整体性、水稳性和一定强度的地基土。

以上地基处理方法应根据建筑类别和场地工程地质条件，结合施工设备、进度要求、材料来源和施工环境等因素，经技术经济比较后综合确定，可根据各种方法的适应性条件选用其中的一种或多种方法组合（表3-8）。

表3-8 湿陷性黄土地基处理方法

方法名称	适用范围	可处理土层厚度/m
垫层法	地下水位以上	1~3
强夯法	$S_r \leqslant 60\%$ 的湿陷性黄土	3~12
挤密法	$S_r \leqslant 65\%$，$w \leqslant 22\%$ 的湿陷性黄土	5~25
预浸水法	湿陷程度中等至强烈的自重湿陷性黄土	地表6m以下湿陷性土层
注浆搅拌法	可灌性较好的湿陷性黄土	现场试验确定

注：S_r 为饱和度；w 为含水量。

（2）基础结构措施

为使油气管道在地基发生湿陷后仍能保持其整体性和稳定性，减少不均匀沉降，在基础结构设计时，应选择大而宽的基础结构底面，以适应不均匀沉降，并适当增加基础埋置深度。

（3）防水措施

防水措施包括防止大气降水、生产和生活用水、生活与工业排放污水等浸入管道支撑平台、站场（建）构筑物地基，特别是在施工过程中的施工用水和建筑物竣工后的地面排水。在（建）构筑物场地布置排水、散水、排水沟，管道敷设、管道材料和接口等方面均应符合规范标准要求。建筑物散水不能过窄，一般为 1.5m，过窄要做好排水工作，防止溢流水渗入。

施工中应认真安排施工程序，做好现场防护、地基施工防水、（建）构筑物施工防水等工作，严防施工期间雨水和施工用水浸入地基。加强（建）构筑物和管道的维护管理工作也是预防黄土湿陷灾害的重要措施之一，即使黄土地区管道使用多年，防水措施一旦失效，未及时发现处理，同样会发生湿陷事故。因此，应定期检查各种给排水管道、给排水设施，以便及时发现黄土地基的湿陷变形。

3.8 活动断裂地质灾害减缓控制技术

3.8.1 临时紧急控制技术与措施

活动断裂地质灾害现场减缓控制的技术原则如下所述：

（1）活动断裂地质灾害强烈发育

对于强烈发育的活动断裂地质灾害（相当于灾害风险等级达到 A 或 B），一般表现为较高震级的地震或者活动速率较大的蠕滑，活动断裂的相对位移远超过油气管道管材所能承受的范围，管体大多被拉伸、拉断、屈曲甚至破裂，发生不可抗力的破坏，油气可能外泄。这种情况下，现场的灾害减缓控制应该采取暂时关闭管阀、撤离灾害区人员等非地质的措施，待灾情稳定后，方可确定下一步救灾方案与措施。

（2）活动断裂地质灾害一般发育

对于一般发育的活动断裂地质灾害（相当于灾害风险等级为 C 及 C 以下），则应根据管道与活动断裂的相对位置关系，参照地裂缝地质灾害的相应方案执行。

综上所述，对于活动断裂地质灾害，灾情严重的情况下为不可抗力的自然灾害，只能采取暂避措施；灾情较轻的情况下，则可参照地裂缝地质灾害的现场减缓控制技术进行临时紧急处理。

3.8.2 长效治理技术与措施

（1）避让

油气管道工程在面临活动断裂地质灾害威胁时，避让是首选的防治措施。尽可能避免管道工程穿越（无论是垂直穿越，还是斜交穿越）活动断裂，对于与活动断裂带平行的油气管道，则应敷设在离开活动断裂中心带以外，与活动断裂带的距离应经过计算、模拟等分析，一般不小于 500m。

（2）特别处理后跨越

对于无法避让，不得不穿越活动断裂的油气管道工程，则应做必要的处理，如做预应力拱梁，将管道置于拱顶上，或在管道底部铺设一定厚度的碎石垫层。也可在活动断裂带挖设槽沟，在槽沟中设置活动式支座或收缩式接头，还可设置弹性支座。管道接口可采用橡胶等柔性接头。

（3）监测

对于跨越活动断裂的油气管道工程，应在活动断裂两侧建立位移观测站，长期观测活动断裂的相对位移量、活动速率等；同时可在管道管体上设置应力、应变监测装置，观测管体的变形。

第4章 油气管道地质灾害应急抢修作业工法

近年来，随着油气管道智能化的迅速发展，智能化管道应急抢修管理系统的需求日益迫切。平台可利用应急抢修方案的智能化算法，根据不同的事故、地点、类型等灾情，自动生成针对该事故的《油气管道应急抢修技术方案》（以下简称《抢修方案》），辅助指挥人员制定科学的应急抢修决策。因此，在生成《抢修方案》过程中，需要根据事故现场的实际情况，针对抢修工作中各环节选择适当的作业方法。目前，抢修过程中的作业方法主要来自作业规程，虽然作业规程中对作业方法的内容、要领和要求都有详细说明，但过于繁杂不利于抢险指挥。基于以上原因，本书提出适用于智能化管道应急抢修管理系统的作业工法概念，并建立了油气管道地质灾害应急抢修作业工法库。

4.1 作业工法建立原则

《油气管道应急抢修技术方案》是抢修作业中的指导性文件，方案的主要功能是协助事故抢修指挥部进行如下工作：一是针对管道事故组建抢修体系；二是协调多方面、多部门合作；三是选择适当的抢修作业方法；四是指挥抢修作业工作等；其中抢修作业方法是抢修方案中最重要的内容。目前，抢修作业方法施工主要依据作业规程，繁琐而不利于抢险指挥。因此，有必要建立油气管道地质灾害应急抢险作业工法库。作业工法库的建立原则和方法如下：

（1）作业工法是对作业规程的简化，从规程中提取关键的作业元素，主要内容有：抢修作业方法、对应作业规程、主要作业步骤、需要的设备和材料等，可满足抢险指挥和抢险作业的需要。

（2）作业工法应包含计算机检索信息，可供计算机智能检索，工法的内容可由程序自动编辑。

（3）作业工法库应具有开放性，用户可自行输入新的工法或修改已有工法，满足业务、技术能力扩展的需要。

（4）作业工法库应分为文字档案和计算机数据库两部分，文字档案是技术人员根据作业规程编撰的工法文字信息，用于技术人员查询和修订；数据库建立在智能化应急抢修方案管理系统中，在自动生成《抢修方案》时供计算机检索。

（5）应具有工法维护功能，增加或修改工法前需先进行编辑，评审通过后存入工法档案，然后将变更的内容录入数据库，拥有相应权限的用户可以对数据库进行维护操作。

4.2 作业工法库结构

作业工法从现场指挥的角度考虑应简单明了，说明抢险作业中实施什么样的作业方法，作业中的关键步骤，需要配备哪些设备和材料。因此，作业工法应具有完整的应用检索信息，包括工法编码、名称、分类、功能、用途等；具有固定的格式便于数据库录入、修改维护和《抢修方案》的排版，其中：第一项、检索信息；第二项、作业方法；第三项、HSE 管理和 JSA 分析；第四项、设备表；第五项、材料表。

4.2.1 工法检索信息

检索信息是系统检索适用工况的依据，每一个工法前都应设有检索信息数据段（表4-1），在数据段中设定检索信息的数据变量、设计变量结构。用户将工法的检索信息录入以后，系统在生成《抢修方案》时根据检索结果判定适用工法。

表 4-1 作业工法检索信息数据结构表

序号	数据名称	数据含义	类型	长度		用途
1	Operation_Type	作业法类型	整型	4 位		表明作业种类
2	Operation_Number	作业法编号	字符	4 位		在相应类型内的编号
3	Operation_Name	作业法名称	字符	50 字		作业工法名称
4	Apply_Fluid	适用介质	字符	20 字		工法适用的管道类型
5	Operation_Purpose	作业法用途	字符	100 字		选择抢修作业方案或用代码
6	Suitable_Object	适用对象	字符	100 字		适用的作业场所
7	Equipment_List	设备表编号	整型	4	4	检索抢修设备
8	Material_List	材料表编号	整型	4	4	检索抢修材料
9	Operation_Source	工法来源	字符	100 字		工法依据的资料
10						预留

说明：

（1）Operation_Type，1-进场道路作业；2-管道修复作业；3-抢修区施工作业；4-放空置换作业；5-站场抢修作业；6-HSE 管理。

（2）Operation_Number，此部分数据由两部分组成，第一部分为字母，表示管道修复作业方式，即：A-换管；B-堵漏；C-位移修复；D-补强；第二部分位数字，是工法排序。

（3）Apply_Fluid，1-原油管道 Oil；2-成品油管道 Product；3-天然气管道 Gas；12-输油管道；123-油气管道。

（4）Equipment_List，工法对应的设备表。编号格式为：××（Operation_Type）-××（Operation_Number），设备表名称：××（Operation_Name）设备表。

（5）Material_List，工法对应的材料表，不确定记录数量。编号格式同上，材料表名称：××（Operation_Name）材料表。

4.2.2 工法作业信息

为了使相关人员了解抢修过程概况，工法信息中应简要描述主要作业步骤和作业内容，重点体现该工法的作业特点，体现从抢修作业开始到恢复现场地貌或原状，结束作业的主要过程。

为了方便智能编辑，作业信息中不体现全文的章节编号，工法信息中一级编号采用双括号"（）"；二级编号采用单括号"）"；三级编号采用圆圈"①"，再下级编号采用英文字母，插图只标注图名不编图号。

4.2.3 工法相关表格

（1）设备表

设备表是针对作业工法列出的所需设备，其中与管道规格相关的设备需按现场勘察后确认的规格填写。数据来自勘察或收集到的现场数据信息《××管道信息数据表》中"设计信息"栏内"管道规格"，如开孔设备、封堵设备、夹板阀等（表 4-2）。

表 4-2 ××（Operation_Type）-××（Operation_Number）××（Operation_Name）设备表

序号	设备名称	设备型号	单位	数量	用途
1	重型多功能应急抢险车	重型 FM46064 牵引车	辆	1	运送装备、器材
2	开孔设备	（Pipe_Specification）	套	2	带压密闭开孔
3	封堵设备	（Pipe_Specification）	套	2	带压封堵
4	夹板阀	（Pipe_Specification）	台	4	配套设备，隔断油气
5	防爆电动爬管机	ZQG-100DN200-10	台	8	切断旧管道
6	焊条烘箱	—	台	2	烘烤焊条
7	防爆齿轮油泵	2CY29/10	台	8	回收原油
8					预留

注：Pipe_Specification 数据有两部分组成，形式为：D＊＊＊＊.＊＊＊＊.＊＊，此处只需要填写乘号左侧的不带小数点的数据，即"D＊＊＊＊"。

（2）材料表

材料表是针对作业工法列出的所需施工材料，其中与管道规格、材质和作业方式相关的材料信息需经现场勘察后确认的规格填写，数据来源同上。如三通、弯头、管道等，见表 4-3。

表 4-3 ××（Operation_Type）-××（Operation_Number）××（Operation_Name）材料表

序号	材料名称	规格型号	单位	数量	用途
1	专用封堵三通	（Pipe_Specification）	套	4	带压封堵
2	管道	（Pipe_Specification）	m	勘测确定	更换旧管道

续表

序号	材料名称	规格型号	单位	数量	用途
3	焊条		kg	40	适用（Pipe_Material）管线材质
4					预留

注：Pipe_Specification 数据有两部分组成，形式为：D＊＊＊＊.＊＊×＊＊.＊＊，此处需要填写变量中全部数据，即，"D＊＊＊＊.＊＊×＊＊.＊＊"。

4.3 进场道路施工作业工法

进场道路施工一般准则为：(1)进场人员需穿戴防护服和安全帽，尽量从上风口修筑进场道路；(2)本着方便、快捷原则，尽量选择现有道路，在无道路时选择最佳线路修筑进场道路；(3)进场道路的承载能力、平整度、宽度和转弯半径等满足最大抢修车辆通行条件；(4)道路修缮必须征得地方政府有关部门同意，并明确抢修作业后道路复原地段；(5)进场道路的下方有管道、线缆等地下障碍物或设施时，需采取保护措施。

根据进场道路应急施工实际情况，进场道路施工工法主要分道路加宽作业工法、钢桥排加固作业工法、小型沟渠作业工法、沉箱铺设作业工法、铝合金路面作业工法、架设山坡牵引索道作业工法等六种情况进行编制。由于篇幅所限，本书重点对道路加宽作业工法和钢桥排加固作业工法进行系统介绍，其余工法仅对作业方法进行阐述。

4.3.1 道路加宽作业工法

（1）检索信息

道路加宽作业工法检索信息如表4-4所示。

表4-4 道路加宽作业工法检索信息表

序号	数据名称	数据含义	长度	内容
1	Operation_Type	作业法类型	4 位	1
2	Operation_Number	作业法编号	4 位	1
3	Operation_Name	作业法名称	50 字	道路加宽作业工法
4	Apply_Fluid	适用介质	20 字	123
5	Operation_Purpose	作业法用途	100 字	对乡村便道、小路等不适于抢修车辆通行道路加宽、加固
6	Suitable_Object	适用对象	100 字	窄路、便道、无路或软土等
7	Equipment_List	设备表编号	4, 4 位	1-1
8	Material_List	材料表编号	4, 4 位	1-1
9	Operation_source	工法来源	100 字	《进场道路铺设施工规程》(CQDS-QXSG-QQ-01)

（2）作业方法

① 路基疏干

在原有道路两侧（根据地形，可以是一侧）疏干地表水，在地基含水量接近最佳含水量时，清除表层不良土层。

② 道路拓宽

根据抢修车型通过要求确定路面的宽度，再根据现场条件选择单侧或双侧加宽道路，尽量就地取土加宽路基，碾压结实。

③ 路面修筑

在路基上填筑路基材料（视其承载需求而定），一般情况下可用200～400mm厚砂砾。碾压结实，现场道路两侧设小排水沟，参见图4-1和图4-2。

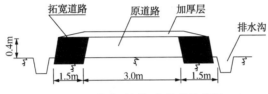

图4-1　道路两侧加宽处理示意图

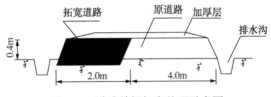

图4-2　道路单侧加宽处理示意图

④ 软土地基地段加固

对于软土地基承载能力不足地段，可在路面上增铺砂石加厚层碾压结实，以满足抢修车辆通行的需要。

（3）HSE管理和JSA分析

① 新垫路基地表松动，吊装时容易造成侧翻事故。应选择地表较为坚固的展开点，在支撑吊车过程中，支腿下搁置枕木或厚钢板等减小支腿对地面压强的物品；如没有适合地点，应给支腿创造合理的支撑条件。

② 为保证人员作业安全，设置安全员全面监测作业过程，发现危险情况及时报警。

③ 在修筑湿土路基时适量加入石灰增加地面的坚实度。

④ 多人合力搬运维抢修机具、设备和物资，要注意衔接配合，避免被砸伤和肢体扭伤。

（4）设备表

道路加宽作业工法设备如表4-5所示。

表 4-5　道路加宽作业工法设备表(1-1)

序号	设备名称	设备型号	单位	数量	用途
1	抢险指挥车		辆	1	自备
2	工程越野车		辆	3	
3	随车吊		辆	1	自备
4	挖掘机		台	2	
5	工程抢险车		辆	1	
6	吊车	30t	辆	1~2	可在当地租用
7	防爆式轴流风机		台	2	
8	防爆接电箱	380V	台	2	
9	可燃气体监测仪		台	2	
10	防爆对讲机		台	5	
11	污水泥浆泵	NL50-40	台	1	
12	防爆工具		套	4	锹、镐、大锤等
13	发电机		台	1	
14	四驱车		台	1	
15	气割、水焊工具		套	2	
16	经纬仪		台	1	
17	沙土运输车		辆	2	
18	焊条烘箱		台	2	烘烤焊条
19	电焊机	ZX7-400B	台	4	焊接
20	防爆照明灯具	1000W	台	4	现场照明
21	角向磨光机		台	8	打磨、除锈
22	千斤顶	5t/5t	台	4	支撑管道

（5）材料表

道路加宽作业工法材料如表4-6所示。

表 4-6　道路加宽作业工法材料表(1-1)

序号	材料名称	规格型号	单位	数量	用途
1	风向标		个	2	
2	钢管桩		根	若干	
3	氧气、乙炔		瓶	若干	
4	水泥		袋	若干	
5	焊条		kg	100	
6	石灰		t	1	
7	砂石		t	若干	尽量就地取材
8	编织(草)袋		个	若干	

4.3.2 钢桥排加固作业工法

（1）检索信息

钢桥排加固作业工法检索信息如表4-7所示。

表4-7 钢桥排加固作业工法检索信息表

序号	数据名称	数据含义	长度	内容
1	Operation_Type	作业法类型	4 位	1
2	Operation_Number	作业法编号	4 位	2
3	Operation_Name	作业法名称	50 字	钢桥排加固作业工法
4	Apply_Fluid	适用介质	20 字	123
5	Operation_Purpose	作业法用途	100 字	对于承载能力极小、存在浅埋管道、线缆等障碍或危桥等道路加固
6	Suitable_Object	适用对象	100 字	路下障碍、危桥或局部软土等情况
7	Equipment_List	设备表编号	4，4 位	1-2
8	Material_List	材料表编号	4，4 位	1-2
9	Operation_source	工法来源	100 字	《进场道路铺设施工规程》（CQDS-QXSG-QQ-01）

（2）作业方法

① 路基铺垫

采用草袋（编织袋）装土或沙石等其他材料对障碍处进行铺垫作业。

② 铺设桥排

在草袋（编织袋）上方铺设钢桥排，并对钢桥排进行固定。钢桥排的结构及敷设方式参考图4-3和图4-4。

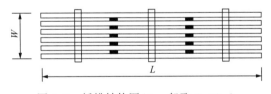

图4-3 桥排结构图（L一般取5~12m）

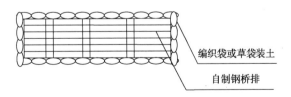

编织袋或草袋装土

自制钢桥排

图4-4 铺设进场道路图

（3）HSE管理和JSA分析

① 沼泽或软土地区地表松动，吊装时容易造成侧翻事故。应选择地表较为坚固的

展开点，在支撑吊车过程中，支腿下搁置枕木或厚钢板等减小支腿对地面压强的物品；如没有适合地点，应该给支腿创造合理的支撑条件。

② 为保证人员作业安全，进入沼泽人员应该穿水衩。

③ 注意湿滑地面，防止滑倒和摔伤。

④ 多人合力搬运维抢修机具、设备和物资，要注意衔接配合，避免被砸伤和肢体扭伤。

⑤ 设置安全员全面监测作业过程，发现危险情况及时报警。

（4）设备表

钢桥排加固作业工法设备如表4-8所示。

表4-8　钢桥排加固作业工法设备表 (1-2)

序号	设备名称	设备型号	单位	数量	用途
1	抢险指挥车		辆	1	自备
2	工程越野车		辆	3	
3	随车吊		辆	1	自备
4	挖掘机		台	1	
5	工程抢险车		辆	1	
6	吊车	30t	辆	1~2	可在当地租用
7	防爆式轴流风机		台	2	
8	防爆接电箱	380V	台	2	
9	可燃气体监测仪		台	2	
10	防爆对讲机		台	5	
11	污水泥浆泵	NL50-40	台	1	
12	汽油机水泵	WP40CX	台	1	
13	发电机		台	1	
14	四驱车		台	1	
15	气割、水焊工具		套	2	
16	常用工具	铁锹、大锤、钢钎等	套	4	
17	经纬仪		台	1	
18	沙土运输车		辆	2	
19	焊条烘箱		台	2	烘烤焊条
20	电焊机	ZX7-400B	台	4	焊接
21	防爆照明灯具	1000W	台	4	现场照明
22	角向磨光机		台	8	打磨、除锈
23	千斤顶	5t/5t	台	4	支撑管道

（5）材料表

钢桥排加固作业工法材料如表4-9所示。

表 4-9　钢桥排加固作业工法材料表（1-2）

序号	材料名称	规格型号	单位	数量	用途
1	风向标		个	2	
2	钢板		块	若干	
3	钢管桩		根	若干	
4	编织(草)袋		捆	若干	
5	钢桥排		个	若干	
6	铁丝	8#	卷	若干	
7	枕木		根	若干	
8	水泥		袋	若干	
9	焊条		kg	100	
10	水衩		条	4	
11	钢板	1200mm×2400mm×20mm	块	若干	
12	氧气、乙炔		瓶	若干	
13	水衩		条	若干	
14	石灰		t	1	
15	砂石		t	若干	就地取材

4.3.3　小型沟渠作业工法

小型沟渠作业方法如下：

（1）堤岸加固

采用草袋(编织袋)装土(沙石等其他材料)将沟渠底部或堤岸的障碍处铺垫平并用钢桩加固，为涵管安装创造条件。

（2）涵管敷设

顺水流方向吊装涵管（涵管采用 ϕ1600mm×120mm×2000mm 混凝土管道），涵管敷设数量视水渠的宽度和水流量而定。

（3）搭建便桥

涵管敷设完成后在其周围用草袋(编织袋)装土填实，并用推土机压实，然后再铺上钢管排或钢板搭成符合通车条件的便桥，见图 4-5。

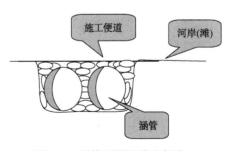

图 4-5　涵管过渠通道示意图

4.3.4　沉箱铺设作业工法

沉箱铺设作业方法如下：

（1）勘测河渠段长、宽、深和地形等数据，确定沉箱在河渠上的安装位置，选择、设计沉箱规格和数量。

（2）根据测量结果设计沉箱布置方案，确定沉箱和桥排的使用数量。

（3）对不符合标准沉箱的位置设计专用结构，现场加工制作专用沉箱。

（4）布置安放沉箱，一般情况下一处沟渠设置1只沉箱，8套重型管排。超过此长度时，沉箱和管排应适当增加；沉箱结构铺设如图4-6~图4-8所示。

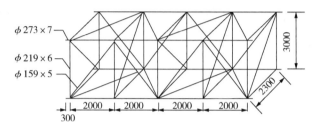

图4-6　8m钢沉箱结构图

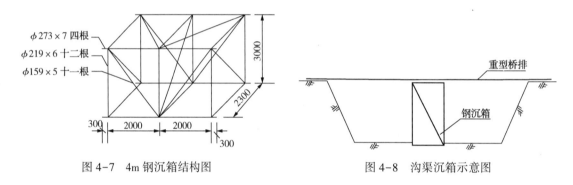

图4-7　4m钢沉箱结构图　　　　　　图4-8　沟渠沉箱示意图

（5）路桥由钢沉箱和钢管排组成，沉箱和管排的数量、位置可根据河面宽度而定；沉箱顶部搭设管排，并在管排上铺焊钢板，钢板与沟渠两端的钢桩焊接固定。

4.3.5　铝合金路面作业工法

铝合金路面作业方法如下：

（1）路面检验

利用柔性路面在较为平缓的沼泽地带铺设一半进场道路(图4-9)，先用质量较小的车辆上软质路面进行检验。

（2）铺设铝合金路面

在塔头草较多地段利用铝合金路面铺设另一半路面道路(图4-10)，并使用挖掘机进行系留装置的固定工作。其中，软质路面与铝合金路面搭接处应为铝合金路面在上，搭接部分不应小于1m。

（3）碾压路面

用四驱车在铝合金路面上进行1次碾压，检验铺设的进场路能否确保吊车、特种设备进场和维抢修设备正常运行。

图 4-9 软质道路敷设图

图 4-10 铝合金路面敷设效果图

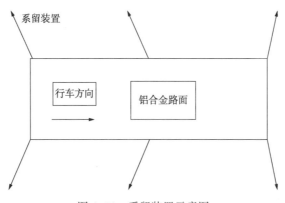

图 4-11 系留装置示意图

4.3.6 架设山坡牵引索道作业工法

特殊陡坡地段，挖掘机械无法上山，则需依靠牵引装置，架设上山牵引装置。作业方法如下：

（1）基于现场测量结果预制龙门吊组建器具，根据实际情况及所需设备管段的大小确定龙门吊的吊装质量。

（2）将龙门吊组建器具带上山后架设龙门吊，其设立方位应靠近设备预留的摆放位置并方便作业。

（3）龙门吊安装到位后，在龙门吊安装倒链，倒链卡在定滑轮上，使用多条钢丝绳斜拉固定；钢丝绳使用地锚固定在山坡岩石中。

（4）在山下预备一台卷扬机，龙门吊倒链的一端与卷扬机相连，另一端挂缆车拉运抢修设备；卷扬机同重型设备一起用地锚固定在地面上。

（5）倒链布置完毕后，接通动力装置，启动牵引卷扬机，将抢修设备依次拖运上山按预定位置摆放、作业。

（6）选择适当的位置设置地锚，保证龙门架、卷扬机在运行中稳定。

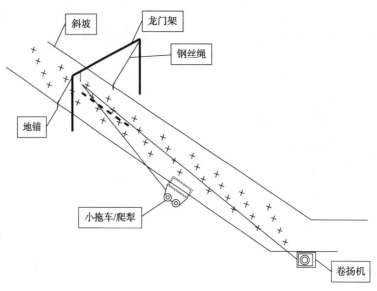

图 4-12　陡坡段运输系统示意图

4.4　油气管道应急抢修作业工法

根据油气管道应急抢修实际情况，将管道应急抢修作业分换管修复相关作业工法、封堵管道破损点相关作业工法、管道变形复位相关作业工法、管道悬空修复相关作业工法等五种情况进行编制。

4.4.1　换管修复相关作业工法

换管修复作业是针对较大破损、断裂油气管道应急抢修的主要方式，需要切除破损管段更换新管段。根据实际作业情况，将换管修复作业分为带压封堵作业、无弯头穿越管段换管作业、相邻弯头穿越停输换管作业、停输换管作业、定向钻清蜡解堵作业和不停输换管作业等六种作业形式分别编制相应工法。由于篇幅所限本书对带压封堵作业工法进行系统说明，其余工法仅对作业方法进行阐述。

4.4.1.1　带压封堵作业工法

（1）检索信息

带压封堵作业工法检索信息如表 4-10 所示。

表 4-10　带压封堵作业工法检索信息表

序号	数据名称	数据含义	长度	内容
1	Operation_Type	作业法类型	4 位	2
2	Operation_Number	作业法编号	4 位	A-1

序号	数据名称	数据含义	长度	内容
3	Operation_Name	作业法名称	50字	高压盘式带压封堵作业工法
4	Apply_Fluid	适用介质	20字	12
5	Operation_Purpose	作业法用途	100字	输油管道停输或不停输带压封堵，故障管段（设备）更换，允许停输时间短的热油输送管道，管径159~914mm
6	Suitable_Object	适用对象	100字	漂管、悬空、凝管、变形、滑坡、腐蚀等
7	Equipment_List	设备表编号	4，4位	2-A-1
8	Material_List	材料表编号	4，4位	2-A-1
9	Operation_source	工法来源	100字	《抢修现场应急处置技术预案》（A1）原油管道高压盘式封堵作业工法

（2）作业方法

① 现场再勘察

作业前对封堵作业管段的走向、埋深、高差、作业距离、土壤情况等进行再勘察；了解管道的材质、直径、壁厚、管道运行参数、防腐方式、输送介质特性；了解管道最低允许输送压力、最长停输时间；确认管道附近有无其他的地下管道、电缆、光缆，附近的重要水体、工业及民用建筑设施等，按 SY/T 6150.1—2017《钢质管道封堵技术规范 第1部分：塞式、筒式封堵》要求填写《管道调查表》。应根据现场勘察情况，确定采取停输或不停输封堵方案。

② 现场监测

在作业期间应对现场环境中的可燃气体、有毒气体进行全过程监测预警。

③ 开挖作业坑

作业坑开挖尺寸除应执行 SY/T 6150.1—2017《钢质管道封堵技术规范 第1部分：塞式、筒式封堵》要求外，还应根据现场实际情况调整；封堵作业坑和管线碰头动火作业坑之间宜设置隔墙，作业坑应留有边坡、上下阶梯通道；地下水位较高时，应采取降水措施；边坡不稳时，应采取防塌方措施等（见图4-13）。

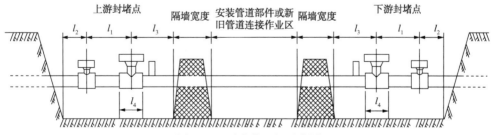

图4-13 动火作业坑示意图

④ 封堵器安装

封堵器安装主要包括封堵管件组对焊接、安装夹板阀、塞堵试堵孔、安装开孔设备、整体严密性试验、管道开孔、安装旁通管线、管道封堵等工序。

⑤ 封堵严密性检查

封堵完成后，应对封堵效果进行检查，半小时内封堵段无压力波动，则封堵合格；否则，应重新下堵或更换皮碗后再封堵，直到封堵合格后进行下道工序。

⑥ 事故段切除

封堵管段抽油及割管、砌筑黄油泥墙、动火点油气浓度检测。

⑦ 连头管件预制准备

按照施工规范要求完成中间连接管件的预制，新旧管线自身焊口错开距离应不小于100mm，并考虑热胀冷缩对连头组间隙的影响。

⑧ 管道更换

包括管道动火连头、焊缝无损检测、管道解除封堵、拆除旁通管道等。

⑨ 管件防腐及地貌恢复

封堵作业完成后，将更换的管道、管件等按设计及规范要求进行防腐保温处理；埋地管件，先用细土垫实悬空管线，再按要求进行土方回填、恢复地貌。

（3）HSE 管理和 JSA 分析

① 先期到达人员与地方政府交通、公安部门通报，根据可燃气体检测情况、风向和风速测试情况确定危险区域；危险区域采取封路、疏散人员、设置警戒线等措施。

② 作业前应对全体作业人员进行安全教育，作业人员应清楚本岗位作业内容，进行风险识别、评价、告知，制定风险消减措施和应急处置方案。

③ 封堵抢修现场应划分安全作业区域，设置警戒线、警示牌、风向标；进入作业场地的人员应穿戴劳动防护用品，焊工作业应配备焊工服、面罩、绝缘鞋等，并做好焊接保护措施，与作业无关的人员严禁进入警戒区。

④ 现场应配备应急药品，夏季作业人员应有防暑降温措施；冬季应有防寒保温措施。

⑤ 现场应配备足够的干粉灭火器、灭火毯，保证消防车到位、消防通道畅通；使用防爆电气、工器具，电气设备应有良好接地，安装符合规范要求。

⑥ 对成品油管道，动火作业前需确认管道内油品，在汽油批次内不能实施动火作业，需柴油到达后方可进行焊接等操作。

⑦ 管道施焊前，应对焊点及周围可燃气体浓度进行检测，若采用强制通风措施，其风向应与自然风向一致；现场环境气体检测合格，开具动火作业许可证后，方可进行焊接作业。焊接作业期间，应对动火点及周围区域可能出现的泄漏进行全过程跟踪检查和监测。

⑧ 三不用火：没有经批准的《用火作业许可证》不用火、防火措施不落实不用火、用火监护人不在现场不用火。

⑨ 封堵抢修作业时，管道内介质压力应在封堵设备的允许工作压力之内，不能随意变更输油工艺，要保持管理部门和作业方的信息畅通、准确无误。

⑩ 管道抢修作业坑应能满足施工人员操作和施工机具安装、使用，现场应控制作业坑塌方、跑油污染环境等危害；作业坑底部应设积油坑，安装好备用防爆抽油泵；作业坑与地面之间应有至少应设两条不同方向的阶梯式安全逃生通道，通道应设置在动火点的上风向，并设置至少两条阻燃带节救生绳。

⑪ 动火和断管作业不应同时进行，管线对口和焊接时，严禁强行组对、敲击管线。

⑫ 现场应做好根焊过程黄油泥严密性检测，对砌筑黄油墙部位应采取降温措施；检查黄油墙到封堵头中间的隔离管段，应确认无渗油、无压力波动。

⑬ 现场吊装、焊接、临时用电等作业应执行相应的安全管理制度。

⑭ 对输送高含硫原油介质的管线，应做好现场人员的个体防护和有毒有害气体的实时检测。

⑮ 发生大面积油气泄漏，应及时通知相关方，做好周围无关人员疏散和明火管制，发生火情应及时报警。

⑯ 作业完成后，应清理作业现场，将废弃物进行分类处理，做好落地油回收，防止发生环境污染和次生灾害。

（4）设备表

带压封堵作业工法设备表如表 4-11 所示。

表 4-11　带压封堵作业工法设备表（2-A-1）

序号	设备名称	设备型号	单位	数量	用途
1	重型多功能应急抢险车	重型 FM46064 牵引车	辆	1	运送装备、器材
2	开孔设备	根据管线规格配置	套	2	带压密闭开孔
3	封堵设备	根据管线规格配置	套	2	带压封堵
4	夹板阀	根据管线规格配置	台	4	配套设备，隔断油气
5	防爆电动爬管机	ZQG-100DN200-10	台	8	切断旧管道
6	焊条烘箱		台	2	烘烤焊条
7	防爆齿轮油泵	2CY29/10	台	8	回收原油
8	防爆照明灯具	1000W	台	4	现场照明
9	角向磨光机		台	8	打磨、除锈
10	千斤顶	5t/5t	台	4	支撑管道
11	倒链	3t/5t	台	8	提升管道
12	发电机	80kW	台	2	提供电力
13	电焊机	ZX7-400B	台	4	焊接
14	气焊工具		套	2	火焰切割
15	手动开孔机	QN100	台	4	开抽油孔、压力平衡孔

续表

序号	设备名称	设备型号	单位	数量	用途
16	对口器	根据管线规格配置	套	4	安装组对
17	超声波测厚仪		台	2	测管道壁厚
18	多功能可燃气体测报仪		台	2	可燃气体检测
19	防爆潜水泵	20m³/h	台	4	作业坑降水
20	抢修值班车	20座	台	2	运送作业人员
21	消防车		台	1	消防安全保护
22	大型设备运输专用车	THT9405沃尔沃	辆	2	运送器材
23	重型多功能应急抢险车	FM46064TB牵引车	辆	1	发电、抽油、排水等
24	……	……	……	……	……

注：此表按不停输封堵作业配备，可根据具体工作量及实施方案进行调整。

（5）材料表

带压封堵作业工法材料表如表4-12所示。

表4-12　带压封堵作业工法材料表（2-A-1）

序号	材料名称	规格型号	单位	数量	用途
1	专用封堵三通	根据管线规格配置	套	4	带压封堵
2	管道	根据管线规格配置	m	勘测确定	更换旧管道
3	焊条	根据管线材质配置	kg	200	
4	焊接封堵三通		个	2	压力等级10MPa
5	焊接旁通三通		个	2	压力等级10MPa
6	焊接下囊法兰短节		个	2	压力等级10MPa
7	焊接2″平衡短节		个	2	压力等级10MPa
8	开孔筒刀		把	2	尺寸依照封堵孔
9	开孔筒刀		把	2	尺寸依照旁通孔
10	开孔筒刀		把	2	尺寸依照下囊孔
11	中心钻	2″	个	2	用于平衡孔
12	中心钻		个	2	用于封堵孔
13	中心钻		个	2	用于旁通孔
14	中心钻		个	2	用于下囊孔
15	封堵皮碗		个	2	
16	气囊		个	2	
17	砂轮片	$\phi125$		若干片	
18	风向标		个	4	
19	黄油		kg	400	输油管道使用
20	高压石棉板	$\delta5$		若干	

续表

序号	材料名称	规格型号	单位	数量	用途
21	棉纱			若干	
22	生料带			若干	
23	枕木			若干	
24	毛毡			若干	
25	压力表		个	10	
26	......	......	......	......	......

4.4.1.2　无弯头穿越管段换管作业工法

无弯头穿越管段换管作业按以下程序开展：

（1）现场再勘察

对穿越管段的敷设方式、高差、作业距离、土壤情况等进行再勘察；了解管道的材质、直径、壁厚、管道运行参数、防腐方式、输送介质特性；了解管道最低允许输送压力、允许停输时间等。

（2）根据勘察结果确定割管位置

根据管道破损、变形情况，确定切割长度、画出切割线。

（3）管道割管前检查

切割管段前，在可能的情况下，采用泵吸式可燃气体检测仪检测管内气体含量，确认可燃气体浓度低于20%（爆炸下限）后方可进行切割作业。施工过程中安全监护人员进行加密检测。

（4）管道切割

在现场插风向标以观风向；剥离外防腐层，将需要切割的破损管段两端各250mm防腐层全周向剥离；采用切割设备（优先采用冷切割）同时切割管道两端（图4-14）；切割位置离缺陷、破坏或泄漏处至少10cm，切除管道长度须超过管道直径3倍；采用吊装设备将断管吊离作业坑。吊管时，采用吊车将管段1吊离管沟，再将管段2拖出套管吊装至指定地点。

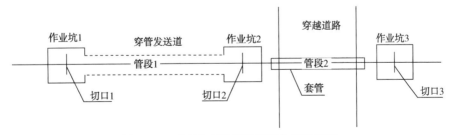

图4-14　无弯头穿越管道切割位置示意图

（5）管口封堵

切割下的短节吊出后，立即在原管道保留的管口内放置封堵囊，用带金属接头的高

103

压胶管将封堵囊与氮气瓶上的减压器接头连接好，并将封堵囊放置在距管口 1m 处，打开氮气瓶总阀和减压器，向管道中的封堵囊充气，囊压稳定在超过管压(0.08±0.02)MPa 范围内，并在整个封堵过程中保持管压。在管道封堵过程中，应始终监护管道压力和封堵囊压力(图 4-15)。

图 4-15　不开孔加囊封堵示意图

（6）坡口加工

替换管段宜与被替换管段材质、型号相同，壁厚不超过现有管道壁厚 15% 或 0.2mm(取较大值)，材料等级要与现有管道相同。测量切割后的现场两管口距离，预制管段。坡口加工应采用坡口机，连头处可采用机械或火焰切割。严格按照焊接工艺规程中的坡口型式加工，遵循 GB 50369—2014《油气长输管道工程施工及验收规范》、GB 50236—2011《现场设备、工业管道焊接工程施工规范》相关规定。

（7）管口组对

管口组对的坡口型式应符合设计文件和焊接工艺规程的规定，对接接头的坡口型式应符合 GB 50369—2014《油气长输管道工程施工及验收规范》。使用外对口器时，在根焊完成不少于管周长 50% 后方可拆卸，完成的根焊应分为多段，且均匀分布。见图 4-16

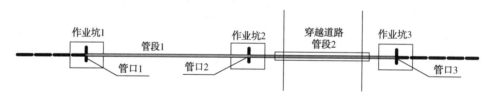

图 4-16　无弯头穿越管段就位连头示意图

管段 2 预制检测(或检测)合格后，在管段上安装聚乙烯支撑，管头绑一圈废旧轮胎，既保护套管，也保护母管；同时制作辊轮架、螺栓紧固在母管上；配以牵引确保母管在混凝土管内行走，如图 4-17 所示。

管段 2 穿越就位后，吊装就位管段 1 管。管段就位采用吊车或吊管机配合完成，连头采用外对口器组对管口。

（8）焊接

焊接操作应根据相关"焊接工艺规程"进行，焊接材料、管材和防腐层保护、焊前预热等要求严格参照 GB 50369—2014《油气长输管道工程施工及验收规范》规定。

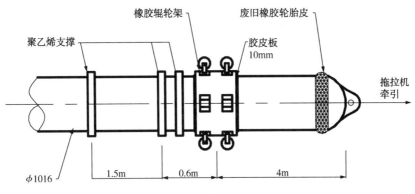

图 4-17　牵引头安装示意图

（9）焊口检验与验收

焊缝应先进行外观检查，合格后方可进行无损检测。检查应符合 GB 50369—2014
《油气长输管道工程施工及验收规范》规定的"10 管口组对、焊接及验收"要求。

（10）管道防腐及地貌恢复

换管作业完成后，将更换的管道、管件等按设计及规范要求进行防腐保温处理；埋
地管段，先用细土垫实悬空管线，再按要求进行土方回填、恢复地貌。

4.4.1.3　相邻弯头穿越停输换管作业工法

相邻弯头穿越停输换管作业工法与无弯头穿越管段换管作业工法类似，不同之处在
于管道切割和管口组对的程序差异。

（1）管道切割

在现场插风向标以观风向；剥离外防腐层，将需要切割的破损管段两端防腐层全周
向剥离；采用切割设备(优先采用冷切割)同时切割管道两端，切割位置离缺陷、破坏
或泄漏处至少 10cm，切除的管道长度须超过管道直径 3 倍。按图 4-18 同时切割三道管
口，切割完毕直接将管道拖出套管吊离管沟。

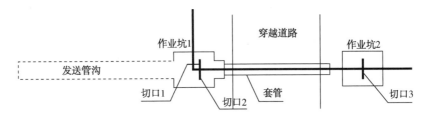

图 4-18　相邻弯头穿越管道切割位置示意图

（2）管口组对

管口组对的坡口型式应符合设计文件和焊接工艺规程，对接接头的坡口型式应符合
GB 50369—2014《油气长输管道工程施工及验收规范》。使用外对口器时，在根焊完成
不少于管周长 50%后方可拆卸，所完成的根焊应分为多段，且均匀分布。

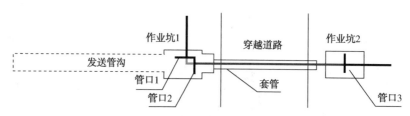

图 4-19　相邻弯头穿越管段就位连头示意图

4.4.1.4　停输换管作业工法

停输换管作业工法与相邻弯头穿越停输换管作业工法类似，不同之处在于管道割管前检查内容。停输换管作业工法要求：管道放空，作业点上部开孔（对输油管道在作业点低处开孔排空残油）；切割管段前，利用泵吸式可燃气体检测仪检测管内气体含量，确认可燃气体浓度低于20%（爆炸下限）后方可进行切割作业；施工过程中安全监护人员进行加密检测。

4.4.1.5　定向钻清蜡解堵作业工法

（1）现场再勘察

作业前对蜡堵管段的走向、埋深、高差、作业距离、土壤情况等进行再勘察；了解管道的材质、直径、壁厚、管道运行参数、防腐方式、输送介质特性；了解管道最低、最高允许输送压力；再确认管道附近有无其他地下管道、电缆、光缆、重要水体、工业及民用建筑设施等。按 SY/T 6150.1—2017《钢质管道封堵技术规范 第 1 部分：塞式、筒式封堵》要求并填写《管道调查表》。

作业流程：场地准备，钻机就位调试，管道内导向孔施工，连接扩孔器扩孔清蜡，完工确认，管段断口连头、无损检测，解除封堵，投运准备。主要流程见图 4-20。

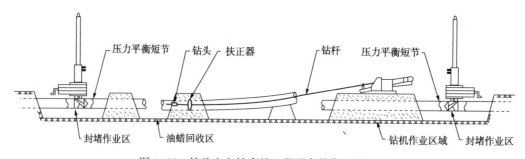

图 4-20　特殊定向钻穿越工程下套管作业原理图

（2）封堵、钻机场地准备

结合选用钻机的尺寸及封堵作业坑开挖大小，钻机侧封堵点与入土点间距不小于25m；出土侧封堵点与出土点间距应满足安装钻具需要，一般不小于12m。

（3）双侧封堵

利用管道封堵设备对作业段两端进行封堵，按照 SY/T 6150.1—2017《钢质管道封

堵技术规范 第 1 部分：塞式、筒式封堵》进行作业。

（4）抽油、割管、钻机安装

封堵管段内的少量原油从封堵联箱的平衡孔抽出打回主管线内，封堵管段两端的切割长度应满足钻机安装的需要，根据管道的埋深确定钻机就位点安装钻机，将钻机前方 20m 管道开挖、在管底垫土对接钻杆。

（5）管道内导向孔施工、连接扩孔器清蜡

选用纺锤形 $\phi100$ 钻头，钻头前端带喷嘴，钻杆装扶正器，进行导向孔施工。导向孔打通后，在钻杆上安装扩孔器（聚氨酯直板清管器）回拖清蜡。封管、注柴油多次清洗，检查确认清蜡效果达到要求。

（6）连接断口、无损检测

拆除钻机，按照标准规范及相应的管道焊接工艺规程，完成断口管道动火连头作业。检查应严格按照 GB 50369—2014《油气长输管道工程施工及验收规范》规定的"10 管口组对、焊接及验收"进行。连头焊缝应进行 100% 射线和超声波检验合格。否则，应对焊缝进行返修处理，经检验合格后，方能转入下道工序。

（7）解除封堵

按照标准规范及相应的封堵工艺规程，完成解除封堵作业。

（8）管件防腐及地貌恢复

连头作业完成后，对作业段管道、管件等按设计及规范要求进行防腐保温处理；埋地管段，先用细土垫实悬空管线，再按要求进行土方回填、恢复地貌。

4.4.1.6　不停输换管作业工法

（1）现场再勘察

作业前对封堵换管作业管段的走向、埋深、高差、作业距离、土壤情况等进行再勘察；了解管道的材质、直径、壁厚、管道运行参数、防腐方式、输送介质的特性；了解管道最低允许输送压力、最长停输时间；再确认管道附近有无其他的地下管道、电缆、光缆、重要水体、工业及民用建筑设施等，按 SY/T 6150.1—2017《钢质管道封堵技术规范 第 1 部分：塞式、筒式封堵》要求并填写《管道调查表》。应根据现场勘察情况，确定采取停输或不停输封堵方案。

（2）现场监测

作业期间，应对现场环境中的可燃气体、有毒气体进行全过程监测预警。

（3）开挖作业坑

作业坑开挖尺寸除应执行 SY/T 6150.1—2017《钢质管道封堵技术规范 第 1 部分：塞式、筒式封堵》外，还应根据现场实际情况调整；封堵作业坑和管线碰头动火作业坑之间宜设置隔墙，作业坑应留有边坡、上下阶梯通道；地下水位较高时，应采取降水措施；边坡不稳时，应采取防塌方措施等（图 4-21）。

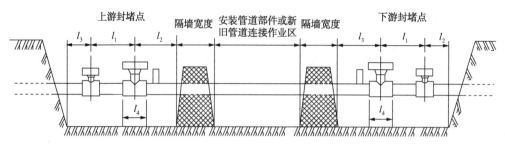

图 4-21　动火作业坑示意图

（4）选定作业点位置

作业坑开挖后选定上下游封堵三通 b、旁通三通 a、下囊三通 c、平衡短节 d 共八处作业点的具体位置；开孔、封堵作业点应选择在直管段上；开孔部位尽量避开管道焊缝。

（5）封堵器安装

包括封堵管件组对焊接、安装夹板阀、塞堵试堵孔、安装开孔设备、整体严密性试验、管道开孔、安装旁通管线（图 4-22）、管道封堵等。

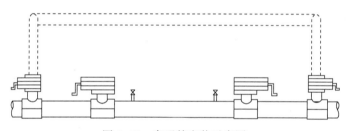

图 4-22　旁通管安装示意图

（6）封堵严密性检查

封堵完成后，应对封堵效果进行检查，半小时内封堵段无压力波动，则封堵合格；否则，应重新下堵或更换皮碗后再封堵；直到封堵合格。

（7）事故段切除

封堵管段抽油及割管、砌筑黄油泥墙、动火点油气浓度检测。

（8）连头管件预制准备

按照施工规范要求完成中间连接管件的预制，新旧管线自身焊口错开距离应大于100mm，并考虑热胀冷缩对连头组间隙的影响。

（9）焊缝无损检测

进行焊缝的外观检查、无损探伤，焊口无损检测合格后，管道解除封堵、拆除旁通管道，开始供气管路切换操作。

（10）管件防腐及地貌恢复

封堵作业完成后，将更换的管道、管件等按设计及规范要求进行防腐补口作业，埋地管件用细土垫实悬空管线，再按要求进行土方回填、恢复地貌。

4.4.2　封堵管道破损点相关作业工法

封堵破损点修复作业是针对较小破损、渗漏、油气管道焊缝缺陷等应急抢修的主要方式，在母材基础上对破损、缺陷处进行封堵加固。根据实际作业情况，将封堵管道破损点作业分为摘阀补板作业、叠帽引流作业、PLIDCO 耦合式机械密封卡具堵漏作业、封头式卡具带压堵漏作业、管道局部泄漏复合纤维修补作业、管道蜡堵抢修烘管融蜡作业、B 型套筒修复作业、补板式卡具带压堵漏作业等九种作业形式分别编制相应工法。本书以叠帽引流作业工法为例进行系统说明，其余工法仅对作业方法进行阐述。

4.4.2.1　叠帽引流作业工法

（1）检索信息

叠帽引流作业工法检索信息如表 4-13 所示。

表 4-13　叠帽引流作业工法检索信息表

序号	数据名称	数据含义	长度	内容
1	Operation_Type	作业法类型	4 位	2
2	Operation_Number	作业法编号	4 位	B-2
3	Operation_Name	作业法名称	50 字	叠帽引流作业工法
4	Apply_Fluid	适用介质	20 字	12
5	Operation_Purpose	作业法用途	100 字	是一种动态带压堵漏密封技术，针对管内压力达 2.0MPa，实施常规堵漏方法无法有效制止泄漏，不能采用带压摘阀补板的盗油阀泄漏应急堵漏
6	Suitable_Object	适用对象	100 字	封堵管道上的腐蚀、打孔、突出物、不规则泄漏孔
7	Equipment_List	设备表编号	4，4 位	2-B-2
8	Material_List	材料表编号	4，4 位	2-B-2
9	Operation_source	工法来源	100 字	《抢修现场应急处置技术预案》（A3）管道抢修叠帽引流技术工法

（2）作业方法

① 现场再勘察

作业前对作业环境进行危害识别，对作业距离、土壤情况等进行再勘察；确认管道泄漏及漏油状态；确认管道内介质压力是否符合作业条件；了解管道的材质、直径、壁厚、防腐方式、输送介质特性；确认管道附近有无其他地下管道、电缆、光缆、重要水体、工业及民用建筑设施等。

② 现场监测

在作业期间，应对现场环境中的可燃气体、有毒气体、泄漏油品进行全过程监测预警。

③ 开挖作业坑

作业坑开挖尺寸应满足施工需要，同时要特别注意对伴随光纤的保护，注意漏油的引流与收集。

④ 辅助作业

除掉防腐层、表面除锈、连接引流管、安装内扣帽，打开引流阀引出泄漏介质。

⑤ 焊接作业

焊接内扣帽、关闭引流阀、安装并焊接外扣帽。

⑥ 管道防腐

清理焊口，按照 GB/T 51241—2017《管道外防腐补口技术规范》对焊接部位防腐补口（图4-23）。

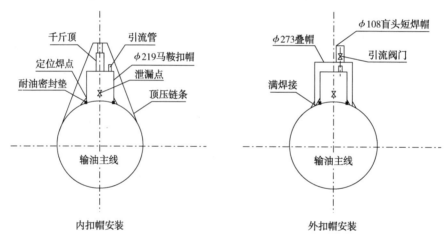

图 4-23　内扣帽、外扣帽安装示意图

⑦ 管沟回填

防腐补口检测合格后回填作业坑，恢复地貌。

（3）HSE 管理和 JSA 分析

① 作业前，检查区域内可燃气体含量，高于爆炸下限值25%的区域，应标示为危险区和限制出入区；高于爆炸下限50%的区域标示为禁入区。在作业点使用警戒带划定警戒区域，并设置警示标志，严禁无关人员、车辆等进入或闯入警戒区域。

② 危险区内有毒气体及液体的毒性测试应采取直接读取的仪器测量，并根据测量结果采取相应防护措施。对于受限空间，氧含量应为19.5%~23.5%。

③ 危险区内必须使用防爆维抢修机具，凡进入有毒危险区的人员应佩戴防护面具，穿防静电工服，必要时必须戴空气呼吸器。监测人员应依据泄漏程度及危险性，及时发

出安全警示。现场安全监护人，必须佩戴安全监护袖标。

④ 对作业点和现场周围实施可燃气体浓度实时检测，必要时采取强制通风措施，其风向应与自然风向一致。

⑤ 现场设立风向指示标志，在相关路口等重要地点设置警示标志；紧急集合点宜设置在泄漏点上风口相对开阔的位置。

⑥ 对介质可能进入的涵洞、隧道、暗渠、套管等密闭场所要进行风险分析，采取有效的隔离、置换措施。

⑦ 动火作业前，应彻底清理作业现场的落地油，密封控制所有泄漏点。同时，在作业坑内回填一层沙土，上铺一层毛毡、塑料薄膜等进行隔离油气，再用不含油的干净土覆盖，必要时喷砂或喷消防泡沫。

⑧ 带压作业时，作业人员面部不能正面面对抢修点，应做好现场救援人员人身安全防护，避免烧伤、中毒等伤害。

⑨ 抢修作业人员在进入作业坑时必须系好安全带和逃生绳；作业过程必须全程严密监视险情，发现险情果断采取作业或撤离行动，确保人员安全。

⑩ 现场应配备足够的干粉灭火器、灭火毯，加强现场明火管制，防止事态扩大和引发次生事故。

⑪ 作业完成后，应清理作业现场，将废弃物进行分类处理，做好落地油回收，防止发生环境污染和次生灾害。

（4）设备表

叠帽引流作业工法设备表如表 4-14 所示。

表 4-14 叠帽引流作业工法设备表（2-B-2）

序号	设备名称	设备型号	单位	数量	用途
1	依维柯抢修车	中型	台	3	
2	林肯逆变电焊机	V350-PRO	台	1	
3	本田自发电电焊机	SHW190	台	5	
4	远红外焊条烘干箱	ZYHC-60	台	1	
5	本田汽油发电焊机	SHW190	台	2	
6	防爆抽油泵	25CYZ-A-32	台	2	
7	千斤顶	5t/5t	台	4	支撑管道
8	倒链	3t/5t	台	8	提升管道
9	发电机	80kW	台	2	提供电力
10	正压呼吸器	A1YPLUME	台	5	
11	电火花检测仪	SL-68B	台	2	
12	电焊机	ZX7-400B	台	4	焊接
13	可燃气体检测仪	Ex2000	台	2	

序号	设备名称	设备型号	单位	数量	用途
14	转盘式收油机	ZSY-20	台	2	
15	喷洒装置	PS40	台	2	
16	带压开孔机堵孔机	PN100 DN15~100	台	1	
17	气动防爆通风机	Ub20××	台	2	
……	……	……	……	……	……

（5）材料表

叠帽引流作业工法材料表如表4-15所示。

表4-15　叠帽引流作业工法材料表（2-B-2）

序号	材料名称	规格型号	单位	数量	用途
1	焊帽	$\phi159×210$	个	4	
2	焊帽	$\phi273×240$	个	4	
3	焊帽	$\phi219×240$	个	4	
4	焊帽	$\phi325×260$	个	4	
5	补板	150×150	个	2	
6	补板	150×200	个	2	
7	补板	3200×150	个	2	
8	补板	1000×150	个	2	
9	橡胶板	10mm	m^2	1	
10	石棉被	1×1m	条	30	
11	吸油毡	2×1.5m	条	30	
12	消油剂	30kg	桶	10	
13	MFZ干粉	8kg	具	10	
14	干粉	4kg	袋	40	
15	引流管道		m	100	
16	警戒带		盘	2	
17	警示牌		个	10	
18	防火安全绳梯		条	2	
19	焊接面罩		个	2	
20	雨伞		把	4	
21	急救医药箱		箱	1	
22	防腐补口材料			若干	

4.4.2.2　摘阀补板作业工法

摘阀补板作业应按以下方法开展：

（1）现场再勘察

同叠帽引流作业工法。

（2）现场监测

在作业期间，应对现场环境中的可燃气体、有毒气体进行全过程监测预警。

（3）开挖作业坑

作业坑开挖尺寸应满足施工的需要，同时要特别注意对伴随光纤的保护。

（4）摘除盗油阀

用封堵器将封堵棒堵住盗油孔，摘掉盗油阀、割掉盗油短管。

（5）焊接补板

用管道母材相同管材制作的补板，焊接补板对管道的盗油孔处进行补强。

（6）管道防腐

清理焊口，按照 GB/T 51241—2017《管道外防腐补口技术规范》对焊接部位防腐补口。

（7）防腐及地貌恢复

作业完成后，将作业段的管道、管件等按设计及规范要求进行防腐保温处理；对于埋地管段，应先用细土垫实悬空管线，再按要求进行土方回填、恢复地貌。

4.4.2.3 PLIDCO 耦合式机械密封卡具堵漏作业工法

（1）现场再勘察

同叠帽引流作业工法。

（2）现场监测

在作业期间，应对现场环境中的可燃气体、有毒气体进行全过程监测预警；天然气浓度在 20% 以下。

（3）开挖作业坑

开挖顺序为从四周向中间，作业坑开挖尺寸应满足施工的需要，同时要特别注意对伴随光纤的保护，还要注意漏油的引流与收集。

（4）辅助作业

复测可燃气体浓度合格后，除掉防腐层，表面除锈，连接引流管，安装内扣帽，打开引流阀引出泄漏介质。安装卡具前先对孔洞或破裂焊缝进行打磨达到与母材高度一致，并清洁润滑螺栓、螺母，夹具密封面上均匀涂上润滑脂。

（5）安装机械卡具

现场布置轴流风机，随时监测天然气浓度。利用吊车将夹具吊装至事故管道上方，通过限位铰链吊装装置，预先调节好上下夹具的张开尺寸，吊装时夹具迅速自动张开，安装固定在管体的抢修部位，吊车注意带防火帽。

把夹具卡在管道上，涂有黄漆的两端相对，并将夹具置于管道破坏点中心。有时先将夹具放松置于管道破坏点一边，后移到破坏点中心，如图4-24所示。

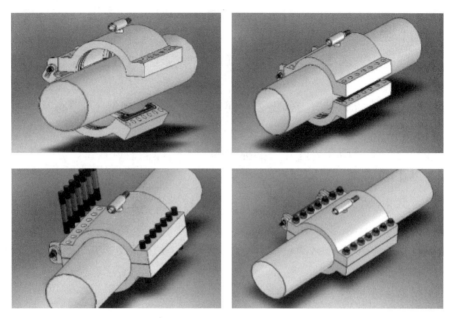

图4-24 耦合式机械式抢修卡具示意图

（6）卡具锁合

将卡具上所有的螺栓孔安装螺栓，并根据额定扭矩拧紧；固定好螺栓时，保持侧面安装缝隙相同；在安装完成前应对所有螺栓的扭矩再次确认。

（7）密封效果检测

用测爆仪测量可燃气体含量，以确认密封性。间隔一段时间后再次进行气体检测，合格后可进行下一步操作，并做好抢险标识。

（8）卡具焊接

卡具安装后再将卡具焊接到管道上，焊接工艺应符合《API 1104 管道及其相关设施的焊接》或《RP 1107 管道维护焊接条例推荐标准》的相关要求。

（9）管件防腐及地貌恢复

封堵作业完成后，将更换的管道、管件等按设计及规范要求进行防腐保温处理；埋地管件，先用细土垫实悬空管线，再按要求进行土方回填、恢复地貌。

4.4.2.4 封头式卡具带压堵漏作业工法

现场再勘察、现场监测、开挖作业坑、辅助作业等程序同 PLIDCO 耦合式机械密封卡具堵漏作业工法。其余程序如下：

（1）安装机械卡具

依次将卡具短节上的螺盖帽和铜螺母取出，然后在卡具上安装好专用球阀，此时球阀应处于关闭状态；在球阀后端安装引流管道并准备好夹紧工具，安装完成后，封头式卡具如图4-25所示。

（2）卡具固定

使用链条卡子将卡具固定到管线缺陷处，将引流胶管放置在下风口处。确保泄漏点在卡具密封范围内，用夹紧工具将其卡紧；卡具安装完成后，再将引流管与球阀连接，打开球阀，将可燃气体引至安全地带；强制通风，确保焊接安全。

（3）密封效果检测

用测爆仪测量可燃气体含量，以确认密封性；间隔一段时间后再次进行气体检测，合格后可进行下一步操作，并做好抢险标识。

（4）封堵卡具焊接

沿卡具外沿进行焊接，焊接工艺依照相关"焊接工艺规程"操作。焊接完成后，关闭球阀，拆除引流管，使用开孔机连接球阀，将铜螺母旋到短节内。随后将球阀拆除，将螺帽盖安装在短节上拧紧，完成后如图 4-26 所示。

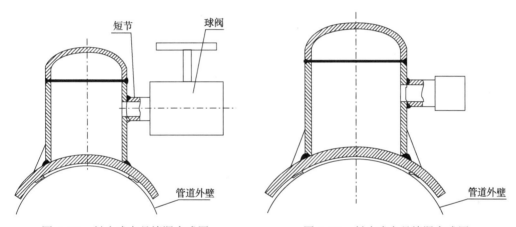

图 4-25　封头式卡具堵漏完成图　　　　图 4-26　封头式卡具堵漏完成图

（5）管件防腐及地貌恢复

封堵作业完成后，将更换的管道、管件等按设计及规范要求进行防腐处理；对于埋地管件，应先用细土垫实悬空管线，再按要求进行土方回填、恢复地貌。

4.4.2.5　法兰渗漏复合材料堵漏作业工法

现场再勘察、现场监测、开挖作业坑、辅助作业、现场恢复等程序同 PLIDCO 耦合式机械密封卡具堵漏作业工法。法兰复合材料堵漏作业如下：

（1）表面处理

法兰密封泄漏需要治理时，采取化学方法和手工打磨进行表面处理，尽可能使其达到 St3 标准。

（2）漏点检测

利用检漏仪配合小纸板阻隔螺杆之间的空间，逐个检测其泄漏点及泄漏量，并做好检测记录。

（3）预埋密封剂及安装注胶嘴夹具

根据实测泄漏点及泄漏量，确定注胶嘴的个数，并制作注胶嘴夹具。在法兰中缝的底部预先铺设几根纤维丝，作为导流通道；然后，预埋密封剂至与螺栓持平，在泄漏量最大的位置空出一段距离不需填塞密封剂，作为引流孔。将注胶嘴夹具安装上，并用纤维丝固定。

（4）法兰中缝加固

将双组分补强专用 AB 胶均匀混合，涂刷于法兰中缝，用高强玻璃纤维丝逐圈缠绕至与法兰面持平，不平处用高强填料填平（图 4-27）。

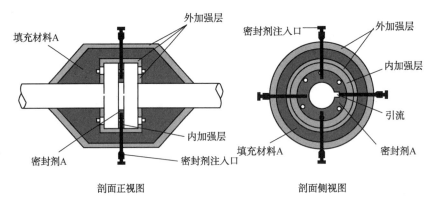

图 4-27　法兰复合材料堵漏示意图

（5）法兰内加强层加固

首先，缠绕三层高强缎纹布，宽度略宽于法兰面，罩住两边螺栓；然后，再缠绕六层与法兰面等宽的碳纤维布。最后，利用玻璃纤维丝在法兰面上间隔约 1cm 缠绕，而后对其充分缠绕。

（6）安装灌注模具

根据法兰尺寸大小选择相应模具，将其固定至法兰，在 12 点位置预留灌注口；安装时需保证密封性，以避免灌注时发生填充料泄漏。

（7）灌注高强填充料

将双组分高强填充料均匀混合，灌注时加入适量 3～5cm 玻璃纤维丝，以增强其强度，灌注至与灌注口持平；待其固化后撤除模具，并进行表面处理。

（8）外加强层加固

首先，整体铺两层高强缎纹布；然后，选择 3～5cm 宽高强碳纤维布进行连续对角缠绕；最后，选择与填充层等宽的碳纤维布缠绕两层。

（9）带压封堵

壳体固化 72h 后，可进行注胶封堵；根据法兰泄漏情况，从没有泄漏的注胶嘴开始注胶，将泄漏量最大的注胶嘴最后封堵；注胶过程中，根据管道运行和法兰情况，选择合适的注胶压力范围，并根据气温情况适当增减注胶压力。

（10）表面美观处理

带压观察48h无泄漏，可进行表面美观处理；根据 SY/T 0043—2020《石油天然气工程管道和设备涂色规范》，对法兰进行着色涂装。

4.4.2.6 管道局部泄漏复合纤维修补作业工法

现场再勘察、现场监测、开挖作业坑、辅助作业、现场恢复等程序同 PLIDCO 耦合式机械密封卡具堵漏作业工法。复合纤维修补作业如下：

（1）安装注胶嘴夹具

根据泄漏点的管径、周长、上下空间等数据，提前制作注胶嘴夹具。安装注胶嘴夹具，使注胶嘴正对泄漏点，并将注胶嘴夹具固定在管道上；将泄漏点空出，其余位置预先填埋密封剂，确保泄漏流体只从引流孔排出；然后，用纤维丝连续对角缠绕，再用1~2cm宽碳纤维布连续对角缠绕，确保将密封层包覆。缠绕时，纤维丝和碳纤维布需完全浸胶，并保持张力（图4-28、图4-29）。

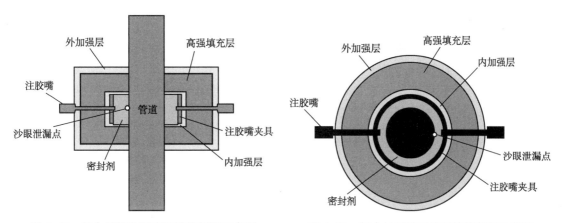

图4-28　复合材料砂眼堵漏结构剖面示意图　　图4-29　复合材料砂眼堵漏结构断面示意图

（2）灌注高强填料

根据管道尺寸选择相应的注胶模具，在顶端预留灌注口。灌注时，加入适量3~5cm纤维丝，3~5h完全固化后，去除模具并进行表面处理。

（3）外加强层加固

先整体铺设两层玻璃纤维布，然后选择3~5cm宽的碳纤维布连续对角缠绕；缠绕完毕后，选择与填充层等宽的碳纤维布，缠绕两层。

（4）注胶封堵

整个壳体固化时间超过72h后，可进行注胶封堵。从注胶嘴开始注胶，控制注胶压力；待引流孔溢胶时，用螺帽将两个注胶口封闭；注胶压力选择（$N+5$）MPa，N 是指管道运行压力。

（5）表面美观处理

进行带压观察后，若管道48h无泄漏，可进行表面美观处理；根据 SY/T 0043—

2020《石油天然气工程管道和设备涂色规范》，对修补处进行着色涂装。

4.4.2.7 管道蜡堵抢修烘管融蜡作业工法

（1）堵塞点定位

根据沿线的阀室管道压力监测数据，初步判断蜡堵点位置。连续发送清管器判定蜡堵点，确定解堵作业管段。

（2）现场再勘察

同 PLIDCO 耦合式机械密封卡具堵漏作业工法。

（3）现场监测

同 PLIDCO 耦合式机械密封卡具堵漏作业工法。

（4）开挖作业坑

同 PLIDCO 耦合式机械密封卡具堵漏作业工法。

（5）烘管融蜡作业

① 确定管道蜡堵长度后，组织人员间隔性地开挖管道烘烤作业坑，作业坑一般不大于 1.5m，间距 10~20m，也可根据现场情况适当加密烘烤点。

② 剥离管道防腐层。

③ 在烘烤作业坑内堆放适量木材，倾倒少量柴油并引燃，应严格控制烘烤作业点火势大小，严禁大火焚烧。

④ 在烘烤过程中管道不要停输，通过监测管道运行参数判断管道蜡堵是否融化，当蜡堵基本融化后熄灭明火，管道增输提压(为增加除蜡效果也可同时通球)，直至管道疏通。

（6）管道防腐层施工

同 PLIDCO 耦合式机械密封卡具堵漏作业工法。

（7）现场恢复

同 PLIDCO 耦合式机械密封卡具堵漏作业工法。

4.4.2.8 B 型套筒修复作业工法

（1）现场再勘察

同 PLIDCO 耦合式机械密封卡具堵漏作业工法。

（2）开挖作业坑

确认管道缺陷点位置，按需要开挖作业坑；剥离防腐层，观察管道缺陷情况，测量缺陷段长度、腐蚀坑深度、裂纹长度、泄漏情况等；确认修复段长度、位置。

（3）修复作业

B 型套筒修复内容如图 4-30 所示，修复过程如下：

① 对于存在局部泄漏情况的管道，先用木塞把漏点堵住，清理、收集泄漏物，检测可燃气体浓度、范围，如果超标用防爆吹风机吹扫。

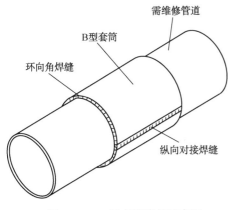

需维修管道

B型套筒

环向角焊缝

纵向对接焊缝

图 4-30　B 型套筒修复示意图

② 用角磨机清理干净管体焊接区域的锈蚀物、防腐层、外露的木塞等。

③ 测量 B 型套筒安装位置管体的椭圆度和壁厚符合要求，对区域内影响安装的焊道可打磨至与母材平整。

④ 将 B 型套筒（漏点位置加密封垫）安装到管道上并紧固到位；套筒扣在管道上时，缺陷最严重部位应对准半个 B 型套筒的中心位置；当 B 型套筒长度超出四倍管径时，修复时应对被修复管道采取临时支撑措施。

⑤ 确认作业点油气浓度检测合格、作业票证完备、安全措施到位后方可施焊。在役泄漏采用 B 型套筒抢修，一般先完成有泄漏缺陷侧弧板的打底焊接，防止 B 型套筒焊接时间过长、热量过大，管道内压升高造成密封失效。

⑥ B 型套筒焊接完毕，应经外观检查和无损检测质量合格。

（4）管道防腐层施工

将被破坏的防腐层清理干净，重新进行防腐层施工；施工完成后进行防腐层施工质量检测。

（5）现场恢复

清理恢复作业现场。埋地管件用细土垫实悬空管线，在距管顶以上 0.3m 处应连续敷设橘红色聚乙烯警示带，再按要求进行土方回填、恢复地貌。

4.4.2.9　补板式卡具带压堵漏作业工法

（1）现场再勘察

同 PLIDCO 耦合式机械密封卡具堵漏作业工法。

（2）现场监测

同 PLIDCO 耦合式机械密封卡具堵漏作业工法。

（3）开挖作业坑

同 PLIDCO 耦合式机械密封卡具堵漏作业工法。

（4）辅助作业

复测可燃气体浓度合格后，除掉防腐层、表面除锈、连接引流管、安装内扣帽，打开引流阀引出泄漏介质；剥离防腐层后，对填角焊接处管体进行测试，确保该处管体不存在夹层。检查封头式卡具及密封圈是否完好，是否达到安装要求。

（5）补板式卡具安装

① 使用前确认工作压力和工作温度在该卡具适用范围内，确认管道泄漏位置在卡具密封范围内；补板式抢修卡具适用于小面积泄漏事件，工作温度在-10~80℃范围。

② 由于是轻微渗漏，管道内运行压力应降至 0.5MPa 以下。封堵时可将防爆胶泥封堵在泄漏点上，采用专用链钳进行紧固。对封堵部位检测，天然气浓度在爆炸下限20%以下时，即可进行防腐剥除作业。剥离防腐层后，检测焊接处的管体，确保该处管体不存在夹层。

③ 检查护板式卡具及密封圈是否完好，修磨弧板，达到安装要求。依次将卡具短节上的螺盖帽和铜螺母逆时针旋转取出，然后在卡具上安装好专用球阀，此时球阀应处于关闭状态，补板式卡具安装如图 4-31 所示。

④ 使用链卡子将卡具固定到管线缺陷处，将引流胶管放置在下风口处。确保泄漏点在卡具密封范围内，用夹紧工具将其卡紧。卡具安装完成后，再将引流管与球阀连接，打开球阀，将可燃气体引至安全地带。

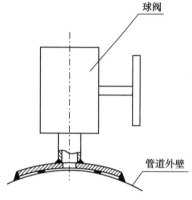

图 4-31　补板式卡具示意图

（6）卡具固定

使用链条卡子将卡具固定到管线缺陷处，将引流胶管放置在下风口处。保证泄漏点在卡具密封范围内，用夹紧工具将其卡紧。卡具安装完成后，再将引流管与球阀连接，打开球阀，使用防爆轴流风机强制通风，确保焊接安全。

（7）密封效果检测

用测爆仪测量可燃气体含量，以确认密封性。间隔一段时间后再次进行气体检测，合格后可进行下一步操作，并做好抢险标识。

（8）封堵卡具焊接

沿补板卡具外沿进行焊接(图 4-32)，焊接工艺依照相关"焊接工艺规程"操作，并进行焊道检测。焊接完成后，关闭球阀，拆除引流管，使用开孔机连接球阀，将铜螺母旋入短节内。将球阀逆拆除，螺帽盖安装在短节上拧紧，完成后如图 4-33 所示。

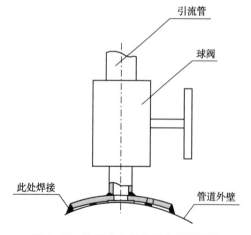

图 4-32　补板式卡具焊接位置示意图

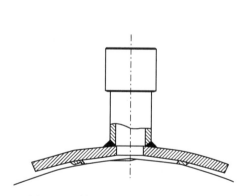

图 4-33　补板式卡具堵漏完成示意图

（9）管件防腐及地貌恢复

封堵作业完成后，将更换的管道、管件等按设计及规范要求进行防腐处理；埋地管件，先用细土垫实悬空管线，再按要求进行土方回填、恢复地貌。

4.4.3 管道变形复位相关作业工法

根据实际作业情况，将管道变形复位相关作业分为管道位移复位作业工法、山区管道位移复位作业工法、管道漂管复位作业工法、隧道口管道位移复位作业工法等四种形式分别编制相应工法。由于篇幅所限，本书以管道变形复位作业工法为例进行系统说明，其余工法仅对作业方法进行阐述。

4.4.3.1 管道变形复位作业工法

（1）检索信息

管道位移复位作业工法检索信息如表 4-16 所示。

表 4-16　管道位移复位作业工法检索信息表

序号	数据名称	数据含义	长度	内容
1	Operation_Type	作业法类型	4 位	2
2	Operation_Number	作业法编号	4 位	C-1
3	Operation_Name	作业法名称	50 字	管道位移复位作业工法
4	Apply_Fluid	适用介质	20 字	123
5	Operation_Purpose	作业法用途	100 字	一般地形管道移位变形且未发生塑性形变、未发生泄漏的事故情况下的复位施工
6	Suitable_Object	适用对象	100 字	管道位移发生弹性变形
7	Equipment_List	设备表编号	4，4 位	2-C-1
8	Material_List	材料表编号	4，4 位	2-C-1
9	Operation_source	工法来源	100 字	《一般地形管道位移应急抢修技术规程》

（2）作业方法

① 现场再勘察

同 PLIDCO 耦合式机械密封卡具堵漏作业工法。

② 现场监测

同 PLIDCO 耦合式机械密封卡具堵漏作业工法。

③ 开挖作业坑

同 PLIDCO 耦合式机械密封卡具堵漏作业工法。

④ 管道检测

管道本体检测：在防腐层有明显破损位置将防腐层清理干净后，用超声波测厚仪检测管道壁厚，若实测值与原管壁厚度相同，即可进行下道工序。若实测值比原管壁薄，需经技术部门鉴定是否采取修复措施。

管道防腐层检测：对管道进行检查，查看防腐层是否完好；如果有破损需按要求进行防腐补伤。

管道应力检测：检查管道变形情况，确认应力集中点，根据变形量计算管内应力判断是否在允许范围内；超出使用应力范围的管道应考虑断管修复。

修复过程中检测：在管道应力集中点进行连续应变检测，防止施工过程中损伤管道。

⑤ 管道牵拉复位

a. 确定复位方案：根据测量结果确定是否需要牵拉复位；根据勘察结果确定地锚、卷扬机布置方案，管道复位前再次观测管沟边坡稳定性，管沟深度、宽度，管道防腐层是否完好。

b. 管道复位设备：通过挖掘机对管道进行牵拉以达到复位目的，对于位移范围和移动距离较大的情况应选用卷扬机牵拉。

c. 管道复位时在牵拉位置绑扎胶皮以免破坏防腐层。

d. 管道复位不能一次牵拉到位，需多次缓慢移动，并随时观测管道以免损伤。

e. 管道移至原位后，在两侧打入钢桩固定管道；钢桩直径根据现场情况确定，一般情况下直径不小于 100mm；钢桩间距以 300~500mm 为宜；水网地区，钢桩插入河床深度应低于管底 1m；在钢桩与管道间插入木板墙保护管道或在管道掩埋后拔出钢桩，以免造成管道腐蚀隐患。

⑥ 压块安装

根据现场土体情况决定是否需要安装压块，水网、沼泽、软土等可能漂管的情况可考虑安装压块。

⑦ 地貌恢复

清理恢复作业现场，埋地管件先用细土垫实悬空管线，在距管顶以上 0.3m 处连续敷设橘红色聚乙烯警示带，再按要求进行土方回填、恢复地貌。

（3）HSE 管理和 JSA 分析

① 作业前，作业区 100m 范围内应标示为危险区和限制出入区；作业区 30m 范围区域标示为禁入区。在作业点使用警戒带划定警戒区域，并设置警示标志，严禁无关人员、车辆等进入警戒区域。

② 危险区内须使用防爆维抢修机具，凡进入有毒危险区的人员应佩戴防护面具，穿防静电工服，必要时须戴空气呼吸器；监测人员应依据泄漏程度及危险性，及时发出安全警示；现场安全监护人，必须佩戴安全监护袖标。

③ 对作业点和现场周围实施可燃气体浓度实时检测，必要时采取强制通风措施，其风向应与自然风向一致。

④ 现场设立风向指示标志，在相关路口等重要地点设置警示标志；紧急集合点宜设置在泄漏点上风口相对开阔的位置。

⑤ 管道抢修作业坑应能满足施工人员的操作和施工机具的安装及使用，现场应采取措施控制作业坑塌方、污染环境等危害；作业坑与地面之间应有至少 2 条不同方向的阶梯式安全逃生通道，并设置至少 2 条阻燃带节救生绳梯。

⑥ 在修复过程中对管道应力集中点进行连续监测，发现异常立即停止作业作，避免发生管道破坏事故。

⑦ 作业过程中必须严密监视险情，发现险情果断采取作业或撤离行动，确保人员安全。

⑧ 现场应配备足够的干粉灭火器、灭火毯，加强现场明火管制，防止事态扩大和引发次生事故。

⑨ 作业完成后，应清理作业现场，将废弃物进行分类处理，做好落地油回收，防止发生环境污染和次生灾害。

（4）设备表

管道位移复位作业工法设备表如表 4-17 所示。

表 4-17　管道位移复位作业工法设备表（2-C-1）

序号	设备名称	设备型号	单位	数量	用途
1	吊车	≥16t	台	1	
2	推土机		台	1	
3	挖掘机		台	2	
4	装载机		台	1	
5	电动卷扬机	5t	台	2	
6	可燃气体检测仪		台	2	
7	电火花检漏仪	SL-68B	台	1	
8	快装索道		台	1	
9	千斤顶	5t/5t	台	4	支撑管道
10	倒链	3t/5t	台	8	提升管道
11	发电机	80kW	台	2	提供电力
12	电焊机		台	1	
13	气割、水焊工具		套	2	
14	焊条烘干箱		台	1	
15	滑轮		个	4	
16	防爆工具		套	3	铁锹、大锤、钢钎
17	抢险指挥车		辆	1	
18	角向磨光机		套	4	
19	防火服		套	4	

序号	设备名称	设备型号	单位	数量	用途
20	防爆对讲机		台	8	
21	防爆接电箱	380V	台	2	
22	电动风镐		台	2	
23	水钻		台	2	
24	冲击钻		台	2	

（5）材料表

管道位移复位作业工法材料表如表4-18所示。

表4-18 管道位移复位作业工法材料表（2-C-1）

序号	材料名称	规格型号	单位	数量	用途
1	编织（草）袋			若干	
2	钢板		块	若干	
3	钢丝绳			若干	
4	配重块	按管道规格选配	个	若干	视现场需求确定
5	管卡			若干	
6	警示牌		个	20	
7	胶皮	8mm		若干	
8	警示带		卷	4	
9	防水布		块	若干	
10	草垫子			若干	
11	木板			若干	
12	快干水泥			若干	
13	钢管桩		根	若干	
14	地锚		个	若干	
15	防腐材料			若干	
16	氧气、乙炔		瓶	若干	
17	焊条		kg	20	
18	砂石		t	若干	就近取材

4.4.3.2 山区管道位移复位作业工法

现场再勘察、现场监测、开挖作业坑、管道检测、现场恢复等程序同管道位移复位作业工法。山区地带管道位移、变形复位施工作业如下：

（1）确定复位方案。根据测量结果确定是否需要牵拉复位。

（2）根据勘察结果确定地锚、卷扬机布置方案，管道复位前需再次观测管沟边坡稳定性、管沟深度、管沟沟底宽度和管道防腐层是否完好。

（3）根据复位方案修筑抢险作业面、清除管道位移反向泥石、砂土，减少或阻止进一步移位。

（4）使用吊车、卷扬机等设备调整摆正移位管道并用地锚和钢丝绳牵引移位管道，防止管道移位加剧，发生塑性变形。

（5）对变形轻微、地形地貌变化趋势不明显的管段，采取堆土深埋和调整弹性较大的方法处理，以增加管道对地基变形的适应能力，同时管沟回填用摩擦系数较小的沙料，管沟表面回填用原状土。

（6）在管道移位、变形方向外侧用编织袋（草袋）装土构筑支撑墙，卸载帮助管道复位；根据山体滑坡情况做临时护坡处理防止山体继续坍塌。操作时沿管道移位、变形区段距管道1m处打一排钢板桩，钢板桩内侧再铺一道木板墙，填补管道和木板墙之间的空隙，形成管道支撑墙。支护方式如图4-34所示。

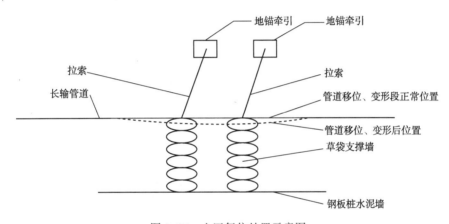

图4-34　山区复位处置示意图

4.4.3.3　管道漂管位移复位作业工法

（1）管道稳管

为防止管道继续受流水冲击，抢险前应采用挖掘机配合牵引绳或其他压覆措施（用石笼或水泥U型块的方法压在管道之上）限制管道继续上漂，管道两端打桩限制管道两边悠动。同时防止管沟成形前水位下降，管道自重下沉，在适当位置需采用支撑或借助机械外力。

（2）管道检测

管道检测程序同管道位移复位作业工法。

（3）管道复位

① 管道复位前需再次观测管沟边坡稳定性，检查管沟深度、沟底宽度和管道防腐层是否完好。

② 若管道采用装配式混凝土加重块稳管，管道复位前需将下半部分先就位，在管道复位后再安装上半部分。

③ 管道支撑或机械外力取消后，靠管道自重和压重块即可复位，必要时采用挖掘机配合。采用挖掘机配合管道复位，需对管道进行保护（橡胶板厚度5~10mm）以免损伤管道。

（4）压块安装

安装配重块前先对管道进行电火花检漏，合格后安装加重块。根据设计要求，安装配重块前在管道外壁绑扎橡胶垫（5~10mm）作为保护管道的防护层。配重块平面设计如图4-35所示。

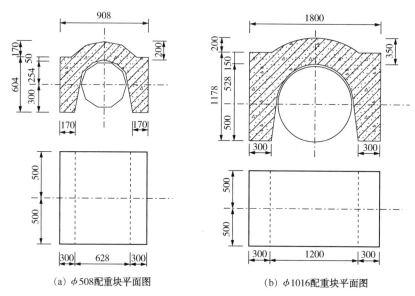

(a) φ508配重块平面图　　　(b) φ1016配重块平面图

图4-35　配重块平面图

在原设计基础上，适当加密配重块安装并加固。如果水下管沟已被泥沙填埋，还将考虑新管沟开挖事宜或采取自动沉降措施。如为河流内漂管，应在下游修筑临时拦沙坝等水工保护措施。

4.4.3.4　隧道口管道位移复位作业工法

（1）现场再勘察

同管道位移复位作业工法。

（2）现场监测

同管道位移复位作业工法。

（3）打开管沟盖板或开挖作业坑

根据现场再勘察结果打开管道位移段的管沟盖板或开挖相应的作业坑，开挖尺寸应满足施工的需要，同时要特别注意对伴随光纤的保护。

（4）管道检测

同管道位移复位作业工法。

（5）隧道出入口管道位移、变形复位施工

① 针对管道位移的原因采取水保、加固等整治措施，避免位移再次发生。

② 察验隧道出入口固定墩上的管卡是否损坏失效，对于失效管卡在管道复位后更换新管卡。

③ 为了防止再次位移，在隧道出入口处增设挡土墙或护砌添土加固，在管线周围50m 范围内进行锚固或打桩等处理。

（6）现场恢复

封闭隧道口、掩埋管道固定墩、安装管沟盖板等，将现场恢复到原来状态。

4.4.4 管道补强相关作业工法

根据实际作业情况，将管道补强相关作业分为复合纤维管道补强作业工法、套袖管道补强作业工法两种形式分别编制相应工法。由于篇幅所限，本书以复合纤维管道补强作业工法为例进行系统说明，套袖管道补强作业工法仅对作业方法进行阐述。

4.4.4.1 复合纤维管道补强作业工法

（1）检索信息

复合纤维管道补强作业工法检索信息如表 4-19 所示。

表 4-19 复合纤维管道补强作业工法检索信息表

序号	数据名称	数据含义	长度	内容
1	Operation_Type	作业法类型	4 位	2
2	Operation_Number	作业法编号	4 位	D-1
3	Operation_Name	作业法名称	50 字	复合纤维管道补强作业工法
4	Apply_Fluid	适用介质	20 字	123
5	Operation_Purpose	作业法用途	100 字	管道变形椭圆度大于 5% 小于 10%、凹坑深度大于 2% 小于 6% 时，由于腐蚀、机械损伤等原因，造成局部管道变薄；环焊缝和螺旋焊缝存在未焊透或出现裂纹
6	Suitable_Object	适用对象	100 字	管线未泄漏情况下，进行补强加固，延长管道运行寿命，提高安全性
7	Equipment_List	设备表编号	4，4 位	2-D-1
8	Material_List	材料表编号	4，4 位	2-D-1
9	Operation_source	工法来源	100 字	《管体减薄事故应急抢险施工技术规程》《管道补强施工技术规程》

（2）作业方法

① 现场再勘察

同管道变形复位作业工法。

② 开挖作业坑

开挖尺寸应满足施工的需要，同时要注意对伴随光纤的保护。

③ 管道表面处理

通过防腐层剥离、喷砂除锈、手工打磨或机械除锈，使管道表面达到 St3 级标准以上，并在进行下一步时，应用酒精对其清洗，保证表面无油污及灰尘；再用专用修补剂将缺陷处填平，待固化后进行下一步。

④ 管道检测

记录缺陷的长度、宽度、深度、时钟位置等特征数据；检测管道壁厚，若实测值与原管壁厚度相同，即可进行下道工序；若实测值比原管壁薄，需经技术部门鉴定是否采取修复措施。

⑤ 复合纤维补强

根据比例均匀混合双组分高强填料，使用填料将缺陷处填平，并对环焊缝做平滑处理；将补强专用的 AB 胶混合后，均匀涂刷于管道表面，自 2 点或者 10 点位置开始缠绕玻璃纤维布，保持一定张力；每缠绕一层布，均匀涂刷一层黏胶。

⑥ 补强区域表面处理

在补强层的两侧各安装一条智能检测提示带，用纤维胶带将其固定；增加外保护层，可以缠绕聚乙烯胶黏带或者涂刷抗老化防腐涂料等。

⑦ 管道修复区固化及现场恢复

补强作业完成后静置 3~4h 待其自然固化后，清理恢复作业现场，对于埋地管件，应先用细土垫实悬空管线，在距管顶以上 0.3m 处连续敷设橘红色聚乙烯警示带，再按要求进行土方回填、恢复地貌。

（3）HSE 管理和 JSA 分析

① 作业前，检查区域内可燃气体含量，高于爆炸下限值 25% 的区域，应标示为危险区和限制出入区；高于爆炸下限 50% 的区域标示为禁入区；使用警戒带划定警戒区域，并设置警示标志，严禁无关人员、车辆等进入警戒区域。

② 联络地方政府主管部门，向危险区域内的居民进行广播通告，必要时进行疏散、隔离。

③ 危险区内有毒气体及液体的毒性测试应采取直接读取的仪器测量，并根据测量结果采取相应的防护措施；对于受限空间，氧含量应为 19.5%~23.5%。

④ 危险区内必须使用防爆维抢修机具，凡进入有毒危险区的人员应佩戴防护面具，穿防静电工服，必要时必须戴空气呼吸器；监测人员应依据泄漏程度及危险性，及时发出安全警示；现场安全监护人，必须佩戴安全监护袖标。

⑤ 对作业点和现场周围实施可燃气体浓度实时检测，必要时采取强制通风措施，其风向应与自然风向一致。

⑥ 现场设立风向指示标志，在相关路口等重要地点设置警示标志；紧急集合点宜设置在作业区上风口相对开阔的位置。

⑦ 对于介质可能进入涵洞、隧道、暗渠、套管等密闭场所的情况，要进行风险分析，采取有效的隔离、置换措施。

⑧ 管道抢修作业坑应能满足施工人员的操作和施工机具的安装及使用，现场应采取措施控制作业坑塌方、跑油污染环境等危害；作业坑与地面之间应有至少 2 条不同方向的阶梯式安全逃生通道，并设置至少 2 条阻燃带节救生绳梯。

⑨ 带压作业时，作业人员面部不能正面面对抢修点，应做好现场救援人员人身安全防护，避免烧伤、中毒等伤害。

⑩ 作业过程中必须严密监视险情，发现险情果断采取作业或撤离行动，确保人员安全。

⑪ 现场应配备足够的干粉灭火器、灭火毯，加强现场明火管制，防止事态扩大和引发次生事故。

⑫ 作业完成后，应清理作业现场，将废弃物进行分类处理，做好落地油回收，防止发生环境污染和次生灾害。

（4）设备表

复合纤维管道补强作业工法设备表如表 4-20 所示。

表 4-20　复合纤维管道补强作业工法设备表（2-D-1）

序号	设备名称	设备型号	单位	数量	用途
1	指挥车		台	1	
2	防爆方位灯		台	1	
3	超声波测厚仪		台	1	
4	可燃气体监测仪		台	2	
5	灭火器		个	6	
6	重型多功能应急抢险车	FM46064TB 牵引车	辆	1	发电、抽油、排水等
7	剥皮机		台	1	剥离防腐层
8	防爆工具		套	4	锹、镐、大锤等
9	角向磨光机		台	2	
10	防爆对讲机		台	若干	
11	压力表	15MPa	块	2	
12	防爆接电箱	380V	台	2	
13	发电机	55kW 以上	台	1	
14	喷砂除锈设施		套	1	
15	空压机		台	1	
16	推土机		台	1	
17	挖掘机		台	2	

续表

序号	设备名称	设备型号	单位	数量	用途
18	装载机		台	1	
19	防爆接电箱	380V	台	2	
20	防爆轴流风机		台	2	
21	电火花检漏仪	SL-68B	台	1	
22	倒链	3t/5t	台	8	
23	电动风镐		台	4	
24	千斤顶	5t/5t	台	4	

（5）材料表

复合纤维管道补强作业工法材料表如表 4-21 所示。

表 4-21　复合纤维管道补强作业工法材料表（2-D-1）

序号	材料名称	规格型号	单位	数量	用途
1	风向标		个	4	
2	电工工具		套	2	
3	皮尺		个	1	
4	角尺		个	2	
5	护目镜		副	10	
6	耳塞		包	4	
7	防水布		块	若干	
8	聚乙烯胶黏带		卷	若干	
9	角磨机砂轮片		片	20	
10	高性能密封剂		kg	20	
11	复合纤维材料			若干	
12	黏接剂		套	2	
13	14 件套		套	1	
14	AB 胶			若干	
15	高强填料			若干	
16	高强玻璃布		m	400	
17	高强缎纹布		m	200	
18	高强碳纤维布		m	400	
19	防腐补口材料			若干	

4.4.4.2　套袖管道补强作业工法

（1）现场再勘察

同管道变形复位作业工法。

（2）开挖作业坑

确认管道缺陷点位置，按作业需要开挖作业坑；剥离防腐层，观察管道缺陷情况，测量缺陷段长度、腐蚀坑深度、裂纹长度等；确认修复段长度、位置。

（3）套袖安装

套袖材料需根据管道外径预先备料，经强度、严密性试验合格；根据现场实际情况处理套袖，套袖长度 1.5~2 倍管径；将套袖安装处的管道横焊缝及环焊缝打磨平整；用吊车将套袖安装在管道上，并用链卡子勒紧。

（4）套袖焊接

在横焊缝（套袖与管道之间）上安装挡条，焊接横焊缝、环焊缝，焊接操作应依照相应《焊接工艺规程》严格进行。

（5）焊缝检测及防腐

焊接完成后，并进行无损检测。无损检测合格后，进行防腐补口操作。

（6）现场恢复

清理恢复作业现场，埋地管件应用细土垫实悬空管线，在距管顶以上 0.3m 处连续敷设橘红色聚乙烯警示带，再按要求进行土方回填、恢复地貌。

4.4.5　管道悬空修复相关作业工法

根据实际作业情况，将管道悬空修复相关作业分为管道悬空支护作业工法和小型河、渠管道悬空支护作业工法两种形式分别编制相应工法。由于篇幅所限，本书以管道悬空支护作业工法为例进行系统说明，小型河、渠管道悬空支护作业工法仅对作业方法进行阐述。

4.4.5.1　管道悬空支护作业工法

（1）检索信息

管道悬空支护作业工法检索信息如表 4-22 所示。

表 4-22　管道悬空支护作业工法检索信息表

序号	数据名称	数据含义	长度	内容
1	Operation_Type	作业法类型	4 位	2
2	Operation_Number	作业法编号	4 位	E-1
3	Operation_Name	作业法名称	50 字	管道悬空支护作业工法
4	Apply_Fluid	适用介质	20 字	123
5	Operation_Purpose	作业法用途	100 字	适用于管道沿线由于滑坡、塌陷、水流冲刷等自然灾害导致管道悬空，悬空长度不足以引发变形或断裂情况下的应急抢险作业
6	Suitable_Object	适用对象	100 字	管道悬空，管道变形处于弹性范围内
7	Equipment_List	设备表编号	4，4 位	2-E-1
8	Material_List	材料表编号	4，4 位	2-E-1
9	Operation_source	工法来源	100 字	《一般山区地带管道悬空抢险施工方案》

（2）作业方法

① 现场再勘察

现场再勘察内容同管道补强相关作业工法。

② 开挖作业坑

a. 首先清理悬空管段上方覆土，减少管道负重。

b. 若管道下方塌陷形成的凹坑存在疏松土方，需人工清除凹坑内土方，在管道下方开挖直至出现硬质地，在塌陷段两端适当延伸开挖确保支护长度可靠；清理凹坑后需测量悬空长度、塌陷区域面积及深度。

c. 根据竣工资料标出管道中心线、原标高及变形情况；同时测量管道的恢复状态，根据恢复状态，确定管道变形情况；初步确定作业坑位置。

d. 如有必要，采用智能检测仪检查管道的变形程度。

③ 支护作业

a. 利用地锚和钢丝绳牵引管道，防止管道在悬空段下沉，发生塑性变形。

b. 利用编织袋（草袋）装土在管道下方回填压实，并根据坡度情况做护坡处理防止继续坍塌；根据现场情况在管道附近做导流渠防止再次发生露管悬空事件。

④ 支护设施（混凝土）加固作业

开挖悬空管道下方基槽，排出基槽中渗水；在悬空区域外进行混凝土搅拌，利用牵引小车将混凝土运至悬空管道处进行现浇混凝土的浇筑、填埋。坍塌范围较小时，在坍塌部位直接浇灌混凝土填塞捣实，然后用水泥砂浆抹平；坍塌范围较大时，在基础上悬空段管道两端及中间部分浇筑钢筋混凝土梯形墙或水泥柱，高度根据现场实际情况而定。

⑤ 现场修整

清理作业现场，埋地管件应先用细土垫实悬空管线，在距管顶以上 0.3m 处连续敷设橘红色聚乙烯警示带，再按要求进行土方回填、尽量恢复原有地貌。适当设立警示牌，告知塌陷危险范围。

（3）HSE 管理和 JSA 分析

HSE 管理和 JSA 分析同管道补强相关作业工法。

（4）设备表

管道悬空支护作业工法设备如表 4-23 所示。

表 4-23　管道悬空支护作业工法设备表（2-E-1）

序号	设备名称	设备型号	单位	数量	用途
1	发电机	55kW 以上	台	1	
2	指挥车		辆	1	
3	随车吊		辆	1	

序号	设备名称	设备型号	单位	数量	用途
4	防爆方位灯		台	1	
5	超声波测厚仪		台	1	
6	排水泵		台	2	
7	吊车	16t	台	1	
8	可燃气体监测仪		台	2	
9	重型多功能应急抢险车	FM46064TB 牵引车	辆	1	发电、抽油、排水等
10	多功能应急抢险作业车		辆	1	机加、钳工、管工
11	防爆工具		套	4	锹、镐、大锤等
12	电焊机		台	2	
13	角向磨光机		套	4	
14	气割及水焊工具		套	2	
15	防火服		套	4	
16	灭火器		个	10	
17	防爆对讲机		台	8	
18	防爆接电箱	380V	台	2	
19	挖掘机		台	1	
20	卷扬机		台	2	
21	推土机		辆	1	
22	混凝土搅拌车		辆	1	
23	振捣器		个	4	

（5）材料表

管道悬空支护作业工法材料如表 4-24 所示。

表 4-24　管道悬空支护作业工法材料表（2-E-1）

序号	材料名称	规格型号	单位	数量	用途
1	撬棍		根	2	
2	编织（草）袋		个	200	
3	水泥	通用水泥 P32.5	袋	30	
4	建筑钢筋		t	若干	
5	铁丝		盘	4	捆扎钢筋
6	吊带		根	8	
7	防水布		块	20	
8	灭火毯		块	20	
9	草垫子		片	若干	
10	手拉葫芦	2t	个	4	

序号	材料名称	规格型号	单位	数量	用途
11	导链架		个	8	
12	钢结构支架		套	2	
13	风向标		个	4	
14	沙子	就近取材	t	若干	配制混凝土
15	碎石或卵石	就近取材	t	若干	配制混凝土
16	电工工具		套	2	
17	钢丝绳及卡子		套	若干	
18	皮尺		个	2	
19	消防带		卷	2	
20	水叉		条	4	
21	警示牌		个	20	
22	焊条		kg	20	
23	警示带		卷	4	
24	排水胶管		m	100	
25	钢桩		根	若干	
26	砂轮片		片	30	角向磨光机用
27	氧气		瓶	若干	
28	乙炔		瓶	若干	
29	电缆		m	200	
30	地锚		个	8	

4.4.5.2　小型河、渠管道悬空支护作业工法

（1）现场再勘察

现场再勘察内容同管道补强相关作业工法。

（2）土工作业

① 首先建立管道的临时支护设施(图4-36)，清理与悬空管段相接触的松动覆土。

② 拆除损毁的原管道跨越支撑设施，根据新支护设施开挖基础坑和作业坑。

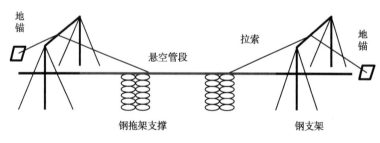

图4-36　管道临时支护立体图

③ 根据竣工资料标出管道中心线、原标高及变形情况；同时测量管道恢复状态，确定管道变形情况。如有必要，采用智能检测仪检查管道的变形程度。

（3）小型河、渠管道悬空支护

① 悬挂保护操作：根据实际情况将管道吊起，在悬空管道两端各设立一个钢结构支架，防止管道因受应力集中的影响而产生屈服变形甚至断裂。

② 临时支护操作：用钢结构支架做管道支墩，并在支墩两侧打钢桩加固，坍塌部位较小时对坍塌部分进行灌浆浇筑，增加其稳定性。

③ 在悬空段上游用装土草袋做顺坝，并在顺坝两侧打钢桩加固，对水流进行人为改道。

（4）管道混凝土永久支护施工

管道混凝土永久支护施工方法同管道悬空支护作业工法。

（5）现场修整

现场修整方法同管道悬空支护作业工法。

4.5 站场抢维修相关工法

根据站场应急抢修实际情况，将站场抢维修作业分中小型阀门更换作业工法、埋地管道泄漏换管抢修作业工法、绝缘接头泄漏更换抢修作业工法、主泵机械密封更换维修作业工法等五种情况进行编制。由于篇幅所限，本书以中小型阀门更换作业工法为例进行系统说明，其他作业工法仅对作业方法进行阐述。

4.5.1 中小型阀门更换作业工法

（1）检索信息

中小型阀门更换作业工法检索信息如表 4-25 所示。

表 4-25　中小型阀门更换作业工法检索信息表

序号	数据名称	数据含义	长度	内容
1	Operation_Type	作业法类型	4 位	5
2	Operation_Number	作业法编号	4 位	1
3	Operation_Name	作业法名称	50 字	中小型阀门更换作业工法
4	Apply_Fluid	适用介质	20 字	123
5	Operation_Purpose	作业法用途	100 字	主要用于输油气站场内中型（D400）以下阀门更换
6	Suitable_Object	适用对象	100 字	阀门故障、失效
7	Equipment_List	设备表编号	4, 4 位	5-1
8	Material_List	材料表编号	4, 4 位	5-1
9	Operation_source	工法来源	100 字	《抢修现场应急处置技术预案》《机泵阀抢修现场应急处置技术预案》

（2）作业方法

① 作业段封闭

倒换流程关闭作业管段，如果倒流程不能关闭作业段则需要越站或停输。作业管段泄压，关闭作业段上游、下游的阀门（每侧尽可能关闭两道阀门）。

② 作业段放空

检查更换阀门两侧管道的支撑情况，必要时增加临时支撑，在阀门下方布置接油槽，打开阀门上的放空阀，放出残油后，更换接油槽；对于焊接阀门可在袖管处开孔放空。

③ 更换阀门

拆下旧阀门，清理管道口和法兰面，更换新的法兰垫，安装新阀门；对于焊接阀门应在袖管内侧切断管道拆下阀门，同时要评估原阀门袖管焊质量确定是否切掉，清理管道口、打黄油墙，焊接安装新阀门。

④ 现场监测

在作业期间无关人员不得进入作业区，应对现场环境中的可燃气体、有毒气体、泄漏油品进行全过程监测预警。

⑤ 管道防腐

对于阀门的油漆、防腐层缺损处进行补漆、补口。

⑥ 现场恢复

新阀门安装检验合格后，拆除警戒物恢复站场原貌。

（3）HSE 管理和 JSA 分析

HSE 管理和 JSA 分析同管道补强相关作业工法。

（4）设备表

中小型阀门更换作业工法设备如表 4-26 所示。

表 4-26 中小型阀门更换作业工法设备表（5-1）

序号	设备名称	设备型号	单位	数量	用途
1	依维柯抢修车	中型	台	3	
2	林肯逆变电焊机	V350-PRO	台	1	
3	本田自发电电焊机	SHW190	台	5	
4	远红外焊条烘干箱	ZYHC-60	台	1	
5	割管机		台	2	
6	随车吊		辆	1	
7	外对口器	与阀门接管规格匹配	个	2	
8	坡口机	与阀门接管规格匹配	台	2	
9	防爆抽油泵	25CYZ-A-32	台	2	

续表

序号	设备名称	设备型号	单位	数量	用途
10	正压呼吸器	A1YPLUME	台	5	
11	电火花检测仪	SL-68B	台	2	
12	电焊机	ZX7-400B	台	4	焊接
13	可燃气体检测仪	Ex2000	台	2	
14	转盘式收油机	ZSY-20	台	2	
15	喷洒装置	PS40	台	2	
16	带压开孔机堵孔机	$PN100\ DN15\sim100$	台	1	
17	气动防爆通风机	Ub20××	台	2	
18	接油槽		个	4	
19	角向磨光机	100	个	2	
20	角向磨光机	150	个	2	
21	数码照相机		台	1	
22	防爆鼓风机		套	1	
23	防爆风镐		台	1	
24	防爆工具		套	4	扳手、撬杠、大锤等
25	临时储油罐		个	1	

（5）材料表

中小型阀门更换作业工法材料如表4-27所示。

表4-27　中小型阀门更换作业工法材料表（5-1）

序号	材料名称	规格型号	单位	数量	用途
1	短管	与作业管道匹配	m	若干	
2	阀门	与事故阀门相同	个		根据现场需要
3	橡胶板	10mm	m^2	1	
4	石棉被	1×1m	条	30	
5	吸油毡	2×1.5m	条	30	
6	消油剂	30kg	桶	10	
7	MFZ干粉	8kg	具	10	
8	防腐底漆		桶	5	
9	油漆		桶	5	与现场管道相同
10	焊条		kg	50	
11	垫铁		块	若干	
12	警示带		卷	4	

4.5.2 埋地管道泄漏换管抢修作业工法

（1）现场再勘察

作业前对作业环境进行危害识别、作业距离、土壤情况等进行再勘察；了解站内泄漏管道的位置，泄漏程度、泄漏原因；了解泄漏管段相关的工艺设施、相邻管道、设施等；确认管道内介质压力是否符合作业条件；了解管道材质、直径、壁厚、防腐方式、输送介质特性、管道最低允许输送压力、最长停输时间等。

（2）站场泄压、封闭作业段管道

根据勘察结果确定站场放空、作业段管道封闭隔离方案，关闭相关阀门、停运机组（越站、停输等）。

（3）开挖作业坑

根据勘察结果在受损段管道处开挖作业坑，在作业坑的四个角分别修筑缓坡，用袋装土堆垒或梯子架设逃生路线，在作业坑两边设置逃生梯确保施工人员安全。

（4）换管作业

① 确定割管位置。根据管道破损、变形情况，确定切割长度、画出切割线。

② 受损管段放空。在管道上部、下部开孔，放出残液或置换气体；检测管内气体含量，确认可燃气体浓度低于20%（爆炸下限）后方可进行切割作业；施工过程中安全监护人员进行加密检测。

③ 剥离外防腐层。将需要切割的破损管段两端各250mm防腐层进行全周向剥离。

④ 管道切割。采用切割设备切割管道两端；切割位置离缺陷、破坏或泄漏处至少保持10cm距离，切除管道长度须超过管道直径的3倍。

⑤ 新管道下料。根据旧管道切割后的情况下料新管段，加工坡口。

⑥ 组对、焊接。使用外对口器组对，在根焊完成不少于管周长50%后方可拆卸，根焊应分多段、均匀分布。

（5）防腐补口换管作业

焊缝及两侧涂层150mm范围内的毛刺、焊渣、飞溅物、焊瘤等要清理或打磨干净；焊口两侧涂层应切成不大于30°的坡角；防腐层端部有翘边、生锈、开裂等缺陷时，要进行修口处理，一直切除到防腐层与钢管完全黏附处为止；然后进行热收缩带安装、缠绕防腐胶带、电火花检漏、缠绕聚丙烯外保护带等。

（6）管沟回填、现场恢复

经过工程技术人员对质量进行全面检查认可后，遵循先细后粗的原则进行管沟回填，回填时要指派专人指挥；管底垫层回填细土的最大粒径不应超过10mm，细土可回填至管顶以上100mm；将现场恢复至施工前状态。

4.5.3　绝缘接头泄漏更换抢修作业工法

（1）现场再勘察

现场再勘察方法同埋地管道泄漏换管抢修作业工法。

（2）站场及相关管道泄压、封闭作业段管道

① 输气管道：如果 ESD 阀在绝缘接头外侧，关闭 ESD 阀和相关阀门，放空绝缘接头相关的管道；根据勘察结果确定站场放空、作业段管道封闭隔离方案，关闭相关阀门，作业期间输气站停运。

② 输油管道：使用管内智能封堵器封堵绝缘接头站外方向，管道停输，关闭相关阀门封闭管道。

（3）开挖作业坑

开挖作业坑方法同埋地管道泄漏换管抢修作业工法。

（4）更换绝缘接头

① 确定割管位置：在绝缘接头短管焊缝外 200mm 处画出切割线，参见 SY/T 0516—2016《绝缘接头与绝缘法兰技术规范》。

② 输气管道：进行受损管段放空，在管道上部、下部开孔，放出残液或置换气体；检测管内气体含量，确认可燃气体浓度低于 20%（爆炸下限）后方可进行切割作业；施工过程中安全监护人员进行加密检测。

③ 输油管道：无智能封堵器采用带压开孔方法封堵绝缘接头站外方向，在管道上开孔放出残液。

④ 剥离外防腐层：将需要切割的破损管段两端各 250mm 的防腐层进行全周向剥离。

⑤ 切割绝缘接头：采用切割设备切割绝缘接头两端管道。

⑥ 安装绝缘接头短管：根据管道切割后的情况下料新管段，在新绝缘接头上安装短管。

⑦ 组对、焊接：使用外对口器对新绝缘接头组对，在根焊完成不少于管周长 50% 后方可拆卸，所完成的根焊应分为多段，且均匀分布。

（5）防腐补口换管作业

防腐补品换管作业方法同埋地管道泄漏换管抢修作业工法。

（6）管沟回填、现场恢复

管沟回填、现场恢复方法同埋地管道泄漏换管抢修作业工法。

4.5.4　主泵机械密封更换维修作业工法

（1）现场再勘察

作业前对作业环境、密封状态再勘察，包括泄漏情况、泄漏程度、泄漏原因判断（包括密封面损坏、弹簧损坏或失效、静密封面损坏、传动键损坏、密封套变形等）；

确认作业条件。

（2）建立作业环境

关停事故泵，关闭泵进出口阀，关闭主阀相关的旁通阀，连接油泵放空管，打开油泵放空阀放出泵内残油。设立维修作业区域栏和作业警示牌。

（3）机械密封更换

① 驱动端应依次拆除联轴器、靠背轮、轴承箱、轴承、机械密封，清洗相关基座、冲洗管道等，更换密封，安装机械密封、轴承、轴承箱、靠背轮、联轴器。

② 非驱动端应依次拆除端盖、轴承箱、轴承、机械密封，清洗相关基座、冲洗管道等，更换密封，依次安装机械密封、轴承、轴承箱、端盖。

（4）试运行

① 盘车。在泵的轴伸相对部位标记罗马数字"Ⅰ""Ⅱ"，按盘车要求盘车180°，并在记录表上填写轴上方的标记"Ⅰ"或"Ⅱ"。

② 启泵试运。联系调控中心确认启泵许可，打开泵入口阀门，开启泵体放空阀排出泵腔内气体；按照启泵规程开启被维修的泵；主泵运转正常后，逐渐开启泵出口阀，并达到正常运行状态；观察记录泵轴升温情况、机械密封升温和泄漏情况是否符合要求，运行考核完成后联系报告相关部门，完成维修。

（5）现场恢复

经过相关部门对维修的认可后，清理现场，撤出围栏、警示牌，清点作业工具，将现场恢复至作业前状态。

4.6 抢修区施工相关工法

由于篇幅所限抢修区施工相关工法中信息检索、HSE 管理和 JSA 分析、设备表、材料表等信息文中不再赘述，重点对作业方法进行论述。

4.6.1 导流渠围堰抢修区工法

（1）现场资料核实

收集事故段管道通过河流（水域）的竣工资料、勘测管道的位置和埋深等，根据导流明渠须低于入口处河流水面、沿水流方向有一定的坡度、在施工机具材料进场通道对面等要求，设计导流渠布置图。

（2）开挖导流渠

导流渠开挖时应先挖中间段，再进行下游口开挖，最后进行上游口开挖。在导流渠与管道交叉处施工时，应注意对管道施工保护。导流明渠宽度应根据季节水流量大小确定，长度根据抢险需要确定，具体设置方法如图 4-37、图 4-38 所示。

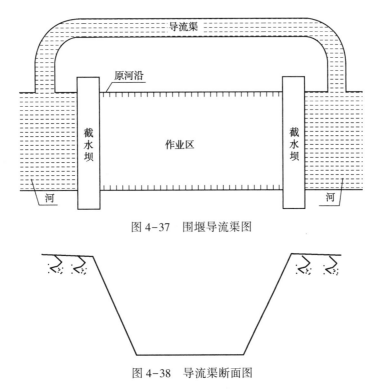

图 4-37　围堰导流渠图

图 4-38　导流渠断面图

（3）围堰修筑

用编织袋把导流明渠的土方装袋进行围堰，以管道中心线为基准线，在河道上下游适当位置做两道围堰，围堰上下部宽度、高度根据水流量确定，围堰断面示意图如图 4-39 所示。当水流量比较大时，沿上游挡水坝内侧每间隔 1m 打一根钢桩，外侧设置竹挡板，然后装土砌筑挡水坝，上下游挡水坝迎水面满铺防水布，底部用袋装土稳压，长度与挡水坝相等。

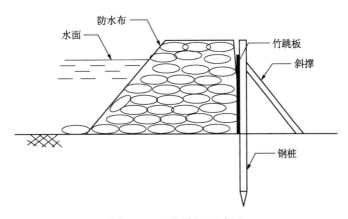

图 4-39　围堰断面示意图

（4）围堰内排水

在围堰内侧设置积水坑，用抽水泵将积水排出围堰之外，排水时注意观察围堰的稳定性，发现异常情况及时加固，始终保持挡水坝内的水位在最低位置。

水域地带抢修施工平面布置示意见图4-40。

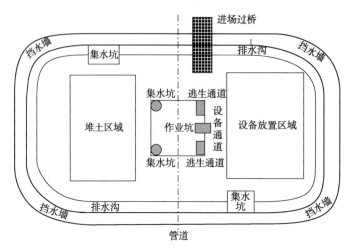

图4-40　水域地带抢修施工平面布置示意图

（5）作业坑施工

根据管道损伤情况、土质条件和抢修作业工法的要求实施。另外，在围堰内作业坑需要布置不少于两处逃生通道，作业坑内需设集水坑，用抽水泵不间断将积水排出围堰之外，始终保持坑内的水位在最低位置。

4.6.2　导流管围堰抢修区工法

（1）现场资料核实

收集事故段管道通过河流(水域)的竣工资料，勘测管道位置、埋深及河水流量等，选择导流管规格和路径并设计布置图。为方便施工，导流管在靠近河边的合适位置铺设，推荐选择两根导流管(DN600～1200)，导流管为钢质管道。

（2）导流管安装

导流管应安装在进场路对面，先在河岸上逐段焊接直至需要的长度，然后将其放入水中。围堰设置导流管方法如图4-41所示。

图4-41　围堰设置导流管断面示意图

（3）围堰修筑

围堰修筑同导流渠抢修区工法。

（4）围堰内排水

围堰内排水同导流渠抢修区工法。

（5）作业坑施工

作业坑施工同导流渠抢修区工法。

4.6.3　平坦地形抢修区工法

事故场地属于比较平坦、开放区域，使用推土机平整场地、开辟进场作业道路，抢修作业场地无需特别施工。

（1）抢修区布置应根据作业流程、施工需要布置材料堆放区、设备摆放区、辅助作业区等。

（2）各区之间保留方便的通道，设立醒目的标识。

（3）抢修作业完成后，将抢修区恢复原貌。

4.6.4　局部围堰抢修区工法

（1）现场资料核实

现场资料核实同导流渠围堰抢修区工法。

（2）铺设局部围堰

如果抢险位置在河流边缘可采用局部围堰施工，如图 4-42 所示。

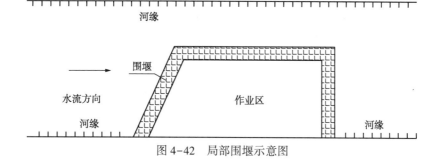

图 4-42　局部围堰示意图

（3）围堰修筑

围堰修筑同导流渠抢修区工法。

（4）围堰内排水

围堰内排水同导流渠抢修区工法。

（5）作业坑施工

作业坑施工同导流渠抢修区工法。

4.6.5　山坡抢修区作业工法

（1）现场资料核实

在确认事件点后，先采用人工方式将轴流风机和风镐搬运至临时堆放场地，开启轴流风机；再组织人工上山开挖并随时测量，避免损伤管道；在将破裂管段开挖裸露后，依据挖掘机作业半径选择好作业区域，如不适合挖掘机稳定作业，需人工将作业位置山坡做适当处理，便于作业。

（2）拆除护坡

将混凝土护坡从事件点中心向四周拆除；拆除护坡时应从事件点上游开始，拆除到事件点下游；将破除的混凝土全部运到指定地点处理；施工人员必须系上安全带，并安排专人看守。

（3）测量放线

清理松动岩石、拆除护坡完成，现场天然气浓度达到施工条件后，进行测量放线；将管道上方的细土挖出堆放在管道一侧以备恢复时覆土用；在管道、光纤路由上方做好标记防止误伤管道和光纤。

（4）修建作业平台

由于陡坡地形情况特殊，需修建一个作业平台来堆放开挖的土石及停放设备和机具；修筑作业平台多用填方，尽量少用挖方。

（5）山区陡坡段管沟及作业坑开挖

据地形特点及设计资料，以泄漏点为中心确定作业坑位置；按照测量放线位置进行作业坑开挖，两侧按照1∶0.2放坡处理，内设逃生通道，坑壁采用安全防护网铺盖牢固，坑壁上挖掘逃生通道同时搭设逃生梯，底部铺垫胶皮，防止刮伤施工人员；抢修作业坑大小应根据情况满足人员、机具在内进行切割、换管、焊接等抢修作业；作业坑底部应铺垫有沙土袋，在所挖作业坑内坡面上方，用沙袋、木桩或铁板固定，防止作业坑内石土回填。见图4-43。

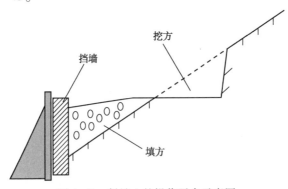

图4-43　斜坡上的操作平台示意图

4.6.6　隧道口抢修区作业工法

（1）隧道出入口的泥石流灾害初步处理

为防止泥石流二次坍塌，在隧道出入口采取增设防护网的措施，防护网组件采用φ108×6钢管焊接预制，φ6~8钢丝网编制而成，根据现场勘测情况焊接成需要的外形，钢管嵌入山体岩石内,并将其牢固固定(图 4-44)。

使用挖掘机清理管道上方 0.3m、左右 0.3m 外的泥石流,人工清理管道两侧 0.3m 内的泥石流;对隧道口流出的水及附近泥石流进行导流作业;清除管道附近沉积物,运送到指定堆放场;在事故隧道口处进行加固,并在事故点外侧构筑支撑墙。

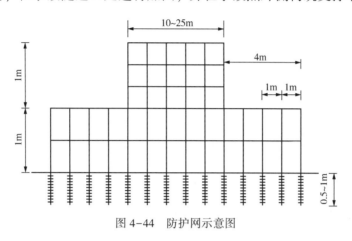

图 4-44　防护网示意图

(2)作业坑施工

根据管道损伤情况、土质条件和抢修作业工法的要求实施。另外,在围堰内作业坑需要布置不少于两处逃生通道,作业坑内需设集水坑,用抽水泵不间断将积水排出围堰之外,始终保持坑内的水位在最低位置。

4.6.7　围堰钢板桩抢修区工法

(1)一般水田地段围堰修筑及抽排水

修挡水墙:由于水网地带地下水位较高,抢险前需将水位降至管沟以下以便施工;根据现场情况,确定挡水墙修筑位置、宽度和长度;挡水墙采用袋装土及防水布修筑,一般上宽 1.0m、下宽 2.0m、高 1.5m;沿挡水墙开挖 500mm×500mm×500mm 排水沟,每隔 20m 挖一个集水坑,集水坑尺寸为 3m×3m×3m。挡水墙及集水坑布置方法如图 4-45 所示。

抽排水:采用抽水泵不间断地将坑内积水排入挡水墙外,抽水时注意观察积水坑以免塌方,必要时采取加固措施。

(2)打钢板桩具体措施

① 先用挖掘机将钢板桩吊至插桩点处进行插桩,插桩时锁口要对准,每插入一块即套上桩帽加以锤击;打桩时,开始打设的第一、二块钢板桩的打入位置和方向要保证精度,一般每打入 1m 应测量一次。

② 在钢板桩插打过程中,当钢板桩的垂直度较好时,可一次将桩打到要求深度;当垂直度较差时,要分两次进行施打,即先将所有桩打入约一半深度后,再第二次打到要求的深度。

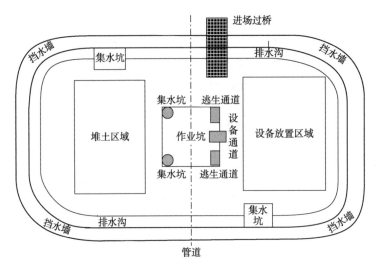

图 4-45　一般水网地带抢修施工平面布置示意图

③ 钢板桩打入深度依泄漏位置处的地质条件以及设计管底深而定，一般要超过管底深度 2m。

④ 板桩横撑应在管沟开挖约 1m 后再支上。

（3）流沙地段作业坑开挖方法

如图 4-46 和图 4-47 所示，具体如下：

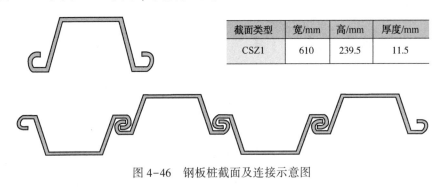

截面类型	宽/mm	高/mm	厚度/mm
CSZ1	610	239.5	11.5

图 4-46　钢板桩截面及连接示意图

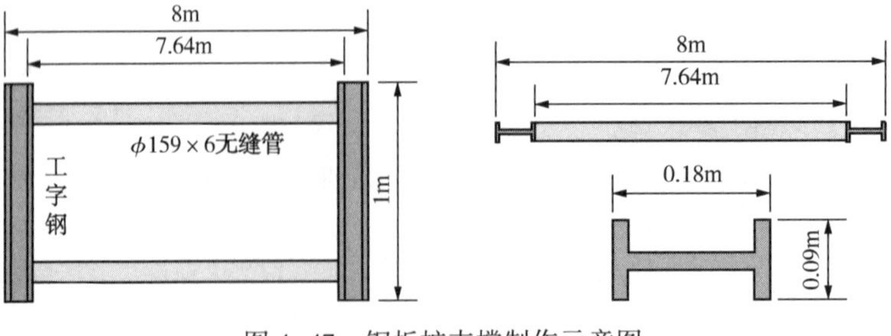

图 4-47　钢板桩支撑制作示意图

① 当钢板桩打设完成后，即可进行作业坑开挖。

② 首先使用两台挖掘机同时进行淤泥层的挖掘。其中一台挖掘机在钢板桩围堰区

域内开挖,另一台进行土方倒运工作。当挖掘至流砂层时,停止挖掘,并撤离施工作业平台。

③ 采用冲洗泥法挖掘流砂层。用多台泥浆泵不间断地把流砂和水抽出钢板桩围堰外,待流砂下降至露出管线上部压重块时,根据现场情况保持部分泥浆泵继续抽排,保证水位不上涨。

④ 用吊车将压重块吊离现场。

⑤ 重新启动所有泥浆泵进行流砂抽排。待流砂下沉至露出管线底部以下1m时,停止泥浆泵集体抽排,根据现场情况保持部分泥浆泵继续工作,使流砂和水位不上涌,保障焊接过程顺利进行。

⑥ 在作业坑底部铺设木板,以便后续抢修和检测施工正常进行。

⑦ 根据现场实际情况设逃生通道两处,下坑作业人员应系保险绳,并设专人进行安全监护,以便紧急情况下逃生。

4.7 地质灾害减缓技术施工相关工法

基于不同现场抢险情境,结合突发管道地质现场抢险需求,编制地质灾害减缓技术施工工法14项。

4.7.1 草垫编织物(沙袋)护管工法

(1)检索信息

草垫编织物(沙袋)护管工法检索信息如表4-28所示。

表4-28 草垫编织物(沙袋)护管工法检索信息表

序号	数据名称	数据含义	长度	内容
1	Operation_Number	作业法编号	4位	1
2	Operation_Name	作业法名称	50字	草垫编织物(沙袋)护管工法
3	Suitable_Object	适用对象	100字	泥石流;管道从泥石流流通区半裸露穿越、架空穿越
4	Operation_source	工法来源	100字	《泥石流地质灾害应急抢修技术规程》YJJY-XZ-DZZH-003

(2)作业程序

① 针对现场情况,要设置临时性的拦挡措施,在保证施工人员安全的前提下,再进入现场施工。

② 将预制好的草垫编织物、现场就地取材的草垫或取现场附近土体装袋等覆盖于裸露的管道上,并将覆盖物用现场石块或木桩子等方式固定防止冲走,要保证覆盖物的

厚度，起到减缓块体冲击力的作用。

③ 完成上述工序后，做好现场监测工作，随时进行二次覆盖，确保管线安全。

4.7.2 钢板桩工法

（1）检索信息

钢板桩工法检索信息如表 4-29 所示。

表 4-29 钢板桩工法检索信息表

序号	数据名称	数据含义	长度	内容
1	Operation_Number	作业法编号	4 位	2
2	Operation_Name	作业法名称	50 字	钢板桩工法
3	Suitable_Object	适用对象	100 字	滑坡、泥石流、黄土湿陷；管道横穿滑坡、纵穿滑坡、斜穿滑坡、穿越流通区、弯曲为主、扭转为主、混合变形
4	Operation_source	工法来源	100 字	《滑坡地质灾害应急抢修技术规程》YJJY-XZ-DZZH-001；《泥石流地质灾害应急抢修技术规程》YJJY-XZ-DZZH-003；《黄土湿陷地质灾害应急抢修技术规程》YJJY-XZ-DZZH-007

（2）作业程序

① 检验与校正。进行外观表面缺陷、长度、宽度、厚度、高度、端头矩形比、平直度和锁口形状等检验，对桩上影响该打设的焊接件割除（有割孔、断面缺损应补强）。有严重锈蚀，量测断面实际厚度，予以折减。

② 导架安装。导架由导梁和围檩桩等组成，平面分为单面和双面，高度分单层和双层，导架位置不能与钢板桩接触，围檩不能随钢板桩打设而下沉或变形，导梁高度适宜，用经纬仪和水平仪控制导梁的位置和高度。

③ 沉桩机械选择，主要分为三种，冲击沉桩、振动沉桩和静力压桩。

a. 冲击沉桩

● 根据沉桩数量和施工条件选用沉桩机械，按技术性能要求操作和施工。

● 钢桩使用前先检查，不符合要求的应修整。钢桩上端补强板后钻设吊板装孔。钢板桩锁口内涂油，下端用易拆物塞紧，并用 2m 标准进行通过试验。

● 工字钢桩单根沉没，钢板桩采用围檩法沉没，以保证墙面的垂直、平顺。

● 钢板桩围檩支架的围檩桩必须垂直、围檩水平，设置位置正确、牢固可靠。围檩支架高度在地面以上不小于 5m；最下层围檩距地面不大于 50cm；围檩间净距比 2 根钢板桩组合宽度大 8~15mm。

● 钢板桩以 10~20 根为一段。逐根插围檩后，先打入两端的定位桩，再以 2~4 根为一组，采取阶梯跃式打入各组的桩。

- 钢板桩围檩应在转角处两桩墙各 10 根桩位轴线内调整后合拢，不能闭合时，该处两桩可搭接，背后要进行防水处理。

- 沉桩前先将钢桩直立并固定在桩锤的桩帽卡口内，然后拉起桩锤击打工字钢桩垂直就位或钢板桩锁口插入相邻桩锁口内。

- 沉桩过程中，随时检测桩的垂直度并校正。钢桩贯入度每击 20 次不小于 10mm，否则停机检查，采取措施。

- 沉桩过程中，发现打桩机导向架的中心线偏斜时必须及时调整。

b. 振动沉桩

- 振动锤振动频率大于钢桩的自振频率。振桩前，振动锤的桩夹应夹紧钢桩上端，并使振动锤与钢桩重心在同一直线上。

- 振动锤夹紧钢桩吊起，使工字钢桩垂直就位或钢板桩锁口插入相邻桩锁口内，待桩稳定、位置正确并垂直后，再振动下沉。钢桩每下沉 1~2mm，停振检测桩的垂直度，发现偏差，及时纠正。

- 沉桩中钢桩下沉速度突然减小，应停止沉桩，并钢桩向上拔起 0.6~1.0m，然后重新快速下沉，如仍不能下沉，采取其他措施。

c. 静力压桩

- 压桩机压桩时，桩帽与桩身的中心线必须重合。

- 压桩过程中随时检查桩身的垂直度，初压过程中，发现桩身位移、倾斜和压入过程中桩身突然倾斜及设备达到额定压力而持续 20min，仍不能下沉时，及时采取措施。

④ 钢板桩的拔除。在使用完毕后，拔出钢板桩，修正后重复使用，拔除时，要注意钢板桩的拔除顺序、时间及桩孔处理方法。拔桩产生的桩孔，可采用振动法、挤密法和填入法进行及时回填以减少对周边建构筑物的影响。

4.7.3 "工"字钢托垫工法

（1）根据现场情况，确定悬空管道中点位置，然后考虑安全情况下，选择从山顶利用吊绳或者地面云梯车将工人送至该位置。

（2）工人在崖壁打孔时，要打入足够的深度，确保工字钢在减缓管道弯曲变形时，自身足够稳定，同时打孔时，周边要设置警戒线防止人员进入该区域内被高空坠物砸伤。

（3）成孔后，选用抗剪强度较高的工字钢，利用吊车将工字钢吊至成孔高度，插入孔内，同时孔内要注入速凝水泥，提供足够的抗拔力。

4.7.4 管道上方设置缓冲层工法

（1）确定现场地质灾害位置，设置临时的拦挡网等，给工人提供临时作业环境，确保施工工人的安全。

（2）现场确定管道位置，挖掘机就位后，将现场就地取材的土方或者运输车辆运送至该处的土方，分层回填形成一定厚度的缓冲土层，用于缓冲冲击力对管道的作用。

（3）在做完临时防护时，要在现场设临时警戒线，将灾害波及区圈在警示区内，防止周边人员进入，预防二次灾害发生的可能性。

4.7.5　基座校正工法

（1）在查明现场不均匀沉降的基座数量时，逐个做好标记。

（2）现场将管道利用吊车缓慢的吊起，然后复位至初始位置；同时，在基座沉降较大部位，采取注浆等措施，使其抬升至水平状态，减缓扭转作用力。

4.7.6　开挖截水沟工法

（1）横向截水沟应设置在滑坡体后缘上部5～10m处，长度应超过滑坡体宽度，在滑坡体两侧设置纵向排水沟，并与滑坡体后缘的横向排水沟贯通；当滑坡体体积较大时，可在滑坡体上设置一定的横向、纵向排水沟，以减少雨水沿坡面土体的下渗量。

（2）按照现场情况，撒好灰线，标明开挖范围，开挖时应严格控制标高，防止超挖或扰动槽底面。

（3）开挖过程中，按大于3‰地面排水坡度来控制排水沟底的开挖标高，设置临时沟槽。

（4）沟槽两侧进行临时堆土或施加其他荷载时，应保证槽壁稳定且不影响施工，沟槽弃土严禁堆填在滑坡体上，靠近沟槽的临时堆土距离沟槽边不宜小于0.8m，堆土高度不宜超过1.5m，开挖沟槽的土石可堆填至滑坡体前缘。

（5）沟槽内要铺设塑料布，防止雨水下渗。

4.7.7　开挖应力沟工法

（1）查明现场管道所在位置，防止开挖时损伤管道，在间隔一定距离处，用石灰标明开挖范围。

（2）在开挖应力沟之前，要在滑坡体前缘进行堆载，保证管道和滑坡体整体的稳定性。

（3）现场挖掘机就位后，开挖应力沟至管道底；开挖时，要保证应力沟有一定坡度，防止侧面土体坍塌；开挖土方要及时运走，可堆至坡脚处来增加坡体抗滑力。

4.7.8　木桩工法

（1）制桩。所选桩木须材质均匀，桩长应略大于设计桩长，不得有过大弯曲的情况，木桩截面中心与轴线偏差程度不得超过相关规定。桩下端根据土壤情况削为三棱或四棱锥体，锥体长度为直径的1.5～2.0倍，锥体各斜面与桩轴基本对称，同时桩尖稍秃，以免打入时桩尖损坏。

（2）桩位测量。根据方案对桩位进行放样，应控制好桩位差，并垂直于滑坡方向布置。

（3）打桩。选择将要打入的木桩，人工扶正木桩，将挖掘机的挖斗倒过来轻轻扣压桩至软基中，按压稳定后，人立即离开桩位，用挖斗背面打桩头，直至桩端至滑面以下不小于 2 倍滑坡体厚度。

（4）联系杆加固。联系杆材质同木桩一样，将联系杆与木桩用铅丝绑扎连接，确保其稳定可靠，使得木桩及横向联系桩形成整体。

4.7.9　清理崩塌危岩体工法

（1）在崩塌体下方管道上部覆盖足够厚度的缓冲层(土体)。

（2）小型危岩体，采用人工直接撬除法；在操作平台上，工人身系安全绳，用撬棍从上而下，采用"一看二敲三撬"的方法，清除浮石浮土；对于较大的孤石，采用人机配合的方法进行清除作业，采用风钻对危岩体进行破碎，钻孔完成后，采用钢契挤压破碎孤石，然后清理碎石；残余部分采用人工或风镐破碎，然后进行清理。要注意破碎时应自上而下进行，台阶式逐层破碎，每层破碎完要将碎石清理干净再进行下一层破碎。

4.7.10　清理管道上覆岩土体工法

（1）清理作业区周边时，要做被动防护网，保护工人的作业环境安全；若为埋地管道，应根据埋地管道地面标志，查明该处管道埋地深度，防止机械设备开挖时损伤管道。

（2）采用人工和机械相结合的方式对管道压覆岩土体进行清理，上部大型土石方可采用挖掘机清理，现场要指派人员对挖掘机进行实时指挥，防止开挖过量损伤管道。同时及时安排车辆将该区域内清理的岩土体运走。

（3）清理完成之后，周边做好警示；同时要注意开挖产生的土石方不得在管道周围堆放，要运送至现场指挥人员指定位置。

4.7.11　砌筑临时基座工法

（1）查明现场情况，明确悬空管道中心位置，然后检查管道的变形情况。

（2）将现场悬空管道中心下方的松散土层清理，开挖至硬塑土层或坚硬岩层，用编织袋装土在管道下方回填压实，然后采用预制支架或就地取材堆砌基座等方法形成管道基座，使其基座可以给管道提供支撑力，减少管道悬空长度，防止管道发生塑性变形。

（3）同时将现场围挡做好警示措施，在现场稳定之后，采用混凝土加固作业，对现场基座进行永久性加固。

4.7.12 塌陷区起吊回填工法

（1）查明现场地下管线、建构筑物位置，明确该区域管道埋深。

（2）先用挖掘机将表层土开挖，然后利用铁锹等工具将管道上部缓慢剥离，直至管道全部裸露。同时，在开挖过程中一定要保证管道侧壁形成一定坡度的斜坡，防止土体坍塌。

（3）在沉陷较大的一侧采用吊车将管道缓慢吊起，现场要注意管道起吊的高度，恢复至其原始高度左右即可，防止产生二次破坏，然后将其下部土体夯实。

（4）在下部垫支预制的支架或采用现场砖块、石块等做临时砌筑基座，用于垫支管道，用以缓解管道变形。

（5）采用就近取材或将事先准备好的混凝土、片石、砂卵石、碎石土、灰土、砂土等回填材料运输至现场，将管道利用牵引绳逐段起吊，在其下部回填粒径较大的材料；在距离管道较近位置，回填砂土。对于回填土均应分层夯实，防止管道发生二次变形。

4.7.13 削坡压脚工法

（1）查明管道位置及埋深，并做好标识，以防开挖时损伤管道；开挖前做好机械设备进场道路的硬化，确保道路基础、宽度、坡度、弯度等满足安全要求。

（2）削坡开挖本着自上而下的原则进行，坡体较长时，应逐级开挖；若坡体较宽，则应自中部向两侧推进，坡体较窄时，则应在边坡两侧进行施工。

（3）现场土方开挖时，要将开挖土方及时运走，不得在施工斜坡范围内进行土方堆载；开挖后，应保持坡面平整，无松动岩土块体。机械施工时，最大开挖高度、深度不应超过机械本身性能规定，否则建议进行分层开挖。

（4）所有削坡开挖除现场指挥另有指示外均为旱地开挖，开挖前挖好截水、排水设施，并排除开挖施工中的地下水和施工用水；根据施工现场的需求设置临时排水与截水设施；开挖过程中准备排污泵来排水。施工中确保排水畅通，防止由于排水不畅而引起边坡失稳。

（5）将开挖土方运送至坡脚处，分层回填夯实，以增大坡体的抗滑力；堆载完成后应将剩余料运至指定弃渣场堆放，对于可用开挖料应堆放在专用的或指定的备料场；可用开挖料严禁与废料掺杂；同时设置完整的排水设施。

4.7.14 防渗工法

（1）根据地面标识找到现场管道位置，在滑坡体后缘裂缝位置处做好标识。

（2）将预先准备好的灰土运至现场后，在后缘裂缝处进行灰土回填，回填后要将灰土夯实，然后继续回填，直至灰土夯实后裂缝全部被填充。

（3）在地裂缝上覆盖雨布，并适当扩大覆盖范围，防止雨水从侧边流入，同时要将上覆雨布利用现场石块等做好固定；雨布覆盖后，对地裂缝位置处做好标记，起到警示作用。

第5章 油气管道智能化应急抢修管理系统

油气管道地质灾害智能化抢修管理系统建立的主要目的是根据地质灾害发生的地点、类型、事故后果等灾情，自动生成针对该类事故的应急抢修技术方案，辅助应急抢修指挥人员快速、科学地制订决策方案。本章结合地质灾害抢险现场的工作过程，立足于油气管道地质灾害智能化应急抢修工作的需求，从基本功能、系统架构、系统数据库三个方面介绍了应急抢修管理平台的建设情况。同时分别以输油气管道抢修技术方案制定、输油气管道抢修技术方案变更及地质灾害抢修技术方案的制定与变更为例，对智能化应急抢修管理系统的应用展开论述，为科学合理地制定地质灾害应急抢修决策提供了科学依据。

5.1 应急抢修管理现状及智能化需求

5.1.1 应急抢修管理系统现状

油气管道突发事件的发现主要是通过调控中心的数据异常、巡线人员发现报告或外部人员报告等方式。通常情况下，企业发现管道异常或接到异常事件报告后，会根据事件应急预案采取相应的应急处置措施(如管道停输、关闭接断阀等)，并启动应急响应程序、成立应急组织机构(应急指挥部)、判断事件级别、确定响应程度，同时向上级机关、抢维修中心和相关部门通报事故信息。

应急指挥部根据事故的程度、级别调动应急抢修资源(抢维修队伍、设备和器材等)，实施应急抢修各个环节的工作。主要包括接受抢修任务、现场勘察、制订应急抢修方案、作业(HSE)管理、JSA评估、开辟进场道路、作业场地布置、实施抢修作业、救援结束等内容。其中应急抢修方案是应急抢修工作的重要文件，它给应急指挥中心提供指令依据。

目前，我国管道企业没有针对某个具体事件制订《应急抢修技术方案》的做法。发生紧急事件时，企业根据应急预案成立应急机构，按照应急预案要求采取相应的行动。如果遇到应急预案覆盖不到的情况，应急机构现场制订应对方案，然后向有关部门传送。因此《应急抢修技术方案》的合理性、准确性主要依赖于现场指挥员业务能力和事件资料的掌握程度，无法满足管道安全运行的需要。另外，目前与事故应急处置、抢修相关的应急预案、作业处置卡等相关的文件种类多、数量大，文件的形式还都基本处于电子文档和纸质文件状态，一般几年更新一次。而管道企业人员分布广、岗位变化频繁，贯彻熟悉文件的难度很大，导致管道应急处置措施无法有效实施。

随着我国油气管道智能化发展，在智能化管网平台中共享管道的工程数据、运行数据、抢维修资源数据、地理信息、地方政府(公安、消防、医疗)信息等，有助于快速、准确地生成《应急抢修技术方案》。随着智能管网的开发建设，智能化应急抢修管理系统的需求日益迫切。

5.1.2 应急抢险技术方案要点

突发地质灾害现场应急抢险工作的程序可分两个大的步骤，首先，建立初步方案并开展现场地质灾害调查，获得现场事件中的管道和地质灾害等方面的信息；其次，根据获得的地质灾害信息进行地质灾害风险等级判别，当风险级别达到某设定值时，即启动地质灾害应急抢险程序，并建立完整方案。

(1) 初步方案要点

当确认地质灾害已经发生，应根据事件初步信息生成《应急抢修技术初步方案》，启动现场勘察。初步方案应列出需要现场调查或勘察的内容：

① 站外事件现场勘察(通用)数据信息。包括事件地点、事件现象、周边环境、现场条件、现场气象及气体检测、作业风险等内容。

② 站外事件管道信息(通用)数据信息。包括事件(管道损毁点)位置、管道设计信息、管道运行信息等内容。

③ 地质灾害勘察信息(专项)数据信息。包括地质灾害概况、地质灾害描述数据、地质灾害评价信息、管道与地质灾害体空间关系信息等内容。

初步方案应明确以上需要现场勘察的数据信息，并根据方案要求进一步细化，可制作空白表格以方便野外勘察使用(图5-1)。

(2) 完整方案要点

现场完成地质灾害和管道损毁情况的勘察工作后，应根据对事故管道现场勘察情况及事件详细信息生成《应急抢修技术完整方案》。完整方案包括进场道路、作业场地建立、作业施工方法、HSE和JSA分析、设备表、材料表等内容，抢修工作在完整方案下进行。主要包括以下几个方面：

① 输入有关地质灾害勘察的详细数据信息。包括地质灾害概况、地质灾害描述数据、地质灾害评价信息、管道与地质灾害体空间关系信息等内容。

② 平行输入站外事件现场勘察(通用)数据信息、站外事件管道信息(通用)数据信息。

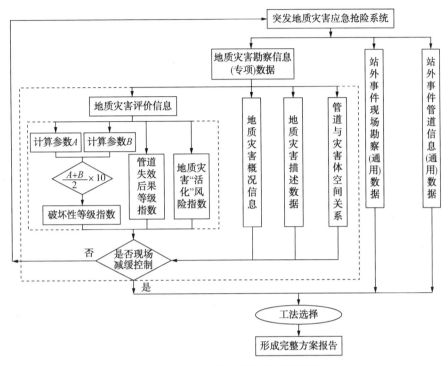

图 5-1　技术方案形成过程及相关数据信息

③ 地质灾害风险等级的计算和判别，依据现场勘察获得的地质灾害评价信息数据计算地质灾害风险等级指数，并根据其数值大小判断是否启动地质灾害应急抢险。

④ 当系统启动地质灾害应急抢险程序后，则应进一步根据地质灾害情景类型，确定地质灾害应急抢险的技术及组合，并选定相应的工法。

⑤ 完成工法选择后，系统将以上信息分类汇总，并增补应急机构、工作风险评估和 HSE 防控等内容，形成完整方案的报告。

⑥ 当系统未启动地质灾害应急抢险程序时，则回到初始状态。

5.2　智能化应急抢修管理系统架构

5.2.1　基本功能

《应急抢修技术方案》是针对某个具体事故的抢修作业方案，利用它可以准确、高效地指导应急抢修作业，避免失误和混乱。油气管道智能化应急抢修管理系统的主要作用是实现在管道发生意外事故情况下辅助指挥人员制订《应急抢修技术方案》，该系统应具有以下基本功能：

（1）灵活、迅速地生成应急抢修技术方案

利用应急抢修管理系统，操作人员能够根据事故信息快速自动生成针对某个具体事故的《应急抢修技术方案》。管理系统采取智能条件组合查询方式能快速生成《应急抢修技术方案》，不再依赖于应急预案组合查询，可覆盖全部区域，从理论上消除"盲区"。

（2）方便的修改、审批和网络传送

事故现场情况比较复杂，《应急抢修技术方案》可能存在修改调整的需要，管理系统应具有《应急抢修技术方案》修改、再修订的功能。

为了方便现场应急办公的需要还应具有网上审批发送的功能。

具备智能化的工法推荐功能和人性化的人机交互界面，能结合现场情况变化及时对方案进行修改调整。

（3）数据体系的维护与扩充

数据信息是制订方案的基础，只有在充足、真实、准确的数据支持下才能生成合理的方案。为了达到上述目的，应急抢修管理系统需要经常性地进行数据维护，更新变化的数据、改正错误的数据、补充新数据。

（4）多维信息组合工作模式

符合现场实际情况的方案是正确指挥抢修作业的重要基础，多维信息组合是保证合理、准确、快速地制订方案的必要条件。多维信息包括：

① 勘察信息：事件地点、受损情况、对周围的影响、现场状态等；

② 工程信息：管道的施工结果、运行状态、相关工程等；

③ 档案信息：管道检测维修记录、管道的数据变更情况等；

④ 图像信息：现场照片、无人机照片、摄像头监测录像等；

⑤ 地理信息：地图资料、地质资料等；

⑥ 其他信息：气象信息、水文信息、地灾资料等。

5.2.2 系统架构

5.2.2.1 功能模块

管道应急抢修管理系统建设的主要目的是辅助应急抢修指挥部快速、科学地制订应急抢修技术方案。系统通过对抢修过程分析，设计了五大功能模块（表5-1）。分别是针对输油管道、输气管道、地灾应急三种抢修类型的新建方案模块；针对方案编辑的已建方案模块；以及抢修工法维护的工法录入模块和用户管理模块、方案审核模块（图5-2）。

表 5-1 管道地质灾害应急抢修管理系统模块

模块编号	模块名称	功能简述
01	新建方案	为不同类型的抢修事件构建合理方案
02	已建方案	提供用户查看、修改、再利用方案的功能
03	工法录入	新增抢修工法，对已有抢修工法进行编辑
04	方案审核	审核用户提交的方案，确保抢修方案制定正确
05	用户管理	管理使用该系统的用户账号及其权限

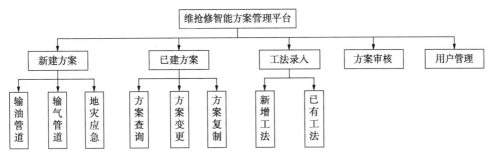

图 5-2　维抢修智能方案管理平台结构图

5.2.2.2　新建方案模块

新建方案模块如图 5-3 所示,包括输油管道、输气管道及地灾应急三个子模块。

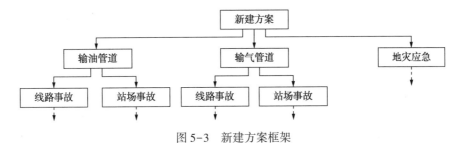

图 5-3　新建方案框架

（1）输油管道子模块

选择"输油管道"后,可展开"线路事故"和"站场事故"三级菜单;继续选择"线路事故",展开"初步方案"和"完整方案"四级菜单。见图 5-4。

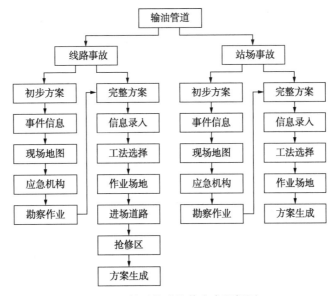

图 5-4　输油管道抢修方案逻辑图

① 新建输油管道(线路事故)初步方案

输油管道(线路事故)的初步方案分为 4 步,分别是"事件信息""现场地图""应急机构""勘察作业"。

a. 事件信息：包括事件发生时刻、管道信息、管道输送介质、事故地点、事故类型等。

b. 现场地图：以事故地点为中心展开地图，用户可在地图中查看事故地点；同时，可展示所有维抢修机构及机构的名称、位置等。选择机构后，系统能显示机构名称、机构类型、地址、业务特点、主要装备、负责人、联系电话、网址等。

c. 应急机构：展示应急组织机构及相关联系人、联系方式，可对联系方式进行修改和保存。

d. 勘察作业：显示初步技术方案的名称、方案编号、版本号，由用户确认；可查看初步方案的内容，并在确认无误后提交审核。

② 新建输油管道(线路事故)完整方案

油气长输管道沿线情况复杂多变，事件报告信息不足以满足制订抢修作业方案的需求，救援中心接到任务后要按照方案(初步方案)采取行动，获取充足信息后制订完整的作业方案。

输油管道(线路事故)的完整方案分为 6 步，分别是"信息录入""工法选择""作业场地""进场道路""抢修区""方案生成"。

a. 信息录入：将详细事件信息录入系统，包括事件发生时刻、管道信息、事故地点、事故类型等信息。为了减少录入工作量，提高系统自动化水平，在将 Excel 表格上传到系统后，系统会自动解析和获取相关字段信息，并且将其展示到页面中。

b. 工法选择：设置有"推荐工法"和"自选工法"选项，当用户选择"推荐工法"时，系统通过"适用对象"与"线路事故类型"比较筛选可用工法，以五个一组的方式推出，由用户点击选择；当用户选择"自选工法"时，系统将工法库的记录以五个一组的方式推送，由用户翻阅、点击选择。

c. 作业场地：系统根据用户录入的事件地点展开地图，用户可以在地图上绘制管道走向线、溢油面积等并保存截图。

d. 进场道路：系统根据用户录入的事件地点展开地图，并在地图中展示用户在上一步绘制的作业场地，也可在地图中绘制进场道路，最后保存截图。同时，用户可选择进场道路工法，根据每条道路确定进场道路的修筑方案。

e. 抢修区：系统提供"推荐工法"和"自选工法"两种抢修区工法；"推荐工法"中，系统通过"适用对象"与"事故点地形"比较筛选可用抢修区施工方法，以五个一组的方式推出，由用户点击选择；"自选工法"中，系统将抢修区施工方法的记录以五个一组的方式推送，由用户翻阅、点击选择。

f. 方案生成：该步是生成完整方案的最后一步，显示完整技术方案的名称、方案编号、版本号，由用户确认；用户可查看完整方案的内容，并在确认无误后提交审核。

③ 新建输油管道(站场事故)初步方案

输油管道(站场事故)的初步方案分为 4 步,分别是"事件信息""现场地图""应急机构""勘察作业",主要内容同新建输油管道(线路事故)初步方案。

④ 新建输油管道(站场事故)完整方案

输油管道(站场事故)的完整方案分为 4 步,分别是"信息录入""工法选择""作业场地""方案生成"。

a. 信息录入:相关要求同输油管道(线路事故)。

b. 工法选择:设置有"推荐工法"和"自选工法"选项,当用户选择"推荐工法"时,系统通过"适用对象"与"站场事故类型"比较筛选可用工法,以五个一组的方式推出,由用户点击选择;当用户选择"自选工法"时,系统将工法库的记录以五个一组的方式推送,由用户翻阅、点击选择。

c. 作业场地:相关要求同输油管道(线路事故)。

d. 方案生成:相关要求同输油管道(线路事故)。

(2) 输气管道子模块

选择"输气管道"(图 5-5)可展开同样的三级菜单、四级菜单。

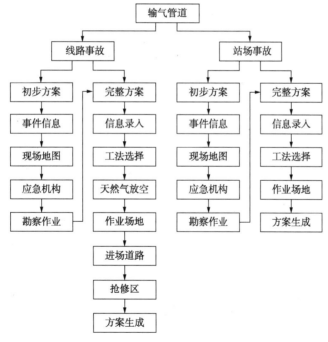

图 5-5　输气管道抢修方案逻辑图

① 新建输气管道(线路事故)初步方案

输气管道(线路事故)的初步方案分为 4 步,分别是"事件信息""现场地图""应急机构""勘察作业",主要内容同新建输油管道(线路事故)初步方案。

② 新建输气管道(线路事故)完整方案

输气管道(线路事故)的完整方案分为 7 步，分别是"信息录入""工法选择""天然气放空""作业场地""进场道路""抢修区""方案生成"。

a. 信息录入：同新建输油管道(线路事故)完整方案。

b. 工法选择：同新建输油管道(线路事故)完整方案。

c. 天然气放空：根据事故类型及工法选择，确定天然气放空与氮气置换工艺内容，对于选择"停输换管"工法，推荐氮气置换步骤，在系统中计算氮气置换用量。

d. 作业场地：同新建输油管道(线路事故)完整方案。

e. 进场道路：同新建输油管道(线路事故)完整方案。

f. 抢修区：系统提供"推荐工法"和"自选工法"两种抢修区工法；"推荐工法"中，系统通过"适用对象"与"事故点地形"比较筛选可用抢修区施工方法，以五个一组的方式推出，由用户点击选择；"自选工法"中，系统将抢修区施工方法的记录以五个一组的方式推送，由用户翻阅、点击选择。

g. 方案生成：该步骤是生成完整方案的最后一步，显示该完整技术方案的名称、方案编号、版本号，由用户确认；用户可查看完整方案内容，确认无误后提交审核。

③ 新建输气管道(站场事故)初步方案

输气管道(站场事故)的初步方案分为 4 步，分别是"事件信息""现场地图""应急机构""勘察作业"，具体内容同新建输油管道(站场事故)。

④ 新建输气管道(站场事故)完整方案

输气管道(站场事故)的完整方案分为 4 步，分别是"信息录入""工法选择""作业场地""方案生成"，具体内容同新建输油管道(站场事故)。

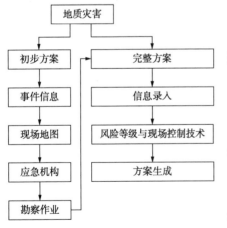

图 5-6 地质灾害抢修方案逻辑图

(3) 地灾应急子模块

选择"地灾应急"后，可展开"初步方案"和"完整方案"三级菜单(图 5-6)。

① 新建地质灾害初步方案

地质灾害的初步方案生成分为 4 步，分别是"事件信息""现场地图""应急机构""勘察作业"，具体内容同新建输油管道(站场事故)。

② 新建地质灾害完整方案

事故现场情况复杂多变，事件报告信息不足以满足制订抢修作业方案的需求，救援中心接到任务后要按照方案(初步方案)采取行动，获取充足信息后制订完整的作业方案。地质灾害的完整方案分为 3 步，分别是"信息录入""风险等级与现场控制技术""方案生成"。

a. 信息录入：包括事件发生时刻、管道信息、事故地点、事故类型等信息。为了减少录入工作量，提高系统自动化水平，将电子 Excel 表格上传后，系统会自动解析和获取相关字段信息，并且将其展示到页面中。

b. 风险等级与现场控制技术：系统计算风险等级并进行展示，由用户决定是否需要继续生成完整方案；页面中展示当前的事故类型、破坏模式和相对位置关系，并展示其对应的推荐地灾工法，由用户进行选择；用户也可选择适用于当前地质灾害类型的其他地灾工法。

c. 方案生成：该步骤是生成完整方案的最后一步，显示该完整技术方案的名称、方案编号、版本号，由用户确认；用户可以对方案名称进行修改。

5.2.2.3 已建方案模块

已建方案模块如图 5-7 所示，包括方案查询、方案变更及方案复制等三个功能模块。

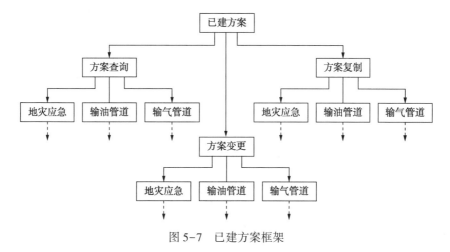

图 5-7　已建方案框架

（1）方案查询

可选择方案查询，然后选择对应的方案类型："输油管道"或"输气管道"或"地灾应急"。系统将依据所选的方案类型展开所有已生成的方案列表，包括初步方案和完整方案。用户可点击查看方案内容，可根据需求打印方案或者保存为 PDF 文件到本地。

（2）方案变更

用户选择"方案变更"，然后选择对应的方案类型："输油管道"或"输气管道"或"地灾应急"。系统按照所选的方案类型展开所有已生成的完整方案，只有完整方案允许用户进行变更，变更后会新生成一版完整方案。

① 输油管道(线路)完整方案变更

如果选中的是输油管道(线路)完整方案，则进入线路方案变更环节，共 6 步，即"信息录入""工法选择""作业场地""进场道路""抢修区""方案生成"。

a. 信息录入：系统中可提供"信息变更"和"信息不变"两种选择，选择"信息变更"，则重新录入信息；选择"信息不变"，则保留用户之前录入的信息。

b. 工法选择：系统中可提供"工法变更"和"工法不变"两种选择，若选择"工法变更"，则重新选择抢修作业工法；若选择"工法不变"，则保留用户之前选择的抢修作业工法。

c. 作业场地：系统中可提供"场地变更"和"场地不变"两种选择，若选择"场地变更"，则绘制作业场地并重新保存截图；若选择"信息不变"，则保留用户之前绘制的作业场地和保存的截图。

d. 进场道路：系统中可提供"道路变更"和"道路不变"两种选择，若选择"道路变更"，则绘制进场道路并重新保存截图；若选择"信息不变"，则保留用户之前绘制的进场道路和保存的截图。

e. 抢修区：系统中可提供"工法变更"和"工法不变"两种选择，若选择"工法变更"，则重新选择抢修区工法；若选择"工法不变"，则保留之前选择的抢修区工法。

f. 方案生成：该步骤是变更完整方案的最后一步，显示该完整技术方案的名称、编号、版本号，由用户确认；用户可查看完整方案的内容，并在确认无误后提交审核。

② 输油管道(站场)完整方案变更

如果选中的是输油管道(站场)完整方案，则进入方案变更环节，共4个步骤，即"信息录入""工法选择""作业场地""方案生成"，具体内容同输油管道(线路)完整方案变更。

③ 输气管道(线路)完整方案变更

如果选中的是输气管道(线路)完整方案，则进入线路方案变更环节，共7个步骤，即"信息录入""工法选择""天然气放空""作业场地""进场道路""抢修区""方案生成"。

除"天然气放空"外，其余步骤具体内容同输油管道(线路)完整方案变更。

天然气放空：根据事故类型及工法选择情况确定天然气放空与氮气置换工艺内容，对于选择"停输换管"工法，则推荐氮气置换步骤，在系统中计算氮气置换用量。

④ 输气管道(站场)完整方案变更

如果选中的是输气管道(站场)完整方案，则进入方案变更环节，共4个步骤，即"信息录入""工法选择""作业场地""方案生成"，具体内容同输油管道(线路)完整方案变更。

⑤ 地质灾害完整方案变更

如果选中的是地质灾害完整方案，则进入方案变更环节，共3个步骤，即"信息录入""风险等级与现场控制技术""方案生成"。

a. 信息录入：系统中可提供"信息变更"和"信息不变"两种选择，选择"信息变更"，则重新录入信息；选择"信息不变"，则保留用户之前录入的信息。

b. 风险等级与现场控制技术：系统中计算风险等级，并可提供"工法变更"和"工法不变"两种选择，若选择"工法变更"，则重新选择地质灾害工法；若选择"工法不变"，则保留用户之前选择的地质灾害工法。

c. 方案生成：该步骤是变更完整方案的最后一步，显示该完整技术方案的名称、编号、版本号，由用户确认；可查看完整方案的内容，并在确认无误后提交审核。

（3）方案复制

用户选择"方案复制"，然后选择对应的方案类型，"输油管道"或"输气管道"或"地灾应急"。系统按照用户所选的方案类型展开所有已生成的方案，初步方案和完整方案都允许用户进行复制，复制后会新生成初步方案或者完整方案。

5.2.2.4 工法录入模块

"工法录入"包含两个功能模块："新增工法""已有工法"。

（1）新增工法

若选择"新增工法"，页面上方会有 4 类工法标签："抢修作业工法""进场道路工法""抢修区工法""地质灾害工法"；用户可根据需求，新增对应的工法；需要在页面中录入工法的名称、用途、适用对象、工法内容、HSE 等信息，并进行保存。

（2）已有工法

用户可以查看、修改和删除所有已建好的 4 类工法，点击查看即可查看工法内容，点击修改即可修改工法内容，点击删除即可删除对应工法。

5.2.2.5 用户管理

（1）该功能模块可以新建系统用户，输入账号、用户名、密码并为其分配账户权限后即可新建用户。其中，账户权限包括四种：方案查询、方案提交、工法文档管理、审核。

方案查询：可以查看系统中所有的方案。

方案提交：可以新建、修改、复制方案。

工法文档管理：可以新建、查看、修改工法。

审核：可以审核用户提交的方案。

（2）该功能模块可以查看系统中所有用户及其信息。同时，可以修改用户的密码、账户权限，删除用户等。

5.2.2.6 方案审核

方案审核框架如图 5-8 所示。在该功能模块中，具有方案审核权限的用户可以对系统中的方案进行审核。系统按照方案类型展示所有尚未审核的方案。每一类事故类型的方案对应尚未审核的"初步方案"和"完整方案"两个列表。

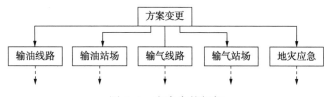

图 5-8　方案审核框架

用户选中一条方案，点击"审核方案"，可以查看方案的内容，检查无误后点击"确认审核"，输入用户的姓名并保存，该方案则审核完成。

5.2.3 系统数据库

系统设计了能够存储工法、救援体系的开放式数据库。具有相关权限的人员可以无限制地增加、修改和校准数据，确保工法种类、工法内容、工法数量和质量的提高。系统数据库包括四类工法汇编表、三种辅助信息表、两类方案信息表和一个用户表。数据库结构如图 5-9 所示。

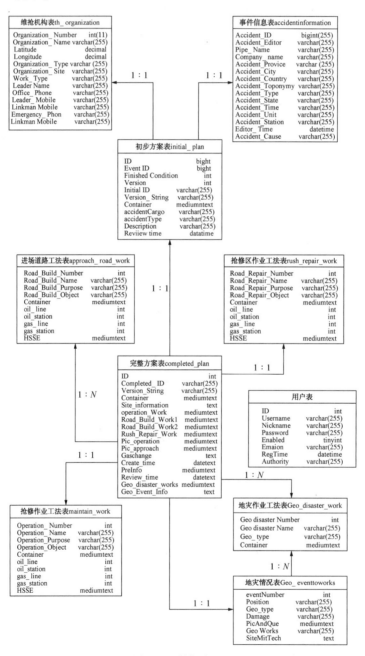

图 5-9 数据库 ER

5.2.3.1 工法汇编表

工法汇编表包括维抢工法表、抢修区工法表、进场道路工法表和地灾工法表。

（1）维抢作业工法表

维抢作业工法表主要用于工法录入，已有工法如完整方案生成等。其数据结构如表5-2所示。

表 5-2　维抢作业工法数据结构表

序号	数据名称	数据含义	类型	用　途
1	Operation_Number	工法编号	Int(4)	数据库中的工法编号，主键
2	Operation_Name	工法名称	varchar(255)	作业工法名称，选择工法时使用
3	Operation_Purpose	工法目的	varchar(255)	工法目的
4	Suitable_Object	适用对象	varchar(255)	工法使用对象，用于推荐工法检索
5	container	工法内容	mediumtext	工法内容，在富文本中的格式
6	oil_line	输油线路标志位	Int(5)	用于标识工法适用的输油输气事故类型，在选择工法处用到
7	oil_station	输油站场标志位	Int(5)	用于标识工法适用的输油输气事故类型，在选择工法处用到
8	gas_line	输气线路标志位	Int(5)	用于标识工法适用的输油输气事故类型，在选择工法处用到
9	gas_station	输气站场标志位	Int(5)	用于标识工法适用的输油输气事故类型，在选择工法处用到
10	HSE	工法对应的 HSE 内容	mediumtext	工法对应的 HSE 内容，在工法录入，完整方案生成处用到

（2）抢修区作业工法表

抢修区作业工法主要用于工法录入，已有工法如完整方案生成等，其数据结构如表5-3所示。

表 5-3　抢修区作业工法数据结构表

序号	数据名称	数据含义	类型	用　途
1	Rush_Repair_Number	工法编号	Int(4)	数据库中的工法编号，主键
2	Rush_Repair_Name	工法名称	varchar(255)	作业工法名称，选择工法时使用
3	Rush_Repair_Purpose	工法目的	varchar(255)	工法目的
4	Rush_Repair_Object	适用对象	varchar(255)	工法使用对象，用于推荐工法检索
5	container	工法内容	mediumtext	工法内容，在富文本中的格式
6	oil_line	输油线路标志位	Int(5)	用于标识工法适用的输油输气事故类型，在选择工法处用到
7	gas_line	输油站场标志位	Int(5)	用于标识工法适用的输油输气事故类型，在选择工法处用到

续表

序号	数据名称	数据含义	类型	用 途
8	gas_station	输气线路标志位	Int(5)	用于标识工法适用的输油输气事故类型，在选择工法处用到
9	oil_station	输气站场标志位	Int(5)	用于标识工法适用的输油输气事故类型，在选择工法处用到
10	HSE	工法对应的 HSE	mediumtext	工法对应的 HSE 内容，在工法录入，完整方案生成处用到

（3）进场道路作业工法表

进场道路作业工法用于工法录入，已有工法如完整方案生成等。其数据结构如表 5-4 所示。

表 5-4　进场道路作业工法数据结构

序号	数据名称	数据含义	类型	用 途
1	Road_Build_Number	工法编号	Int(4)	数据库中的工法编号，主键
2	Road_Build_Name	工法名称	varchar(255)	作业工法名称，选择工法时使用
3	Road_Build_Purpose	工法目的	varchar(255)	工法目的
4	Road_Build_Object	适用对象	varchar(255)	工法使用对象，用于推荐工法检索
5	container	工法内容	mediumtext	工法内容，在富文本中的格式
6	oil_line	输油线路标志位	Int(5)	用于标识工法适用的输油输气事故类型，在选择工法处用到
7	oil_station	输油站场标志位	Int(5)	用于标识工法适用的输油输气事故类型，在选择工法处用到
8	gas_line	输气线路标志位	Int(5)	用于标识工法适用的输油输气事故类型，在选择工法处用到
9	gas_station	输气站场标志位	Int(5)	用于标识工法适用的输油输气事故类型，在选择工法处用到
10	HSE	工法对应的 HSE	mediumtext	工法对应的 HSE 内容，在工法录入，完整方案生成处用到

（4）地灾作业工法表

地灾作业工法主要用于工法录入，已有工法如地灾完整方案生成等。其数据结构如表 5-5 所示。

表 5-5　地灾作业工法数据结构

序号	数据名称	数据含义	类型	用 途
1	Geo_disaster_number	工法编号	Int(4)	数据库中的工法编号，主键
2	Geo_disaster_name	工法名称	varchar(255)	作业工法名称，选择工法时使用
3	geo_type	适用地灾类型	varchar(255)	适用地灾类型，多个类型间使用顿号隔开，地灾完整方案选择工法时使用
4	container	地灾内容	mediumtext	工法内容，在富文本中的格式

5.2.3.2 辅助信息表

辅助信息表包括事故信息表、维修机构表和地灾情况表。

（1）事件信息表

用以存储初步方案对应的事件信息，其数据结构如表5-6所示。

表5-6　表数据结构

序号	数据名称	数据含义	类型	用途
1	Accident_id	事件 id	int(11)	事件信息表主键
2	Accident_Editor	上传信息的用户	varchar(255)	上传表单的系统用户名
3	Pipe_Name	管道名称	varchar(255)	描述管道
4	Company_Name	公司名称	varchar(255)	描述公司
5	Second_Name	二级单位名称	varchar(255)	描述公司
6	Pipe_Cargo	管道介质	varchar(255)	管道内介质
7	Accident_Province	事件属地省	varchar(255)	事故地点
8	Accident_City	事件属地市	varchar(255)	事故地点
9	Accident_County	事件属地乡村	varchar(255)	事故地点
10	Accident_Toponymy	事件发生地名	varchar(255)	事故地点
11	Accident_Type	事故类型	varchar(255)	事故类型分为线路、站场事故
12	Accident_State	事故状态	varchar(255)	事故状态
13	Accident_Time	事故发生时间	varchar(255)	事故发生时间的字符串，在使用时后端会做数据类型转换
14	Accident_Unit	事故单元	varchar(255)	事故单元
15	Accident_Station	事故站场	varchar(255)	事故站场
16	Editor_Time	编辑时间	datetime	事件信息上传的时间
17	Accident_Cause	事故原因	varchar(255)	事故原因

（2）维抢机构表

用以初步方案第二步，选择维抢机构，其数据结构如表5-7所示。

表5-7　维抢机构表数据结构

序号	数据名称	数据含义	类型	用途
1	Organization_Number	机构编号	int(11)	机构编号，主键
2	Organization_Name	机构名称	varchar(255)	机构名称
3	Latitude	机构纬坐标	decimal	机构经度
4	Longitude	机构经坐标	decimal	机构纬度
5	Organization_Type	机构类型	varchar(255)	机构类型
6	Organization_Site	机构地址	varchar(255)	机构地址
7	Work_Type	业务特点	varchar(255)	业务特点

序号	数据名称	数据含义	类型	用 途
8	Leader_Name	机构负责人	varchar(255)	机构负责人
9	Office_Phone	办公电话	varchar(255)	办公电话
10	Leader_Mobile	负责人手机	varchar(255)	负责人手机
11	Linkman_Name	应急联系人	varchar(255)	应急联系人
12	Emergency_Phone	应急电话	varchar(255)	应急电话
13	Linkman_Mobile	联系人手机	varchar(255)	联系人手机

（3）地灾情况表

用于地灾完整方案中选择默认（推荐）工法，其数据结构如表5-8所示。

表5-8　地灾情况表数据结构

序号	数据名称	数据含义	类型	用 途
1	event Number	情况 id	int(4)	数据库中的编号，主键
2	position	位置关系	varchar(255)	用以匹配以选取推荐工法
3	geo_type	地灾类型	varchar(255)	用以匹配以选取推荐工法
4	damage	破坏类型	varchar(255)	用以匹配以选取推荐工法
5	PicAndQue	图片及问题描述	mediumtext	描述地灾情况的图片及文本描述
6	geoWorks	地灾工法名称集	varchar(255)	该情况下对应的推荐地灾工法名称集合，名称之间以顿号间隔，用于地灾完整方案选择方案处
7	siteMitTech	风险评估	text	风险评估内容，用于地灾完整方案

5.2.3.3　方案信息表

方案信息表包括初步方案表和完整方案表。

（1）初步方案表

事故初步方案表用于方案生成、查询、复制、审核等，其数据结构如表5-9所示。

表5-9　初步方案表数据结构

序号	数据名称	数据含义	类型	用 途
1	id	方案编号	int(11)	数据库中的编号，主键
2	Event_id	事件信息 id	int(11)	对应事件信息表中的事件信息 id
3	Finished_Condition	方案完成情况	tnyint(1)	用于判断该初步方案是否生成了完整方案，生成完整方案时展示使用
4	Version	版本号	int(11)	版本号的数字
5	initial_id	初步方案 id	varchar(255)	方案号，PDF 上展示，真正用于查询方案的依据
6	Version_String	版本号字符串	varchar(255)	版本号的字符串，PDF 上展示
7	container	方案内容	mediumtext	富文本编辑器中的 PDF 内容，用以查看方案，方案变更等

续表

序号	数据名称	数据含义	类型	用　途
8	accidentCargo	事故介质	varchar(255)	用于判断事故属于输油，输气，地灾事故
9	accidentType	事故类型	varchar(255)	用于判断事故类型站场，线路以及地灾8种事故
10	Description	方案描述（名称）	varchar(255)	方案名称
11	Review_time	审核时间	Datetime	审核时间，在方案审核时展示，同时用以判断方案是否被审核

（2）完整方案表

事故完整方案表用于方案生成、查询、复制、变更、审核等，其数据结构如表 5-10 所示。

表 5-10　完整方案表数据结构

序号	数据名称	数据含义	类型	用　途
1	id	方案编号	Int(11)	数据库中的编号，主键
2	completed_id	完整方案号	varchar(255)	方案号，PDF上展示，真正用于查询方案的依据
3	name	方案名称	varchar(255)	方案名称
4	Version_String	版本号	varchar(255)	版本号字符串，PDF上展示
5	container	方案内容	mediumtext	富文本编辑器中的PDF内容，用以查看方案，方案变更等
6	Site_information	站点信息	text	完整方案第一步录入的变量信息，封装成一个Josn字符串
7	Operation_Work	维抢作业工法内容	mediumtext	方案对应的维抢作业工法，对应维抢作业工法的记录
8	Road_Build_Work1	进场道路作业工法内容1	mediumtext	方案对应的进场道路工法，对应进场道路工法表的记录
9	Road_Build_Work2	进场道路作业工法内容2	mediumtext	方案对应的进场道路工法，对应进场道路工法表的记录
10	Rush_Repair_Work	抢修区作业工法内容	mediumtext	方案对应的抢修区作业工法，对应抢修区作业工法的记录
11	pic_operation	抢修作业截图	mediumtext	抢修作业处用到
12	pic_approach	进场道路截图	mediumtext	进场道路处用到
13	GasChange	天然气置换	text	天然气置换的内容
14	Create_time	方案创建时间	datetime	方案创建时间
15	preInfo	部分初步方案信息	mediumtext	修改完整方案时使用
16	Review_time	审核时间	datetime	审核时间，在方案审核时展示，同时用以判断方案是否被审核过
17	Geo_disaster_works	地灾方案作业工法	mediumtext	对应多个地灾作业工法，封装成字符串的形式
18	Geo_Event_Info	地灾情况信息	text	地灾事故对应的地灾情况，与地灾情况表中的字段对应

5.2.3.4 用户信息表

用户信息表，用以登录功能，其数据结构如表5-11所示。

表5-11 用户信息表数据结构

序号	数据名称	数据含义	类型	用 途
1	id	用户id	Int(11)	数据库中的编号，主键
2	username	用户名	varchar(255)	用以登录时用户名密码匹配
3	nickname	真实姓名	varchar(255)	用户真实姓名
4	password	密码	varchar(255)	用户密码
5	enabled	用户状态	tinyint(1)	分为正常与冻结两种状态，用数字1、0表示
6	email	用户email	varchar(255)	用户email
7	reg Time	注册时间	datetime	用户注册时间
8	authority	用户权限	varchar(4)	用4位字符串表示，每一位表示一个权限(1、0)，可同时拥有多种权限，除此之外，管理员的该字段为"9999"

5.3 智能化应急抢修管理系统应用

5.3.1 系统登录

进入系统登录界面，输入用户名和密码，点击<登录>按钮进入系统(图5-10)。

5.3.2 输油管道抢修技术方案制订

控件<新建方案>可以进入下拉菜单(图5-11)，包括"输油管道""输气管道"以及"地灾应急"。

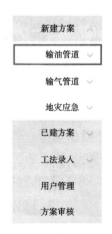

图5-10 完整方案表数据结构　　　　图5-11 新建方案下拉菜单

用户在三级菜单中点击"输油管道"后，显示"线路事故"和"站场事故"两个选项。点击"线路事故"后，弹出"初步方案""完整方案"。此时，"初步方案"选项为黑色(可操作)，其余为灰色(不可操作)，参见图5-12。

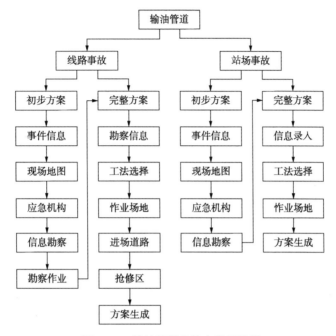

图 5-12　输油管道抢修方案逻辑图

油气长输管道沿线情况复杂多变，事件报告信息不足以满足制订抢修作业方案的需求，救援中心接到任务后要按照方案(初步方案)采取行动，获取充足信息后制订完整的作业方案。

5.3.2.1　输油管道(线路)抢修技术初步方案智能制订

用户选定"初步方案"后弹出"事件信息""现场地图""应急机构""信息勘察"等选项。

（1）输入事件信息

在选择"事件信息"之前，只有"事件信息"为黑色，其他为灰色，只有黑色的菜单为可选项。点击"事件信息"选项桌面弹出以下内容：

①事件发生时刻：<u>××××年××月××日××时××分</u>(Accident_Time)。在日期和时间模式下以人机交互的方式选择输入，本项内容为必选项。

② 管道信息：<u>××××管道</u>(Pipe_Name)，<u>××—××管道公司</u>(Company_Name)，前两项至少要有一项填写；<u>××××(分公司，××××处，××××作业区)(二级单位)</u>(Second_Name)此项为可选项，<u>××(输送介质)</u>(Pipe_Cargo)此内容多项选一，为必选项。

③ 事故地点：<u>××省</u>(Accident_Province)<u>××市</u>(Accident_City)，前两项之少要有一项填写；<u>××县</u>(Accident_County)<u>××××(事件地名)</u>(Accident_Toponymy)附近，后面两项为

可选项(最好能加入行政隶属关系判别)。

④ 事故类型：××××(Accident_Type_Line)(山体滑坡、管道破裂、漂管等)此内容多项选一,为必选项。

⑤ 事故状态：××××(Accident_State)(泄漏、爆炸、起火、伤人等)此内容多项选一,为必选项。

完成事故信息输入后返回上级菜单,相关的其他菜单选项变成黑颜色。此处数据保留与其他软件接口,一旦需要可以从其他软件提供的数据读入,减少人工操作提高软件的智能化水平。

(2)形成现场地图

根据用户输入的事故地点中最下级有效地名,作为展示地图的中心,在地图上显示相关机构的名称、位置等。用户点选某机构,能显示:机构名称、机构类型、地址、业务特点、主要装备、负责人、联系电话、网址等。

(3)建立应急机构

点击"应急机构"选项,软件以事故地点为中心展示地图,按现场应急组织机构点选填写图中元素,"抢维修中心主任""管理处经理""管理处副经理"等。生成应急组织机构图。

(4)选定勘察单位

点击"信息勘察"选项,软件弹出可选勘察单位名称列表,用户点选其中的单位,或输入勘察单位名称(还需要输入联系人、联系电话和电子邮箱等)。

(5)生成勘察数据表和管道信息数据表

在"信息勘察"选项完成时,软件自动生成现场勘察数据表和管道信息数据表,数据表作为技术方案的附件,注明数据表的文件名称。同时数据表以独立的文件形式包含在"初步方案"文件包中。

此时,系统自动生成并显示应急抢修初步技术方案的名称、方案编号、版本号,由用户确认。用户可以修改、再确认。

弹出《应急抢修初步技术方案(第一版)》全文供用户审阅确认,审阅完成后,弹出审核人、批准人和发布时间对话框,用户确认后。生成初步方案(PDF 版),用户可以选择打印、发布(涉及的电子邮箱)或与数据表文件一起压缩打包发送给相关人(机构)并保存至指定的文件夹。

此阶段应急指挥部派人分别到现场勘察和相关场所收集事故管道资料,当此部分工作完成后进入完整的《应急抢修技术方案(第二版)》制订工作。

5.3.2.2 输油管道(线路)抢修技术完整方案智能制订

用户完成"初步方案"后,"完整方案"选项变黑,点击"完整方案"弹出"勘察信息""工法选择""作业场地""进场道路""抢修区"等选项。

（1）事故段管道信息录入

此时"勘察信息"为黑色，其余选项为灰色。用户点击"勘察信息"，软件弹出"输入信息"和"导入信息"选项。

① 输入勘察和资料信息

在"输入信息"选项下，软件界面的提示下输入：事件地点、事件现象、周边环境、现场条件、现场气象、气体检测、作业风险、进场道路、事件位置、设计信息等。

② 导入勘察和资料信息

在"导入信息"选项下，现场勘察和资料收集人员将电子版数据发回指挥部或载入 U 盘，软件提供文件导入数据界面，导入事故段管道勘察和收集的相关信息。

事故段管道信息录入完成后，软件自动返回上级菜单。

（2）作业工法选择

此时"工法选择"变为黑色，其余选项为灰色。用户点击"工法选择"，软件弹出"推荐工法"和"自选工法"选项。

① 推荐工法。软件通过"适用对象（Suitable_Object）"与"线路事故类型（Accident_Type_Line）"比较筛选可用工法，以五个一组的方式推出，由操作者点击选择。

② 自选工法。软件将工法库的记录以五个一组的方式推送，由操作者翻阅、点击选择。

③ 如果"事故类型"为"其他"只能采取"自选工法"。用户完成此项工作，"作业场地"变为黑色。

（3）作业场地布置

用户点击"作业场地"，软件根据"事件地点坐标（Vccident_Coordinate）"弹出相应地图，以事故点为中心按方位角（Vccident_Azimuth）画出管道走向线。结合现场照片选择作业场地的位置，再结合"气体检测"结果，软件在地图上显示风向标，有毒气体范围框和可燃气体范围框，再参考"受损段长度（Damaged_Length）""溢油面积（Overflow_Area）"和"周边环境"等信息圈定作业场地范围和界限。软件最好能提供黄、橙、红三个封闭的界限圈，用户能对三个线圈进行调整。用户完成此项工作后"进场道路"选项变黑。

（4）进场道路

用户点击"进场道路"，软件显示现场地图，在地图上显示管道走向和作业场地等信息，用户在图上采用画线方式选择一至两条进场道路。以作业工法的设备表中最大型的车辆从道路通行条件表中提取并显示对应的通行条件数据，结合现场照片查看所选路径的条件，比对两者点选道路修筑（沟渠、软土、陡坡、水网、窄路、其他），再针对每条路由确定进场道路的修筑方案。

① 进场道路 1，弹出"修筑内容 1"（沟渠）、"修筑内容 2"（窄路）……，从进场道路

施工库中选取或人工输入。

② 进场道路 2，……。（一般抢修现场也就是一到两条进场道路）用户完成此项工作后"抢修区"选项变黑。

（5）抢修区

用户点击"抢修区"，软件显示现场地图，在地图上显示管道走向、作业场地和进场道路等信息，软件弹出"推荐抢修区工法"和"自选抢修区工法"选项。

① 推荐抢修区工法。软件通过"适用对象（Rush_Reapir_Object）"与"事故点地形（Vccident_landform）"比较筛选可用抢修区施工方法，以五个一组的方式推出，由操作者点击选择。

② 自选抢修区工法。软件将抢修区施工方法的记录以五个一组的方式推送，由操作者翻阅、点击选择。

③ 如果"事故点地形"为"其他"只能采取"自选抢修区工法"。此项工作完成后进入方案生成环节。

（6）方案生成

此时，抢修作业工法已经确定了，用户完成"抢修区"工作后，软件自动生成完成的《应急抢修技术方案（第二版）》。

弹出《应急抢修技术方案（第二版）》全文供用户审阅确认，审阅完成后，弹出审核人、批准人和发布时间对话框，用户确认后。生成初步方案（PDF 版），用户可以选择打印、发布（涉及的电子邮箱）或与数据表文件一起压缩打包发送给相关人（机构）并保存至指定的文件夹。软件操作完成，退出。

5.3.2.3　输油管道（站场）抢修技术初步方案智能制订

用户在三级菜单中点击"输油管道"后，显示"线路事故"和"站场事故"两个选项。点击"站场事故"后，弹出"初步方案""完整方案"。此时，"初步方案"选项为黑色（可操作），其余为灰色（不可操作）。

救援中心接到站场抢修任务后也要根据事故的初步信息形成"初步方案"，按照初步方案采取行动，获取充足信息后制订完整的作业方案。用户选定"初步方案"后弹出"事件信息""现场地图""应急机构""信息勘察"等选项。

（1）输入事件信息

在选择"事件信息"之前，只有"事件信息"为黑色，其他为灰色，只有黑色的菜单为可选项。点击"事件信息"选项桌面弹出以下内容。

① 事件发生时刻：××××年××月××日××时××分（Accident_Time）。在日期和时间模式下以人机交互的方式选择输入，本内容为必选项。

② 管道信息：××××管道（Pipe_Name），××—××管道公司（Company_Name），前两项之少要有一项填写；××××（分公司，××××处，××××作业区）（二级单位）（Second_

Name)此项为可选项，××××(事故站场)(Accident_Station)，××(输送介质)(Pipe_Cargo)，××××(事故单元)(Accident_Unit)此内容多项选一，为必选项。

③ 事故地点：××省(Accident_Province)××市(Accident_City)，前两项之少要有一项填写；××县(Accident_County)××××(事件地名)(Accident_Toponymy)附近，后面两项为可选项(最好能加入行政隶属关系判别)。

④ 事故类型：××××(Accident_Type_Station)(机泵故障、管道破裂、阀门故障等)此内容多项选一，为必选项。

⑤ 事故状态：××××(Accident_State)(泄漏、爆炸、起火、伤人等)此内容多项选一，为必选项。

完成事故信息输入后返回上级菜单，相关的其他菜单选项变成黑颜色。此处数据保留与其他软件接口，一旦需要可以从其他软件提供的数据读入，减少人工操作提高软件的智能化水平。

(2) 形成现场地图

根据用户输入的事故地点中最下级有效地名，作为展示地图的中心，在地图上显示相关机构的名称、位置等。用户点选某机构，能显示：机构名称、机构类型、地址、业务特点、主要装备、负责人、联系电话、网址等。

(3) 建立应急机构

点击"应急机构"选项，软件以事故地点为中心展示地图，按现场应急组织机构点选填写图中元素，"抢维修中心主任""管理处经理""管理处副经理"等。生成应急组织机构图。

(4) 选定勘察单位

点击"信息勘察"选项，软件弹出可选勘察单位名称列表，用户点选其中的单位，或输入勘察单位名称(还需要输入联系人、联系电话和电子邮箱等)。

(5) 生成勘察数据表

在"信息勘察"选项完成时，软件自动生成《站场事件勘察数据表》，数据表作为技术方案的附件，注明数据表的文件名称。同时数据表以独立的文件形式包含在"初步方案"文件包中。

此时，软件自动生成并显示应急抢修初步技术方案的名称、方案编号、版本号，由用户确认。用户可以修改、再确认。

弹出《应急抢修初步技术方案(第一版)》全文供用户审阅确认，审阅完成后，弹出审核人、批准人和发布时间对话框，用户确认后。生成初步方案(PDF 版)，用户可以选择打印、发布(涉及的电子邮箱)或与数据表文件一起压缩打包发送给相关人(机构)并保存至指定的文件夹。

此阶段应急指挥部派人联系事故站场人员，并派人到现场勘察和相关场所收集事故管道资料，当此部分工作完成后进入完整的《应急抢修技术方案(第二版)》制订工作。

5.3.2.4 输油管道(站场)抢修技术完整方案智能制订

用户完成"初步方案"后，"完整方案"选项变黑，点击"完整方案"弹出"勘察信息""工法选择""作业场地"等选项。

(1) 事故段管道信息录入

此时"勘察信息"为黑色，其余选项为灰色。用户点击"勘察信息"，软件弹出"输入信息"和"导入信息"选项。

① 输入勘察和资料信息

在"输入信息"选项下，软件界面的提示下输入：事件地点、事件现象、现场气象、气体检测、工艺信息、作业风险等。

② 导入勘察和资料信息

在"导入信息"选项下，现场勘察和资料收集人员将电子版数据发回指挥部或载入U盘，软件提供文件导入数据界面，导入事故站场相关信息。

事故站场信息录入完成后，软件自动返回上级菜单。

(2) 作业工法选择

此时"工法选择"变为黑色，其余选项为灰色。用户点击"工法选择"，软件弹出"推荐工法"和"自选工法"选项。

① 推荐工法。软件通过"适用对象(Suitable_Object)"与"站场事故类型(Accident_Type_Station)"比较筛选可用工法，以五个一组的方式推出，由操作者点击选择。

② 自选工法。软件将工法库的记录以五个一组的方式推送，由操作者翻阅、点击选择。

③ 如果"事故类型"为"其他"只能采取"自选工法"。用户完成此项工作，"作业场地"变为黑色。

(3) 方案生成

到此时，站场抢修作业工法已经确定了，用户完成"工法选择"工作后，软件自动生成完成的《应急抢修技术方案(第二版)》。

弹出《应急抢修技术方案(第二版)》全文供用户审阅确认，审阅完成后，弹出审核人、批准人和发布时间对话框，用户确认后。生成初步方案(PDF版)，用户可以选择打印、发布(涉及的电子邮箱)或与数据表文件一起压缩打包发送给相关人(机构)并保存至指定的文件夹。软件操作完成，退出。

5.3.3 输气管道抢修技术方案制订

用户在三级菜单中点击"输气管道"后，显示"线路事故"和"站场事故"两个选项。点击"线路事故"后，弹出"初步方案""完整方案"。此时，"初步方案"选项为黑色(可操作）, 其余为灰色（不可操作）, 参见图 5-13。

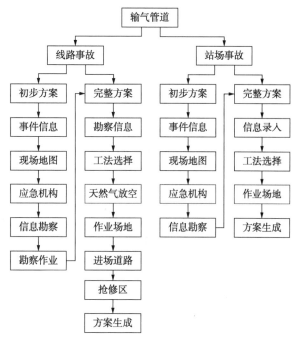

图 5-13 输气管道抢修方案逻辑图

5.3.3.1 输气管道（线路）抢修技术初步方案智能制订

（1）输入事件信息

在选择"事件信息"之前, 只有"事件信息"为黑色, 其他为灰色, 只有黑色的菜单为可选项。点击"事件信息"选项桌面弹出以下内容。

① 事件发生时刻：×××年××月××日××时××分（Accident_Time）。在日期和时间模式下以人机交互的方式选择输入, 本内容为必选项。

② 管道信息：××××管道（Pipe_Name）, ××—××管道公司（Company_Name）, 前两项之少要有一项填写；××××（分公司, ××××处, ××××作业区）（二级单位）（Second_Name）此项为可选项, ××（输送介质）（Pipe_Cargo）此内容多项选一, 为必选项。

③ 事故地点：××省（Accident_Province）××市（Accident_City）, 前两项之少要有一项填写；××县（Accident_County）××××（事件地名）（Accident_Toponymy）附近, 后面两项为可选项（最好能加入行政隶属关系判别）。

④ 事故类型：××××（Accident_Type_Line）（山体滑坡、管道破裂、漂管等）此内容多项选一, 为必选项。

⑤ 事故状态：××××（Accident_State）（泄漏、爆炸、起火、伤人等）此内容多项选一, 为必选项。

完成事故信息输入后返回上级菜单, 相关的其他菜单选项变成黑颜色。此处数据保留与其他软件接口，一旦需要可以从其他软件提供的数据读入，减少人工操作提高软件的智能化水平。

（2）形成现场地图

根据用户输入的事故地点中最下级有效地名，作为展示地图的中心，在地图上显示相关机构的名称、位置等。用户点选某机构，能显示：机构名称、机构类型、地址、业务特点、主要装备、负责人、联系电话、网址等。

（3）建立应急机构

点击"应急机构"选项，软件以事故地点为中心展示地图，按现场应急组织机构点选填写图中元素，"抢维修中心主任""管理处经理""管理处副经理"等。生成应急组织机构图。

（4）选定勘察单位

点击"信息勘察"选项，软件弹出可选勘察单位名称列表，用户点选其中的单位，或输入勘察单位名称(还需要输入联系人、联系电话和电子邮箱等)。

（5）生成勘察数据表和管道信息数据表

在"信息勘察"选项完成时，软件自动生成现场勘察数据表和管道信息数据表，数据表作为技术方案的附件，注明数据表的文件名称。同时数据表以独立的文件形式包含在"初步方案"文件包中。

此时，软件自动生成并显示应急抢修初步技术方案的名称、方案编号、版本号，由用户确认。用户可以修改、再确认。

弹出《应急抢修初步技术方案(第一版)》全文供用户审阅确认，审阅完成后，弹出审核人、批准人和发布时间对话框，用户确认后。生成初步方案(PDF版)，用户可以选择打印、发布(涉及的电子邮箱)或与数据表文件一起压缩打包发送给相关人(机构)并保存至指定的文件夹。

此阶段应急指挥部派人分别到现场勘察和相关场所收集事故管道资料，当此部分工作做完后进入完整的《应急抢修技术方案(第二版)》制订工作。

5.3.3.2 输气管道(线路)抢修技术完整方案智能制订

用户完成"初步方案"后，"完整方案"选项变黑，点击"完整方案"弹出"勘察信息""工法选择""天然气放空与氮气置换""作业场地""进场道路""抢修区"等选项。

（1）事故段管道信息录入

此时"勘察信息"为黑色，其余选项为灰色。用户点击"勘察信息"，软件弹出"输入信息"和"导入信息"选项。

① 输入勘察和资料信息

在"输入信息"选项下，软件界面的提示下输入：事件地点、事件现象、周边环境、现场条件、现场气象、气体检测、作业风险、进场道路、事件位置、设计信息等。

② 导入勘察和资料信息

在"导入信息"选项下，现场勘察和资料收集人员将电子版数据发回指挥部或载入U盘，软件提供文件导入数据界面，导入事故段管道勘察和收集的相关信息。事故段管道信息录入完成后，软件自动返回上级菜单。

（2）作业工法选择

① 此时"工法选择"变为黑色，其余选项为灰色。用户点击"工法选择"，软件弹出"推荐工法"和"自选工法"选项。

② 推荐工法。软件通过"适用对象（Suitable_Object）"与"线路事故类型（Accident_Type_Line）"比较筛选可用工法，以五个一组的方式推出，由操作者点击选择。

③ 自选工法。软件将工法库的记录以五个一组的方式推送，由操作者翻阅、点击选择。

④ 如果"事故类型"为"其他"只能采取"自选工法"。用户完成此项工作，"作业场地"变为黑色。

（3）天然气放空与氮气置换

用户点击或在完成上一步后自动进入"天然气放空与氮气置换"，软件根据事故类型及工法选择情况确定天然气放空与氮气置换工艺内容：

①对于无泄漏类型事故（悬空、漂管等），无天然气放空与氮气置换步骤，直接进入下一环节；

②对于工法选择为"不停输换管"，无氮气置换步骤，天然气放空压力需要根据不停输换管工艺水平确定其放空后压力等级（需要根据徐州维抢及整个不停输换管施工队水平确定几个选项，预留），根据压力等级、管道长度、管道内径等程序内部计算，预估天然气放空作业时间；

③ 对于选择"带压堵漏"等工法，无氮气置换步骤，天然气放空至微正压（0.02MPa），根据压力等级、管道长度、管道内径等程序内部计算，预估天然气放空作业时间；

④ 对于选择"停输换管"工法，则推荐氮气置换步骤（抢修队可根据实际情况选择去除氮气置换），天然气放空至微正压（0.02MPa），根据压力等级、管道长度、管道内径等程序内部计算，预估天然气放空作业时间、氮气置换时间及氮气用量。

（4）作业场地布置

用户点击"作业场地"，软件根据"事件地点坐标（Vccident_Coordinate）"弹出相应地图，以事故点为中心按方位角（Vccident_Azimuth）画出管道走向线。结合现场照片选择作业场地的位置，再结合"气体检测"结果，软件在地图上显示风向标，有毒气体范围框和可燃气体范围框，再参考"受损段长度（Damaged_Length）""溢油面积（Overflow_Area）"和"周边环境"等信息圈定作业场地范围和界限。软件最好能提供黄、橙、红三个封闭的界限圈，用户能对三个线圈进行调整。用户完成此项工作后"进场道路"选项变黑。

（5）进场道路

用户点击"进场道路"，软件显示现场地图，在地图上显示管道走向和作业场地等信息，用户在图上采用画线方式选择一至两条进场道路。以作业工法的设备表中最大型的车辆从道路通行条件表中提取并显示对应的通行条件数据，结合现场照片查看所选路径的条件，比对两者点选道路修筑（沟渠、软土、陡坡、水网、窄路、其他），再针对每条路由确定进场道路的修筑方案。

① 进场道路1，弹出"修筑内容1"（沟渠）、"修筑内容2"（窄路）……，从进场道路施工库中选取或人工输入。

② 进场道路2，……（一般抢修现场也就是1~2条进场道路）用户完成此项工作后"抢修区"选项变黑。

（6）抢修区

用户点击"抢修区"，软件显示现场地图，在地图上显示管道走向、作业场地和进场道路等信息，软件弹出"推荐抢修区工法"和"自选抢修区工法"选项。

① 推荐抢修区工法。软件通过"适用对象（Rush_Reapir_Object）"与"事故点地形（Vccident_landform）"比较筛选可用抢修区施工方法，以五个一组的方式推出，由操作者点击选择。

② 自选抢修区工法。软件将抢修区施工方法的记录以五个一组的方式推送，由操作者翻阅、点击选择。

③ 抢修区工法。包括供电、通风、照明等基础辅助设施建立的基础工法，为必选项，可根据抢修区地形地貌自动推荐相关区域辅助设施建立工法，如"事故点地形"为"其他"则推荐一般做法，可由用户选择更换。

如果"事故点地形"为"其他"只能采取"自选抢修区工法"。此项工作完成后进入方案生成环节。

（7）方案生成

此时抢修作业工法已经确定了，用户完成"抢修区"工作后，软件自动生成完成的《应急抢修技术方案（第二版）》。

弹出《应急抢修技术方案（第二版）》全文供用户审阅确认，审阅完成后，弹出审核人、批准人和发布时间对话框，用户确认后。生成初步方案（PDF版），用户可以选择打印、发布（涉及的电子邮箱）或与数据表文件一起压缩打包发送给相关人（机构）并保存至指定的文件夹。软件操作完成，退出。

5.3.3.3 输气管道（站场）抢修技术初步方案智能制订

用户在三级菜单中点击"输油管道"后，显示"线路事故"和"站场事故"两个选项。点击"站场事故"后，弹出"初步方案""完整方案"。此时，"初步方案"选项为黑色（可操作），其余为灰色（不可操作）。

救援中心接到站场抢修任务后也要根据事故的初步信息形成"初步方案"，按照初步方案采取行动，获取充足信息后制订完整的作业方案。用户选定"初步方案"后弹出"事件信息""现场地图""应急机构""信息勘察"等选项。

（1）输入事件信息

在选择"事件信息"之前，只有"事件信息"为黑色，其他为灰色，只有黑色的菜单为可选项。点击"事件信息"选项桌面弹出以下内容。

① 事件发生时刻：××××年××月××日××时××分（Accident_Time）。在日期和时间模式下以人机交互的方式选择输入，本内容为必选项。

② 管道信息：××××管道（Pipe_Name），××—××管道公司（Company_Name），前两项之少要有一项填写；××××（分公司，××××处，××××作业区）（二级单位）（Second_Name）此项为可选项，××××（事故站场）（Accident_Station），××（输送介质）（Pipe_Cargo），××××（事故单元）（Accident_Unit）此内容多项选一，为必选项。

③ 事故地点：××省（Accident_Provice）××市（Accident_City），前两项之少要有一项填写；××县（Accident_County）××××（事件地名）（Accident_Toponymy）附近，后面两项为可选项（最好能加入行政隶属关系判别）。

④ 事故类型：××××（Accident_Type_Station）（机泵故障、管道破裂、阀门故障等）此内容多项选一，为必选项。

⑤ 事故状态：××××（Accident_State）（泄漏、爆炸、起火、伤人等）此内容多项选一，为必选项。

完成事故信息输入后返回上级菜单，相关的其他菜单选项变成黑颜色。此处数据保留与其他软件接口，一旦需要可以从其他软件提供的数据读入，减少人工操作提高软件的智能化水平。

（2）形成现场地图

根据用户输入的事故地点中最下级有效地名，作为展示地图的中心，在地图上显示相关机构的名称、位置等。用户点选某机构，能显示：机构名称、机构类型、地址、业务特点、主要装备、负责人、联系电话、网址等。

（3）建立应急机构

点击"应急机构"选项，软件以事故地点为中心展示地图，按现场应急组织机构点选填写图中元素，"抢维修中心主任""管理处经理""管理处副经理"等。生成应急组织机构图。

（4）选定勘察单位

点击"信息勘察"选项，软件弹出可选勘察单位名称列表，用户点选其中的单位，或输入勘察单位名称（还需要输入联系人、联系电话和电子邮箱等）。

（5）生成勘察数据表

在"信息勘察"选项完成时，软件自动生成《站场事件勘察数据表》，数据表作为技术方案的附件，注明数据表的文件名称。同时数据表以独立的文件形式包含在"初步方案"文件包中。

此时，软件自动生成并显示应急抢修初步技术方案的名称、方案编号、版本号，由用户确认。用户可以修改、再确认。

弹出《应急抢修初步技术方案(第一版)》全文供用户审阅确认，审阅完成后，弹出审核人、批准人和发布时间对话框，用户确认后。生成初步方案(PDF 版)，用户可以选择打印、发布(涉及的电子邮箱)或与数据表文件一起压缩打包发送给相关人(机构)并保存至指定的文件夹。

此阶段应急指挥部派人联系事故站场人员，并派人到现场勘察和相关场所收集事故管道资料，当此部分工做完成后进入完整的《应急抢修技术方案(第二版)》制订工作。

5.3.3.4　输气管道(站场)抢修技术完整方案智能制订

用户完成"初步方案"后，"完整方案"选项变黑，点击"完整方案"弹出"勘察信息""工法选择""作业场地"等选项。

（1）事故段管道信息录入

此时"勘察信息"为黑色，其余选项为灰色。用户点击"勘察信息"，软件弹出"输入信息"和"导入信息"选项。

① 输入勘察和资料信息

在"输入信息"选项下，软件界面的提示下输入：事件地点、事件现象、现场气象、气体检测、工艺信息、作业风险等。

② 导入勘察和资料信息

在"导入信息"选项下，现场勘察和资料收集人员将电子版数据发回指挥部或载入U 盘，软件提供文件导入数据界面，导入事故站场相关信息。事故站场信息录入完成后，软件自动返回上级菜单。

（2）作业工法选择

此时"工法选择"变为黑色，其余选项为灰色。用户点击"工法选择"，软件弹出"推荐工法"和"自选工法"选项。

① 推荐工法。软件通过"适用对象(Suitable_Object)"与"站场事故类型(Accident_Type_Station)"比较筛选可用工法，以五个一组的方式推出，由操作者点击选择。

② 自选工法。软件将工法库的记录以五个一组的方式推送，由操作者翻阅、点击选择。如果"事故类型"为"其他"只能采取"自选工法"。用户完成此项工作，"作业场地"变为黑色。

（3）方案生成

此时，站场抢修作业工法已经确定了，用户完成"工法选择"工作后，软件自动生成完成的《应急抢修技术方案(第二版)》。

弹出《应急抢修技术方案(第二版)》全文供用户审阅确认，审阅完成后，弹出审核人、批准人和发布时间对话框，用户确认后。生成初步方案(PDF 版)，用户可以选择打印、发布(涉及的电子邮箱)或与数据表文件一起压缩打包发送给相关人(机构)并保存至指定的文件夹。软件操作完成，退出。

5.3.4 输油气管道抢修技术方案变更

在应急抢修过程中可能发生现场信息重大变化情况，或作业坑开挖后发现的情况与前期勘察结果存在较大差异，因此导致抢修方案不能适用需要变更。方案变更逻辑图见图 5-14。

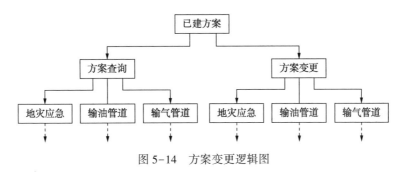

图 5-14　方案变更逻辑图

5.3.4.1 输油管道(线路)抢修技术方案变更

如果选中的是输油管道(线路)抢修方案，则进入线路方案变更环节，首先的内容是"信息变更"。

（1）事故段管道信息变更

此时"勘察信息"为黑色，其余选项为灰色。用户点击"勘察信息"，软件弹出"信息修正"和"信息重录"选项。在此项操作之前用户需要完善更新"站外事件现场勘察数据表"和"站外事件管道信息数据表"。

① 信息修正

在"信息修正"选项下，软件界面分别显示原方案中"站外事件现场勘察数据表"和"站外事件管道信息数据表"的内容，用户根据新表中的变化对照修改。

② 信息重录

在"信息重录"选项下，现场勘察和资料收集人员将电子版数据发回指挥部或载入 U 盘，软件提供文件导入数据界面，重新覆盖导入事故段管道勘察和收集的相关信息。

事故段管道信息变更完成后，软件自动返回上级菜单。

（2）作业工法

用户点击"作业工法"，软件弹出"工法不变"和"工法变更"选项。

① 工法不变。软件继续原方案的工法，并进入下一个环节。

② 工法变更。软件将工法库的记录以五个一组的方式推送，由操作者翻阅、点击选择（与前文"自选工法"的做法相同）。

（3）作业场地

用户点击"作业场地"，软件弹出"场地不变"和"场地变更"选项。

① 场地不变。软件继续原方案的场地，并进入下一个环节。

② 场地变更。此选择（与前文"作业场地"的做法相同）。

（4）道路变更

用户点击"道路变更"，软件弹出"道路不变"和"道路变更"选项。

① 道路不变。软件继续原方案的进场道路，并进入下一个环节。

② 道路变更。此选择（与前文"进场道路"的做法相同）。

（5）抢修区变更

用户点击"抢修区变更"，软件弹出"抢修区不变"和"抢修区变更"选项。

① 抢修区不变。软件继续原方案的抢修区施工方法，并进入下一个环节。

② 抢修区变更。此选择（与前文"抢修区"的做法相同）。

（6）变更方案生成

到此时，抢修作业工法再次确定，用户完成"抢修区"工作后，软件自动生成完成的应急抢修技术方案（变更版）。

弹出应急抢修技术方案（变更版）全文供用户审阅确认，审阅完成后，弹出审核人、批准人和发布时间对话框，用户确认后。生成初步方案（PDF 版），用户可以选择打印、发布（涉及的电子邮箱）或与数据表文件一起压缩打包发送给相关人（机构）并保存至指定的文件夹。软件操作完成，退出。

5.3.4.2 输油气管道（站场）抢修技术方案变更

如果选中的是输油管道（站场）抢修方案，则进入站场方案变更环节，首先的内容是"信息变更"。

（1）事故站场信息变更

此时"勘察信息"为黑色，其余选项为灰色。用户点击"勘察信息"，软件弹出"信息修正"和"信息重录"选项。在此项操作之前用户需要完善更新"站外事件现场勘察数据表"和"站外事件管道信息数据表"。

① 信息修正

在"信息修正"选项下，软件界面分别显示原方案中"站场事件勘察数据表"的内容，用户根据新表中的变化对照修改。

② 信息重录

在"信息重录"选项下，现场勘察和资料收集人员将电子版数据发回指挥部或载入 U 盘，软件提供文件导入数据界面，重新覆盖导入事故段管道勘察和收集的相关信息。

事故段管道信息变更完成后，软件自动返回上级菜单。

（2）作业工法

用户点击"作业工法"，软件弹出"工法不变"和"工法变更"选项。

① 工法不变。软件继续原方案的工法，并进入下一个环节。

② 工法变更。软件将工法库的记录以五个一组的方式推送，由操作者翻阅、点击选择。

（3）变更方案生成

到此时，抢修作业工法再次确定，用户完成"抢修区"工作后，软件自动生成完成的应急抢修技术方案(变更版)。

弹出应急抢修技术方案(变更版)全文供用户审阅确认，审阅完成后，弹出审核人、批准人和发布时间对话框，用户确认后。生成初步方案(PDF 版)，用户可以选择打印、发布(涉及的电子邮箱)或与数据表文件一起压缩打包发送给相关人(机构)并保存至指定的文件夹。软件操作完成，退出。

5.3.5 地质灾害抢修技术方案制定与变更

用户在三级菜单中点击"地质灾害"后，弹出"初步方案""完整方案"。此时，"初步方案"选项为黑色(可操作)，其余为灰色(不可操作)。

5.3.5.1 地质灾害抢修技术初步方案智能制订

用户选定"初步方案"后弹出"事件信息""现场地图""应急机构""信息勘察"等选项。

（1）输入事件信息

在选择"事件信息"之前，只有"事件信息"为黑色，其他为灰色，只有黑色的菜单为可选项。点击"事件信息"选项桌面弹出以下内容。

① 事件发生时刻：××××年××月××日××时××分(Accident_Time)。在日期和时间模式下以人机交互的方式选择输入，本内容为必选项。

② 管道信息：××××管道(Pipe_Name)，××—××管道公司(Company_Name)，前两项之少要有一项填写；××××(分公司，××××处，××××作业区)(二级单位)(Second_Name)此项为可选项，××(输送介质)(Pipe_Cargo)此内容多项选一，为必选项。

③ 事故地点：××省(Accident_Provice)××市(Accident_City)，前两项之少要有一项填写；××县(Accident_County)××××(事件地名)(Accident_Toponymy)附近，后面两项为可选项(最好能加入行政隶属关系判别)。

④ 地质灾害类型：××××（Accident_Type_Line）（山体滑坡、泥石流等）此内容多项选一，为必选项。

完成事故信息输入后返回上级菜单，相关的其他菜单选项变成黑颜色。此处数据保留与其他软件接口，一旦需要可以从其他软件提供的数据读入，减少人工操作提高软件的智能化水平。

（2）形成现场地图

根据用户输入的事故地点中最下级有效地名，作为展示地图的中心，在地图上显示相关机构的名称、位置等。用户点选某机构，能显示：机构名称、机构类型、地址、业务特点、主要装备、负责人、联系电话、网址等。

（3）建立应急机构

点击"应急机构"选项，软件以事故地点为中心展示地图，按现场应急组织机构点选填写图中元素，"抢维修中心主任""管理处经理""管理处副经理"等。生成应急组织机构图。

（4）选定勘察单位

点击"信息勘察"选项，软件弹出可选勘察单位名称列表，用户点选其中的单位，或输入勘察单位名称（还需要输入联系人、联系电话和电子邮箱等）。

（5）生成勘察数据表和管道信息数据表

在"信息勘察"选项完成时，软件自动生成现场勘察数据表和管道信息数据表，数据表作为技术方案的附件，注明数据表的文件名称。同时数据表以独立的文件形式包含在"初步方案"文件包中。

此时，软件自动生成并显示应急抢修初步技术方案的名称、方案编号、版本号，由用户确认。用户可以修改、再确认。

弹出《应急抢修初步技术方案（第一版）》全文供用户审阅确认，审阅完成后，弹出审核人、批准人和发布时间对话框，用户确认后。生成初步方案（PDF版），用户可以选择打印、发布（涉及的电子邮箱）或与数据表文件一起压缩打包发送给相关人（机构）并保存至指定的文件夹。

此阶段应急指挥部派人分别到现场勘察和相关场所收集事故管道资料，当此部分工做完成后进入完整的《应急抢修技术方案（第二版）》制订工作。

5.3.5.2　输油管道（线路）抢修技术完整方案智能制订

用户完成"初步方案"后，"完整方案"选项变黑，点击"完整方案"弹出"勘察信息""灾害分级""灾害控制工法"等选项。

（1）事故段管道信息录入

此时"勘察信息"为黑色，其余选项为灰色。用户点击"勘察信息"，软件弹出"输入信息"和"导入信息"选项。

① 输入勘察和资料信息

在"输入信息"选项下，软件界面的提示下输入：事件地点、地质灾害类型、管道与地质灾害关系、灾害区环境参数、灾害参数等。

② 导入勘察和资料信息

在"导入信息"选项下，现场勘察和资料收集人员将电子版数据发回指挥部或载入 U 盘，软件提供文件导入数据界面，导入事故段管道勘察和收集的相关信息。

事故段管道信息录入完成后，软件自动返回上级菜单。

（2）灾害分级

此时"灾害分级"变为黑色，其余选项为灰色，具体分级方式可选用以下两个方案中的一种：

方案一：针对灾害类型，将灾害分级方法形成不同工法录入，调取显示对应分级工法，由方案制定人员根据工法内容选定灾害级别；

方案二：对提供的灾害分级方法进行数学量化，提供可以依据收集的基本信息进行分级评判的数学公式，由程序根据灾害类型自动直接给出灾害级别。

（3）灾害控制工法选择

用户点击"工法选择"，软件弹出"推荐工法"和"自选工法"选项。

① 推荐工法。软件通过"地质灾害类型（Accident_Type_GD）"与"地质灾害与管道关系（GD_Line）"比较筛选可用工法，以五个一组的方式推出，由操作者点击选择。

② 自选工法。软件将工法库的记录以五个一组的方式推送，由操作者翻阅、点击选择。如果"事故类型"为"其他"只能采取"自选工法"。

第6章 应急抢修技术方案参考模板

6.1 输油(管道)应急抢修技术方案模板

6.1.1 输油(管道)应急抢修技术初步方案模板

××××管道
××××(地点)
××××事件
应急抢修技术初步方案

方案编号：YJJY-XZ-20200130-001

版 本 号：01/001

编制：××××××抢维修中心
审核：×××
批准：×××

××××年××月××日

1 事件简况

根据有关部门报告和《事故基本信息表》，××××年××月××日××时××分，在××省××市××县××××(事件地名)附近的××××××管道发生意外事件。

管道所属单位是××——××管道公司，××××(分公司，××××处，××××作业区)(二级单位)。输送介质是原油。

根据以上信息本事件初步确定为：××××管道因山体滑坡原因导致发生管道断裂事件。在事件现场发生了漏油现象。

2 编制目的及依据

为指导应急抢修指挥做好事件应急抢修工作，特制订本应急抢修技术规程。下列文件为本方案编写依据。凡是没有注明日期的文件，均已最新版本为准。

(1)《突发事件应急预案管理办法》国办发〔2013〕101号；

(2)《生产经营单位安全生产事故应急预案编制导则》(GB/T 29639—2013)；

(3)《应急抢修救援预案》(YJ/YQGD-XZD—2019)；

(4)《输油管道工程设计规范》(GB 50253—2014)；

(5)《原油、液化石油气和成品油管道维修推荐作法》(SY/T 6649—2006)；

(6)《输油管道抢维修技术手册》(Q/SHGD 1010—2018)。

3 应急抢修流程

输油管道沿线情况复杂、多变，应急抢修技术方案应结合现场实际制订，此过程分为两个阶段。首先根据事件初步情况，组建应急抢修机构，派遣专业人员获取现场资料；其次结合现场实际制订抢修技术方案。参见图6-1。

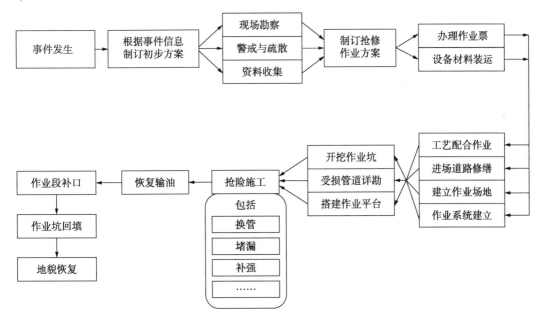

图6-1 输油管道应急事件工作流程图

4 应急抢修组织机构

根据事件情况成立现场应急抢修组织机构，分别有：生产运行组、安全环保组、应急协调组、技术支持组、物资装备组、综合保障组、抢险实施组等。其现场应急组织机构如图6-2所示。

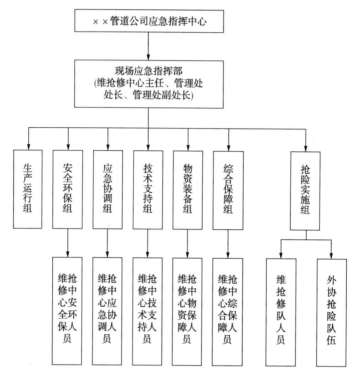

图6-2 现场应急组织机构图

总指挥：×××电话：

副总指挥：×××电话： 副总指挥：×××电话：

生产运行组组长：×××电话：

安全环保组组长：×××电话：

应急协调组组长：×××电话：

技术支持组组长：×××电话：

物资装备组组长：×××电话：

综合保障组组长：×××电话：

抢险实施组组长：×××电话：

根据应急救援的需求开展如下工作：

（1）由抢险实施组、技术支持组、安全环保组和管道业主单位联合组织现场勘察，填写《现场勘察数据表》，并拍摄相关勘察照片；

（2）安全环保组、管道业主单位和地方公安实施现场警戒与无关人员疏散工作；

（3）抢险实施组、技术支持组、生产运行组联合收集事故管道相关资料，填写《事故管道信息数据表》及相关图纸、设计说明书等竣工资料；

（4）安全环保组在现场勘察的同时进行风险评估工作。

5 前期工作

5.1 现场勘察

现场勘察应包含不限于如下内容：

（1）事件地点：事件发生的详细地点名称（所属的市、县、乡、村等），大地坐标（或经纬度）。

（2）事件现象：事件与管道相关位置，有无溢油、爆炸、起火、伤人等情况。

（3）管道损伤：事件现场照片（显示管道破损状态、程度和范围），地面实际测量受损段长度。事故段管道采用（埋地、箱涵、穿越、跨越等）方式敷设。

（4）事故类型：管道发生（断管、破裂、漂管、悬空、凝管、变形、滑坡、腐蚀、打孔或其他等）事故。

（5）溢油扩散：（如果有）溢油扩散状态照片，估算溢油漏失量××××m³，估算溢油扩散面积××××m²，（如果有）现场受限、密闭空间照片。

（6）周边环境：（如果有）重要水体、公路、铁路、建筑物照片，与事故点距离；（如果有）其他管道、电力、通信、管沟（涵）等设施照片，与事故点距离；（如果有）附近一定范围（半径）内有（××××栋）建筑物；（如果有）约有（××××位）常住人口。

（7）进场条件：事故点处于（山地、丘陵、平地、水网等）哪种地带；（如果有）附近有（高速公路、国道、省级公路或管道伴行路等），道路的宽度、坡度和弯曲情况及通过能力是否满足需要，可选择的设备进场路线，可用于施工作业、物资存放场地的情况；事故段土质条件（沙石、黏土、沼泽、碎石等）。

（8）气象情况：现场天气（阴、晴、小雨、中雨、大雨或其他），积水情况（照片），事故点风向（NW××.×°），风速×××.×m/s。

（9）气体检测：现场可燃、（如果有）有毒气体的扩散情况，以事故点为中心上风、下风、左侧和左侧范围。

5.2 事件详细信息

资料收集应包含不限于如下内容：

（1）事故位置：事件地点与输油站场的位置关系，事件地点与阀室的位置关系，事件地点与管道沿程设施（标志桩、里程桩等）的位置关系，事件地点里程、高程、管道方位角。

（2）设计信息：管道规格（管径、壁厚）、管道材质、设计压力、允许停输时间（针对原油）。

（3）管内介质：原油（或）×××号汽油（或）×××号柴油（或）××××油。

（4）运行信息：事件发生前管道的输量、输油温度（进出站或上下站）、输油压力（进出站或上下站）。

（5）事故范围：管道受损段长度××××m。（如果有溢油）溢油区域面积。

（6）工程信息：事故段管道材质为（材质、直缝或螺旋焊缝钢管，或冷煨弯管、热煨弯管，××D 弯头），（如果有）管道有（固定墩支撑、水保、防滑桩、配重块等附件），管顶埋深，（如果有）光纤位置。

（7）相关工程：事故段管道（如果有）与××××管道平行或相交，（如果有）与××××输电线路平行或相交，（如果有）与××××沟（涵）平行或相交。（如果有）相关工程需要给出相关勘测数据。

（8）气象信息：（两日内）气象预报（阴、晴、小雨、中雨、大雨或其他）。

5.3　风险评估及 HSE 防控措施

抢修作业须保证作业人员的安全，同时也要防止二次事故发生，由安全环保（HSE）组负责评估风险并进行相应的防灾处置。

（1）燃爆风险：根据"气体检测"的可燃气体浓度分布情况，（如果有）燃爆风险区位于以事故点为中心上风、下风、左侧、左侧。在此区域内作业必须采取相应的防范措施。

（2）毒害风险：根据"气体检测"的有毒气体检测布情况，（如果有）燃爆风险区位于以事故点为中心上风、下风、左侧、左侧。在此区域内作业必须采取相应的防范措施。在此区域内作业必须采取防毒作业措施。

（3）受限空间：（如果有）事故区域附近的××××受限空间侵入泄漏油品估计体积，受限空间内漏油处理需要采取防范措施。

（4）高风险作业：起重、临时用电、动土作业等。

（5）环境风险。

（6）其他风险：深基坑、地形风险（陡坡、落石），相关设施（管道、光纤、电力等）。

作业前，应根据风险分析，组织作业人员进行安全、技术和任务交底，告知可能存在的安全风险和应采取的安全防范措施，明确责任要求。

根据现场应急抢修方案，结合前期侦检勘察信息，HSE 组对抢修各环节进行 JSA 分析并制定管控措施，按照《应急抢修救援预案》（YJ/YQGD-XZD—2019）的要求填写《作业安全风险识别与分析（JSA）表》，表中提出的应对措施在制订抢修作业方案时协调落实。

附表 1　站外事件现场勘察数据表

事件名称				勘察时间		年　月　日　时	
方案号			勘察单位		负责人		
序号	数据名称	数据含义	类型	内容（对应变量）			
1	事件地点	事故点地名	字符	（曹山村大龙湖街）Accident_Toponymy			
		所属省	字符	（江苏省）Accident_Provice			
		所属市	字符	（徐州市）Accident_City			
		所属县	字符	（云龙区）Accident_County			
		所属乡、村	字符	（曹山村）Accident_Village			
		事故点坐标	坐标	E×××.×××××，N××.×××××Vccident_Coordinate			
2	事件现象	事故点桩号	字符	（××标志桩）Accident_Pile			
		事故状态	字符	（"溢油"…"其他"）Accident_State			
		事故类型	字符	（"断管"…"其他"）Accident_Type_line			
		事故段内油品	字符	（"汽油"…"其他"）Accident_Oil			
		受损段长度	双精	（××××.×× m）Damaged_Length			
		溢油体积	双精	（××××××.× m^3）Overflow_Volume			
		溢油面积	双精	（××××××.× m^2）Overflow_Area			
3	周边环境	相关管道类型	字符	（"平行"…"其他"）Relate_Pipe_Type			
		管道与事故点距离	双精	（××××.×× m）Vccident_Pipe_Space			
		相关输电线类型	字符	（"平行"…"其他"）Relate_Power_Type			
		电线与事故点距离	双精	（××××.×× m）Vccident_Power_Space			
		相关工程	字符	（"水体"…"其他"）Relate_Project			
		工程与事故点距离	双精	（××××.×× m）Vccident_Project_Space			
		附近常住人口	整数	（××××× 人）Neighboring_Personnel			
4	现场条件	事故点地形	字符	（"山地"…"其他"）Vccident_landform			
		邻近道路	字符	（"高速"…"其他"）Near_Road			
		邻近道路名称	字符	（309 县道）Near_Road_Name			
		土质类型	字符	（"黏土"…"其他"）Soil_Type			
		敷设方式	字符	（"埋地"…"其他"）Laying_Way			
5	现场气象气体检测	现场天气	字符	（"阴"…"其他"）Weather_Situation			
		事故点风向	字符	（"北北东"…"北"）Wind_Driection			
		事故点风速	双精	（×××.× m/s）Wind_Speed			
		可燃气上风距离	双精	（×××××.× m）Flammable_Gas_Up			
		可燃气下风距离	双精	（×××××.× m）Flammable_Gas_Down			
		可燃气左侧距离	双精	（×××××.× m）Flammable_Gas_Left			
		可燃气右侧距离	双精	（×××××.× m）Flammable_Gas_Right			
		有毒气上风距离	双精	（×××××.× m）Toxic_Gas_Up			

续表

序号	数据名称	数据含义	类型	内容(对应变量)							
5	现场气象气体检测	有毒气下风距离	双精	(××××.× m) Toxic_Gas_Down							
		有毒气左侧距离	双精	(××××.× m) Toxic_Gas_Left							
		有毒气右侧距离	双精	(××××.× m) Toxiic_Gas_Right							
6	作业风险	类型	风险1	风险2	风险3	风险4	风险5	风险6	风险7	风险8	
		数组	陡坡	落石	0						
7	进场道路	类型	障碍1	障碍2	障碍3	障碍4	障碍5	障碍6	障碍7	障碍8	
	1	数组	沟渠	窄路	0	0	0	0	0	0	
	2	数组	0	0	0	0	0	0	0	0	

说明：1. 事故点坐标填大地坐标，E(东经)，N(北纬)；

2. "事故段内油品"：如果管道有泄漏，需要勘明事故段内油品的品种；

3. "作业风险"：风险号下填写风险类型；

4. "进场道路"：障碍号下填写障碍类型。

附表 2　站外事件管道信息数据表

事件名称				检索时间		年　月　日　时	
方案号			检索单位		负责人		
序号	数据名称	数据含义	类型	内容(对应变量)			
1	事件位置	上游站场	字符	(××泵站)Upstream_Station			
		下游站场	字符	(××泵站)Downstream_Station			
		事故阀室	字符	(××号阀室)Accident_Valve			
		上游阀室	字符	(××号阀室)Upstream_Valve			
		下游阀室	字符	(××号阀室)Downstream_Valve			
		事故点距首站里程	双精	(×××××.××km)Mileage_First			
		事故点高程	双精	(×××××.××m)Accident_Elevation			
		事故点管道方位角	角度	(N×××°××′××″)Accident_Azimuth			
		事故距上游站里程	双精	(×××.××km)Mileage_Up_Station			
		事故距下游站里程	双精	(×××.××km)Mileage_Down_Station			
		到上游阀室里程	双精	(××.××km)Mileage_Up_Valve			
		到下游阀室里程	双精	(××.××km)Mileage_Down_Vale			
2	设计信息	管道名称	字符	(×××管道)Pipe_Name			
		管道规格	字符	(D××××.×××××.××)Pipe_Specification			
		管道材质	字符	("X52"…"其他")Pipe_Material			
		设计压力	双精	(××.××MPa)Design_Pressure			
		允许停输时间	双精	(×××.××h)Allow_Shut_Time			
		敷设方式	字符	("埋地"…"其他")Laying_Way			
		管件形式	字符	("直缝管"…"其他")Pipe_Litting			
		附加设施	字符	("固定墩"…"其他")Addition_Facilities			
		管顶埋深	双精	(××.××m)Pipe_Roof_Depth			
		光纤位置	字符	("左侧"…"其他")Optical_Location			
		光纤与管壁距离	双精	(××.××m)Optical_To_Pipe			
		光纤埋深	双精	(××.××m)Optical_Depth			
		相关管道名称	字符	(××管道)Relate_Pipe			
		相关工程名称	字符	(××水渠)Relate_Project_Name			
3	运行信息	管内介质	字符	("汽油"…"其他")Pipe_Product			
		事故前输量	双精	(××××.××m³/h)Before_Flow			
		上游出站温度	双精	(××.××℃)Up_Sta_Tmeperature			
		下游进站温度	双精	(××.××℃)Down_Sta_Tmerperature			
		上游出站压力	双精	(××.××MPa)Up_Sta_Pressure			
		下游进站压力	双精	(××.××MPa)Down_Sta_Pressure			
4		天气预报	字符	("阴"…"其他")Weather_Situation			

6.1.2 输油(管道)应急抢修技术完整方案模板

<u>××××</u>管道

<u>××××</u>(地点)

<u>××××</u>事件

应急抢修技术方案

方案编号：YJJY-XZ-<u>20200130-001</u>

版 本 号：<u>02/001</u>

编制：<u>××××××</u>抢维修中心

审核：<u>×××</u>

批准：<u>×××</u>

<u>××××</u>年<u>××</u>月<u>××</u>日

1 事件情况

根据事件前期信息和现场勘察，××××年××月××日××时××分，在××省××市××县××××(事件地名)附近的××××××管道发生意外事件。

管道所属单位是××——××管道公司，××××(分公司，××××处，××××作业区)(二级单位)。输送介质是原油。

经过现场勘察根本事件确定为：××××管道因山体滑坡原因导致发生管道断裂事件。在事件现场发生了漏油现象。事件没有造成火灾和人员伤亡的情况。

2 编制目的及依据

为指导应急抢修指挥做好事件应急抢修工作，特制订本应急抢修技术规程。下列文件为本方案编写依据。凡是没有注明日期的文件，均已最新版本为准。

(1)《突发事件应急预案管理办法》国办发〔2013〕101号；

(2)《生产经营单位安全生产事故应急预案编制导则》(GB/T 29639—2013)；

(3)《应急抢修救援预案》(YJ/YQGD-XZD—2019)；

(4)《输油管道工程设计规范》(GB 50253—2014)；

(5)《钢质管道带压封堵技术规范》(GB/T 28055—2011)；

(6)《钢质管道焊接及验收》(GB/T 31032)；

(7)《油气长输管道施工及验收规范》(GB 50369—2006)；

(8)《石油工业带压开孔作业安全规范》(SY6554—2011)；

(9)《钢质油气管道失效抢修技术规范》(SY/T 7033—2016)；

(10)《钢质管道焊接与验收》(SY/T 4103—2006)；

(11)《原油、液化石油气和成品油管道维修推荐作法》(SY/T 6649—2006)；

(12)《输油管道抢维修技术手册》(Q/SHGD 1010—2018)；

(13)《钢质管道封堵技术规范 第1部分：塞式、筒式封堵》(SY/T 6150.1—2017)；

(14)《管道外防腐补口技术规范》GB/T 51241—2017。

3 作业工法选择

根据现场勘察、资料查询结果，结合现场实际选定带压封堵作业工法(Operation_Number, 0001)。根据作业工法中的作业内容和《应急抢修救援预案》(YJ/YQGD-XZD—2019)的要求办理相关作业票。

4 作业场地布置

管道损伤修复需要专门的设备、车辆、器材和作业工法，因此要在事件现场开辟施工作业场地和修缮进场道路。

4.1 作业场地

场地按黄线区、橙线区和红线区三个级别布置。三个级别警戒线设置考虑了施工作业需求，还根据现场照片、泄漏范围、作业坑大小、风向和油气浓度检测数据等综合因素。

（1）红线区——抢险作业区，包括：作业坑、作业平台、作业机具、风向标、作业人员进出通道、设备器材运输通道等，设第三道警戒线严禁无关、无防护人员进入红区。

（2）橙线区——辅助作业区，包括：设备区、物资区、集油坑、集水坑、油罐车、发电车、装备车等，设第二道警戒线禁止非作业人员进入橙区。

（3）黄线区——安全、勤务保障区，包括：现场指挥部、医疗救护站、临时卫生间、疏散通道等，黄线是次生灾害安全边界禁止无关人员进入。

（4）在黄线之外还布置了人员紧急集合点、风向标、停车场、后勤服务点等(图6-3)。

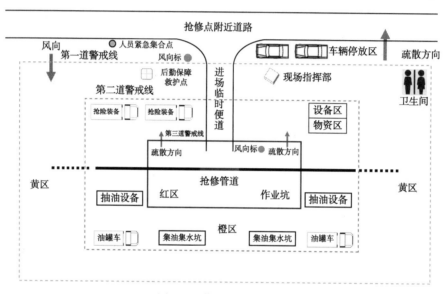

图6-3 作业场地布置图

4.2 进场道路修缮

根据选定的带压封堵作业工法有重型车辆进入抢修作业现场，道路通行条件为：转弯半径≥18m、路面宽度≥3.5m、道路坡度不大于≤30°、便桥荷载≥40t、硬质路面、净空高度≥4.2m。

根据现场勘察结果选择在××××国道上修建临时出口，按照道路通行条件要求修筑到达作业场地的进场道路。

4.2.1 进场道路修筑一般准则

（1）进场人员需穿戴防护服和安全帽，尽量从上风口修筑进场道路；

（2）本着方便、快捷原则，尽量选择现有道路，在无道路时选择最佳线路修筑进场道路；

（3）进场道路的承载能力、平整度、宽度和转弯半径等满足最大抢修车辆通行的条件；

（4）道路修缮须征得地方政府有关部门同意，并明确抢修作业后道路复原的地段；

（5）进场道路的下方有管道、线缆等地下障碍物或设施时，需采用保护措施。

4.2.2 小型水渠

（1）堤岸加固

采用草袋（编织袋）装土（沙石等其他材料）将沟渠底部或堤岸的障碍处进行铺垫平并用钢桩加固，为涵管安装创造条件。

（2）涵管敷设

顺着水流的方向吊装涵管（涵管采用 ϕ1600mm×120mm×2000mm 的混凝土管道），涵管敷设数量视水渠的宽度和水流量而定。

（3）搭建便桥

涵管敷设完成后在其周围用草袋（编织袋）装土填实后用推土机压实，然后再铺上钢管排或钢板搭成符合通车条件的便桥，参见图 6-4。

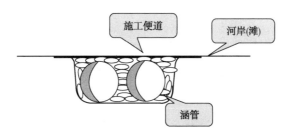

图 6-4　涵管过河便道示意图

4.2.3 其余道路

对于宽度、承载能力、转弯半径等不达标道路的修缮。

（1）路基疏干

在原有道路两侧（根据地形，可以是一侧）疏干地表水，在地基含水量接近最佳含水量时，清除表层不良土层。

（2）道路拓宽

根据抢修车型通过的要求确定路面的宽度，再根据现场的条件选择单侧或双侧加宽道路，尽量就地取土加宽路基，碾压结实。

（3）路面修筑

在路基上填筑路基材料（视其承载需求而定，一般情况下可用 200～400mm 厚砂砾），碾压结实，现场道路两侧设小排水沟，参见图 6-5、图 6-6。

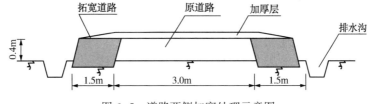

图 6-5　道路两侧加宽处理示意图

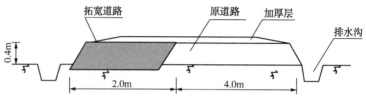

图6-6　道路单侧加宽处理示意图

（4）软土地基地段加固

对于软土地基承载能力不足地段，可在路面上增铺砂石加厚层碾压结实，以满足抢修车辆通行的需要。

5　抢修区施工

5.1　辅助设施建立

（1）电力系统建立

根据不同抢险情况，选用发电总量不低于50kW的发电机，确保设备处于完好状态，迅速铺设电缆，并连接防爆配电箱及设备。

采用分级配电方式，通过分级配电实现一机一闸一保护的功能。

（2）通信系统建立

① 设通信指挥车一辆，保障现场与外界的信息畅通。

② 现场指挥与协调人员以卫星电话、手机向外界沟通。

③ 现场指挥、安全监督、技术保障、施工作业等各组负责人员以防爆对讲机和防爆手提电喇叭联系与沟通。

④ 在指挥中心和抢险现场各设一个警报器，发生意外紧急危险，由总指挥下令拉响警报，全体人员立即撤离现场。

（3）通风系统建立

抢险人员携带风速仪，以确定上风向。为保障检测人员及抢修人员的安全，在泄漏点上风向10m处设两个不低于3kW轴流风机，并选用质量小、可弯曲、可折叠的柔性管作通风管，吹扫作业面。

根据抢修过程相应改变轴流风机的位置，保证抢修设备在泄漏点上风向进行施工。

（4）照明系统建立

根据现场实际情况，采取工程抢险车或便携式防爆泛光灯等不同形式为整个抢修区域照明，并携带备用照明设备。

（5）风速较大时建立防风棚

当环境风速影响到焊接操作时，应建立防风棚进行焊接区域的防护。

5.2　作业坑建立

（1）挖掘机、推土机等机动车排气管需装防火罩后才能进场作业。车辆、机具进入事故现场作业平台，并开挖作业坑。

（2）据穿孔或裂缝的位置，采用挖掘机和人工配合开挖作业坑。作业坑开挖尺寸根据事故管道泄漏位置、埋深及地质情况确定。依照现场土质或岩石类型等情况设计稳定坡度以保证坑内作业安全，必要时采取打钢板桩等措施进行防护处理。作业坑上方的起重设备基础必须夯实、牢固并铺垫钢桥排，作业坑坑壁上采用安全防护网铺盖，两边设置逃生通道。

（3）机具开挖至距管壁 0.5m 时，采用人工开挖管沟。微量泄漏事故开挖作业坑，操作坑深度需要满足卡具安装及焊接作业的要求；大量泄漏事故开挖作业坑，作业坑坑底与其上方管底间距离应不小于 0.6m。

（4）距离管沟左右 1m 时，采用人工开挖管沟，作业坑底距管底应不低于 0.6m。在操作坑沿气流方向的左侧设 1~2 个积水坑，积水坑内的积水使用带防爆电机的泵类设备将积水外排，保证作业坑边坡稳定，基坑干燥。如图 6-7 所示。

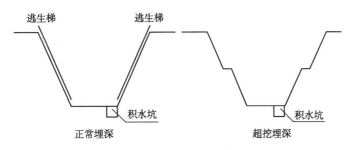

图 6-7　作业坑断面示意图

6　抢修作业

6.1　作业方法

（1）现场再勘察。作业前对封堵作业管段的走向、埋深、高差、作业距离、土壤情况等进行再勘察；了解管道的材质、直径、壁厚、管道运行参数、防腐方式、输送介质的特性；了解管道最低允许输送压力、最长停输时间；再确认管道附近有无其他的地下管道、电缆、光缆，附近的重要水体、工业及民用建筑设施等，按 SY/T 6150.1—2017《钢质管道封堵技术规范 第 1 部分：塞式、筒式封堵》要求并填写《管道调查表》。应根据现场勘察情况，确定采取停输或不停输封堵方案。

（2）现场监测。在作业期间，应对现场环境中的可燃气体、有毒气体进行全过程监测预警。

（3）开挖作业坑。作业坑开挖尺寸除应执行 SY/T 6150.1—2017《钢质管道封堵技术规范 第 1 部分：塞式、筒式封堵》的第 5.9 条款要求外，还应根据现场实际情况调整；封堵作业坑和管线碰头动火作业坑之间宜设置隔墙，作业坑应留有边坡、上下阶梯通道；地下水位较高时，应采取降水措施；边坡不稳时，应采取防塌方措施等（如图 6-8 所示）。

（4）封堵器安装。封堵管件组对焊接、安装夹板阀、塞堵试堵孔、安装开孔设备、

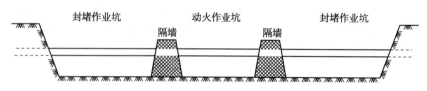

图6-8 封堵作业

整体严密性试验、管道开孔、安装旁通管线、管道封堵。

（5）封堵严密性检查。封堵完成后，应对封堵效果进行检查，半小时内封堵段无压力波动，则封堵合格；否则，应重新下堵或更换皮碗后再封堵。直到封堵合格后，才能进行下道工序。

（6）事故段切除。封堵管段抽油及割管、砌筑黄油泥墙、动火点油气浓度检测。

（7）连头管件预制准备。按照施工规范要求完成中间连接管件的预制，新旧管线自身焊口错开距离应≥100mm，并考虑热胀冷缩对连头组对间隙的影响。

（8）管道更换。管道动火连头、焊缝无损检测、管道解除封堵、拆除旁通管道。

（9）管件防腐及地貌恢复。封堵作业完成后，将更换的管道、管件等按设计及规范要求进行防腐保温处理；对于埋地管件，应先用细土垫实悬空管线，再按要求进行土方回填、恢复地貌。

6.2 机具设备表（表6-1）

表6-1 机具设备表（Equipment_List，1001）

序号	设备名称	设备型号	单位	数量	用途
1	开孔设备	根据管线规格配置	套	2	带压密闭开孔
2	封堵设备	根据管线规格配置	套	2	带压封堵
3	夹板阀	根据管线规格配置	台	4	配套设备，隔断油气
4	防爆电动爬管机	ZQG-100DN200-10	台	8	切断旧管道
5	焊条烘箱		台	2	烘烤焊条
6	防爆齿轮油泵	2CY29/10	台	8	回收原油
7	防爆照明灯具	1000W	台	4	现场照明
8	角向磨光机		台	8	打磨、除锈
9	千斤顶	5t/5t	台	4	支撑管道
10	倒链	3t/5t	台	8	提升管道
11	发电机	80kW	台	2	提供电力
12	液压站	根据设备配置	台	2	为封堵设备提供动力
13	电焊机	ZX7-400B	台	10	焊接
14	气焊工具		套	2	火焰切割
15	手动开孔机	QN100	台	4	开抽油孔、压力平衡孔
16	对口器	根据管线规格配置	套	4	安装组对

续表

序号	设备名称	设备型号	单位	数量	用途
17	超声波测厚仪		台	2	测管道壁厚
18	多功能可燃气体测报仪		台	2	可燃气体检测
19	防爆潜水泵	$20m^3/h$	台	4	作业坑降水
20	抢修值班车	20 座	台	2	运送作业人员
21	消防车		台	1	消防安全保护
22	大型设备运输专用车	THT9405 沃尔沃	辆	2	运送器材
23	重型多功能应急抢险车	FM46064TB 牵引车	辆	1	发电、抽油、排水等

注：此表按不停输封堵作业配备，可根据具体工作量及实施方案进行调整。

6.3 材料表(表 6-2)

表 6-2 材料表(Material_List，2001)

序号	材料名称	规格型号	单位	数量	用途
1	专用封堵三通	根据管线规格配置	套	4	带压封堵
2	管道	根据管线规格配置	m	勘测确定	更换旧管道
3	焊条	根据管线材质配置	kg	40	

7 完工离场

抢修作业完成，现场指挥部按照批准的方案验收和确认，恢复作业场地、进场道路等处的地形地貌，经现场指挥部批准，救援队撤离现场。

6.2　输油(站场)应急抢修技术方案模板

6.2.1　输油(站场)应急抢修技术初步方案模板

<u>××××</u>管道

<u>××××</u>(站场)

<u>××××</u>事件

应急抢修技术初步方案

方案编号：<u>YJJY-XZ-20200130-001</u>

版 本 号：<u>01/001</u>

编制：<u>××××××抢维修中心</u>
审核：<u>×××</u>
批准：<u>×××</u>

<u>××××年××月××日</u>

1 事件简况

根据有关部门报告和《事故基本信息表》，××××年××月××日××时××分，在××省××市××县××××(事件地名)附近的××××××站发生意外事件。

管道所属单位是××——××管道公司，××××(分公司，××××处，××××作业区)(二级单位)。输送介质是原油。

根据以上信息本事件初步确定为：××××站因水击原因导致发生阀门损坏事件。在事件现场发生了漏油现象。

2 编制目的及依据

为指导应急抢修指挥做好事件应急抢修工作，特制订本应急抢修技术规程。下列文件为本方案编写依据。凡是没有注明日期的文件，均已最新版本为准。

(1)《突发事件应急预案管理办法》国办发〔2013〕101号；

(2)《生产经营单位安全生产事故应急预案编制导则》(GB/T 29639—2013)；

(3)《应急抢修救援预案》(YJ/YQGD-XZD-2019)；

(4)《输油管道工程设计规范》(GB 50253—2014)；

(5)《原油、液化石油气和成品油管道维修推荐作法》(SY/T 6649—2006)；

(6)《输油管道抢维修技术手册》(Q/SHGD 1010—2018)。

3 应急抢修流程

输油管道沿线情况复杂、多变，应急抢修技术方案应结合现场实际制订，此过程分为两个阶段。首先根据事件初步情况，组建应急抢修机构，派遣专业人员获取现场资料；其次结合现场实际制订抢修技术方案。参见图6-9。

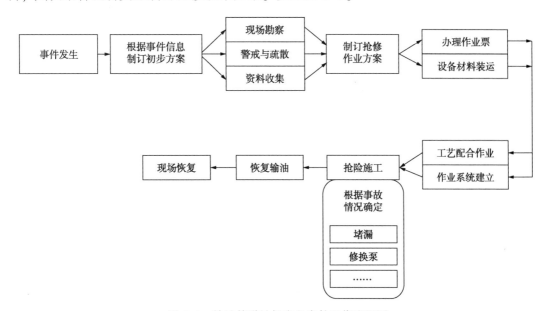

图6-9 输油管道站场应急事件工作流程图

4 应急抢修组织机构

根据事件情况成立现场应急抢修组织机构，分别有：生产运行组、安全环保组、应急协调组、技术支持组、物资装备组、综合保障组、抢险实施组等。其现场应急组织机构如图 6-10 所示。

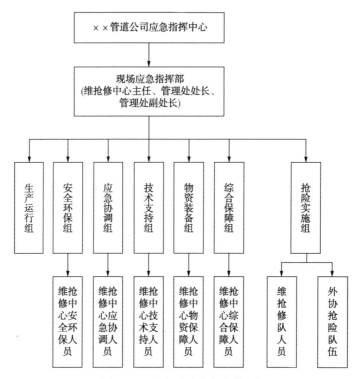

图 6-10 现场应急组织机构图

总指挥：×××电话：

副总指挥：×××电话：　　　　　　副总指挥：×××电话：

生产运行组组长：×××电话：

安全环保组组长：×××电话：

应急协调组组长：×××电话：

技术支持组组长：×××电话：

物资装备组组长：×××电话：

综合保障组组长：×××电话：

抢险实施组组长：×××电话：

根据应急救援的需求开展如下工作：

（1）由抢险实施组、技术支持组、安全环保组和管道业主单位联合组织现场勘察，填写《站场事件勘察数据表》，并拍摄相关勘察照片；

（2）安全环保组、管道业主单位和地方公安实施现场警戒与无关人员疏散工作；

（3）抢险实施组、技术支持组、生产运行组联合收集事故站场事故区域图纸、设计说明书等竣工资料；

（4）安全环保组在现场勘察的同时进行风险评估工作。

5　前期工作

5.1　现场勘察

现场勘察应包含不限于如下内容：

（1）事件地点：事件发生的详细地点名称（所属的市、县、乡、村等），大地坐标（或经纬度）。

（2）事件现象：事件在站场中的相关位置，有无溢油、爆炸、起火、伤人等情况。

（3）管道损伤：事件现场照片（显示状态、程度和范围），地面实际测量受损情况。事故设施的安装方式。

（4）事故类型：事故区域（泵机组、罐区、工艺区、阀组区等），站内发生（爆管、油罐泄漏、主泵损坏、阀门破裂等）事故。

（5）溢油扩散：（如果有）溢油扩散状态照片，估算溢油漏失量××××m^3，估算溢油扩散面积××××m^2，（如果有）现场受限、密闭空间照片。

（6）气象情况：现场天气（阴、晴、小雨、中雨、大雨或其他），积水情况（照片），事故点风向（NW××.×°），风速×××.×m/s。

（7）气体检测：现场可燃、（如果有）有毒气体的扩散情况，以事故点为中心上风、下风、左侧和左侧范围。

5.2　事件详细信息

资料收集应包含不限于如下内容：

（1）设计信息：事故区设计压力，允许停输时间时（针对原油）。

（2）竣工资料：事故区域、装置的竣工图、设备表、材料表和说明书等。

（3）输送介质：原油（或）×××号汽油（或）×××号柴油（或）××××油。

（4）运行信息：事件发生前管道的输量、输油温度（进出站或上下站）、输油压力（进出站或上下站）。

（5）气象信息：（两日内）气象预报（阴、晴、小雨、中雨、大雨或其他）。

5.3　风险评估及 HSE 防控措施

抢修作业须保证作业人员的安全，同时也要防止二次事故发生，由安全环保（HSE）组负责评估风险并进行相应的防灾处置。

（1）燃爆风险：根据"气体检测"的可燃气体浓度分布情况，（如果有）燃爆风险区位于以事故点为中心上风、下风、左侧、左侧。在此区域内作业必须采取相应的防范措施。

（2）毒害风险：根据"气体检测"的有毒气体检测布情况，（如果有）燃爆风险区位于以事故点为中心上风、下风、左侧、左侧。在此区域内作业必须采取相应的防范措施。在此区域内作业必须采取防毒作业措施。

（3）受限空间：（如果有）事故区域附近的××××受限空间侵入泄漏油品估计体积，受限空间内漏油处理需要采取防范措施。

（4）高风险作业：起重、临时用电、动土作业等。

（5）环境风险。

（6）其他风险：深基坑、高空坠物、烫伤以及相关设施（管道、电力等）。

作业前，应根据风险分析，组织作业人员进行安全、技术和任务交底，告知可能存在的安全风险和应采取的安全防范措施，明确责任要求。

根据现场应急抢修方案，结合前期侦检勘察信息，HSE 组对抢修各环节进行 JSA 分析并制定管控措施，按照《应急抢修救援预案》(YJ/YQGD-XZD—2019)的要求填写《作业安全风险识别与分析(JSA)表》，表中提出的应对措施在制订抢修作业方案时协调落实。

附表 3　站场事件勘察数据表

事件名称				勘察时间		年　月　日　时		
方案号			勘察单位		负责人			
序号	数据名称	数据含义	类型	内容（对应变量）				
1	事件地点	事故点地名	字符	（曹山村大龙湖街）Accident_Toponymy				
		所属省	字符	（江苏省）Accident_Provice				
		所属市	字符	（徐州市）Accident_City				
		所属县	字符	（云龙区）Accident_County				
		所属乡、村	字符	（曹山村）Accident_Village				
		事故点坐标	坐标	E×××.×××××，N××.×××××Vccident_Coordinate				
		事故站场	字符	（××泵站）Accident_Station				
2	事件现象	事故状态	字符	（"溢油"…"其他"）Accident_State				
		事故类型	字符	（"油罐泄漏"…"其他"）Accident_Type_Station				
		事故单元	字符	（"罐区"…"其他"）Accident_Unit				
		事故段内油品	字符	（"汽油"…"其他"）Accident_Oil				
		溢油体积	双精	（××××××.×m³）Overflow_Volume				
		溢油面积	双精	（××××××.×m²）Overflow_Area				
3	现场气象气体检测	现场天气	字符	（"阴"…"其他"）Weather_Situation				
		事故点风向	字符	（"北北东"…"北"）Wind_Driection				
		事故点风速	双精	（×××.×m/s）Wind_Speed				
		可燃气上风距离	双精	（×××××.×m）Flammable_Gas_Up				
		可燃气下风距离	双精	（×××××.×m）Flammable_Gas_Down				
		可燃气左侧距离	双精	（×××××.×m）Flammable_Gas_Left				
		可燃气右侧距离	双精	（×××××.×m）Flammable_Gas_Right				
		有毒气上风距离	双精	（×××××.×m）Toxic_Gas_Up				
		有毒气下风距离	双精	（×××××.×m）Toxic_Gas_Down				
		有毒气左侧距离	双精	（×××××.×m）Toxic_Gas_Left				
		有毒气右侧距离	双精	（×××××.×m）Toxiic_Gas_Right				
4	工艺信息	事故前输量	双精	（××××.××m³/h）Before_Flow				
		进站油温	双精	（××.××℃）Enter_Sta_Tmeperature				
		出站油温	双精	（××.××℃）Out_Sta_Tmeperature				
		进站压力	双精	（××.××MPa）Enter_Sta_Pressure				
		出站压力	双精	（××.××MPa）Out_Sta_Pressure				
		设计压力	双精	（××.××MPa）Design_Pressure				
		允许停输时间	双精	（×××.××h）Allow_Shut_Time				
5	作业风险	类型	风险1	风险2	风险3	风险4	风险5	风险6	风险7	风险8
		数组	火灾	爆炸	电击	0				

说明：1. 事故点坐标填大地坐标，E（东经），N（北纬）；

　　　2. "事故段内油品"：如果管道有泄漏，需要勘明事故段内油品的品种。

6.2.2　输油(站场)应急抢修技术完整方案模板

<u>××××</u>管道

<u>××××</u>(站场)

<u>××××</u>事件

应急抢修技术方案

方案编号：<u>YJJY-XZ-20200130-001</u>

版 本 号：<u>02/001</u>

编制：<u>×××××抢维修中心</u>
审核：<u>×××</u>
批准：<u>×××</u>

<u>××××年××月××日</u>

1　事件情况

根据事件前期信息和现场勘察，××××年××月××日××时××分，在××省××市××县××××(事件地名)附近的×××××站发生意外事件。

管道所属单位是××——××管道公司，××××(分公司，××××处，××××作业区)(二级单位)。输送介质是原油。

经过现场勘察根本事件确定为：××××站因水击原因导致发生阀门损坏事件。在事件现场发生了漏油现象。事件没有造成火灾和人员伤亡的情况。

2　编制目的及依据

为指导应急抢修指挥做好事件应急抢修工作，特制订本应急抢修技术规程。下列文件为本方案编写依据。凡是没有注明日期的文件，均已最新版本为准。

(1)《突发事件应急预案管理办法》国办发〔2013〕101 号；

(2)《生产经营单位安全生产事故应急预案编制导则》(GB/T 29639—2013)；

(3)《应急抢修救援预案》(YJ/YQGD-XZD—2019)；

(4)《输油管道工程设计规范》(GB 50253—2014)；

(5)《钢质管道带压封堵技术规范》(GB/T 28055—2011)；

(6)《钢质管道焊接及验收》(GB/T 31032)；

(7)《油气长输管道施工及验收规范》(GB 50369—2006)；

(8)《石油工业带压开孔作业安全规范》(SY 6554—2011)；

(9)《钢质油气管道失效抢修技术规范》(SY/T 7033—2016)；

(10)《钢质管道焊接与验收》(SY/T 4103—2006)；

(11)《原油、液化石油气和成品油管道维修推荐作法》(SY/T 6649—2006)；

(12)《输油管道抢维修技术手册》(Q/SHGD 1010—2018)；

(13)《钢质管道封堵技术规范 第 1 部分：塞式、筒式封堵》(SY/T 6150.1—2017)；

(14)《管道外防腐补口技术规范》GB/T 51241—2017。

3　作业工法选择

根据事故勘察结果，结合现场实际选定中小型阀门更换技术工法(Operation_Number，0004)。根据作业工法中的作业内容和《应急抢修救援预案》(YJ/YQGD-XZD—2019)的要求办理相关作业票。

4　作业场地布置

站场抢修需要专门的设备、车辆、器材和作业工法，因此要在事件现场布置施工作业场地。场地按施工需要、风向和油气浓度检测数据等综合因素布置警戒区。

相应的安全、勤务保障等辅助设施布置在站场的办公区或站外，包括：现场指挥部、物资储备、医疗救护等。

5 抢修作业

5.1 作业方法

（1）作业段封闭。倒换流程关闭作业管段，如果导流程不能关闭作业段则需要越站或停输。作业管段泄压，关闭作业段上游、下游的阀门（每侧尽可能关闭两道阀门）。

（2）作业段放空。检查更换阀门两侧管道的支撑情况，必要时增加临时支撑，在阀门下方布置接油槽，使用防爆扳手打开阀门上的放空阀（如果没有放空阀可松开阀门连接法兰螺栓）。放出残油后，更换接油槽。对于焊接阀门可在袖管处开孔放空。

（3）更换阀门。拆下旧阀门，清理管道口和法兰面，更换新的法兰垫，安装新阀门。对于焊接阀门应在袖管内侧切断管道拆下阀门，同时要评估原阀门袖管焊质量确定是否切掉，清理管道口、打黄油墙，焊接安装新阀门。

（4）现场监测。在作业期间无关人员不得进入作业区，应对现场环境中的可燃气体、有毒气体、泄漏油品进行全过程监测预警。

（5）管道防腐。对于阀门的油漆、防腐层缺损处进行补漆、补口。

（6）现场恢复。新阀门安装检验合格后，拆除警戒物恢复站场原貌。

5.2 机具设备表（表6-3）

表6-3　机具设备表 Equipment_List，0004（暂定）

序号	设备名称	设备型号	单位	数量	用途
1	依维柯抢修车	中型	台	3	
2	林肯逆变电焊机	V350-PRO	台	1	
3	本田自发电电焊机	SHW190	台	5	
4	远红外焊条烘干箱	ZYHC-60	台	1	
5	割管机		台	2	
6	防爆抽油泵	25CYZ-A-32	台	2	
7	正压呼吸器	A1YPLUME	台	5	
8	电火花检测仪	SL-68B	台	2	
9	电焊机	ZX7-400B	台	4	焊接
10	可燃气体检测仪	Ex2000	台	2	
11	转盘式收油机	ZSY-20	台	2	
12	喷洒装置	PS40	台	2	
13	带压开孔机堵孔机	PN100 DN15~100	台	1	
14	气动防爆通风机	Ub20××	台	2	
15	接油槽		个	4	
16	角向磨光机	100	个	2	
17	角向磨光机	150	个	2	
18	数码照相机		台	1	

续表

序号	设备名称	设备型号	单位	数量	用途
19	防爆鼓风机		套	1	
20	防爆风镐		台	1	
21	防爆工具		套	4	扳手、撬杠、大锤等
22	临时储油罐		个	1	

5.3 材料表(表6-4)

表6-4 材料表 Material_List，0004(暂定)

序号	材料名称	规格型号	单位	数量	用途
1	短管	与作业段相同	m	若干	
2	阀门	与事故阀相同	个		根据现场需要
3	橡胶板	10mm	m²	1	
4	石棉被	1×1m	条	30	
5	吸油毡	2×1.5m	条	30	
6	消油剂	30kg	桶	10	
7	MFZ 干粉	8kg	具	10	
8	防腐底漆		桶	5	
9	油漆		桶	5	与现场管道相同
10					

6 完工离场

抢修作业完成，现场指挥部按照批准的方案验收和确认，恢复作业现场原貌，经现场指挥部批准，救援队撤离现场。

6.3 输气(管道)应急抢修技术方案模板

6.3.1 输气(管道)应急抢修技术初步方案模板

××××管道

××××(地点)

××××事件

应急抢修技术初步方案

方案编号：YJJY-XZ-20200130-001

版 本 号：01/001

编制：××××××抢维修中心

审核：×××

批准：×××

××××年××月××日

1　事件简况

根据有关部门报告和《事故基本信息表》，××××年××月××日××时××分，在××省××市××县××××(事件地名)附近的××××××管道发生意外事件。

管道所属单位是××——××管道公司，××××(分公司，××××处，××××作业区)(二级单位)。输送介质是天然气。

根据以上信息本事件初步确定为：××××管道因山体滑坡原因导致发生管道断裂事件。在事件现场发生了气体泄漏现象。

2　编制目的及依据

为指导应急抢修指挥做好事件应急抢修工作，特制订本应急抢修技术规程。下列文件为本方案编写依据。凡是没有注明日期的文件，均已最新版本为准。

(1)《突发事件应急预案管理办法》国办发〔2013〕101号；

(2)《生产经营单位安全生产事故应急预案编制导则》(GB/T 29639—2013)；

(3)《应急抢修救援预案》(YJ/YQGD-XZD—2019)；

(4)《输气管道工程设计规范》(GB 50251—2015)；

(5)《原油、液化石油气和成品油管道维修推荐作法》(SY/T 6649—2006)；

(6)《输油管道抢维修技术手册》(Q/SHGD 1010—2018)。

3　应急抢修流程

输气管道沿线情况复杂、多变，应急抢修技术方案应结合现场实际制订，此过程分为两个阶段。首先根据事件初步情况，组建应急抢修机构，派遣专业人员获取现场资料；其次结合现场实际制订抢修技术方案。参见图6-11。

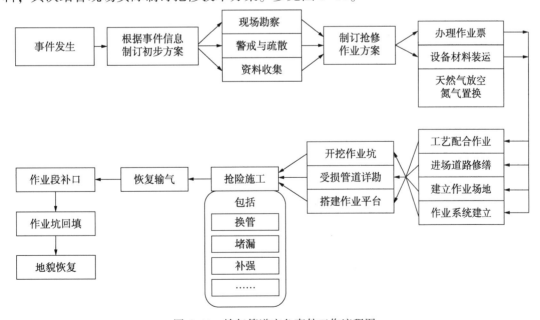

图6-11　输气管道应急事件工作流程图

4　应急抢修组织机构

根据事件情况成立现场应急抢修组织机构，分别有：生产运行组、安全环保组、应急协调组、技术支持组、物资装备组、综合保障组、抢险实施组等。其现场应急组织机构如图6-12所示。

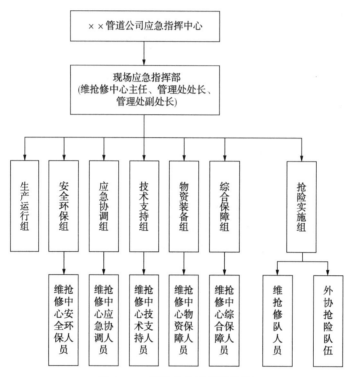

图6-12　现场应急组织机构图

总指挥：×××电话：

副总指挥：×××电话：　　　　　　副总指挥：×××电话：

生产运行组组长：×××电话：

安全环保组组长：×××电话：

应急协调组组长：×××电话：

技术支持组组长：×××电话：

物资装备组组长：×××电话：

综合保障组组长：×××电话：

抢险实施组组长：×××电话：

根据应急救援的需求开展如下工作：

（1）由抢险实施组、技术支持组、安全环保组和管道业主单位联合组织现场勘察，填写《现场勘察数据表》，并拍摄相关勘察照片；

（2）安全环保组、管道业主单位和地方公安实施现场警戒与无关人员疏散工作；

（3）抢险实施组、技术支持组、生产运行组联合收集事故管道相关资料，填写《事故管道信息数据表》及相关图纸、设计说明书等竣工资料；

（4）安全环保组在现场勘察的同时进行风险评估工作。

5　前期工作

5.1　现场勘察

现场勘察应包含不限于如下内容：

（1）事件地点：事件发生的详细地点名称（所属的市、县、乡、村等），大地坐标（或经纬度）。

（2）事件现象：事件与管道相关位置，有无泄漏、爆炸、起火、伤人等情况。

（3）管道损伤：事件现场照片（显示管道破损状态、程度和范围），地面实际测量受损段长度。事故段管道采用（埋地、箱涵、穿越、跨越等）方式敷设。

（4）事故类型：管道发生（断管、破裂、漂管、悬空、凝管、变形、滑坡、腐蚀、打孔或其他等）事故。

（5）泄漏扩散：现场根据可燃气体浓度探测仪进行泄漏扩散影响区域划定，初步确定泄漏扩散范围并动态关注。

（6）周边环境：（如果有）重要水体、公路、铁路、建筑物照片，与事故点距离；（如果有）其他管道、电力、通信、管沟（涵）等设施照片，与事故点距离；（如果有）附近一定范围（半径）内有（××××栋）建筑物；（如果有）约有（××××位）常住人口。

（7）进场条件：事故点处于（山地、丘陵、平地、水网等）哪种地带；（如果有）附近有（高速公路、国道、省级公路或管道伴行路等），道路的宽度、坡度和弯曲情况及通过能力是否满足需要，可选择的设备进场路线，可用于施工作业、物资存放场地的情况；事故段土质条件（沙石、黏土、沼泽、碎石等）。

（8）气象情况：现场天气（阴、晴、小雨、中雨、大雨或其他），积水情况（照片），事故点风向（NW××.×°），风速×××.×m/s。

（9）气体检测：现场可燃、（如果有）有毒气体的扩散情况，以事故点为中心上风、下风、左侧和左侧范围。

5.2　事件详细信息

资料收集应包含不限于如下内容：

（1）事故位置：事件地点与输气站场的位置关系，事件地点与阀室的位置关系，事件地点与管道沿程设施（标志桩、里程桩等）的位置关系，事件地点里程、高程、管道方位角。

（2）设计信息：管道规格（管径、壁厚），管道材质，设计压力，允许停输时间（异常供气）。

（3）管内介质：天然气。

（4）运行信息：事件发生前管道的输量、温度（进出站或上下站）、压力（进出站或上下站）。

（5）事故范围：管道受损段长度××××m。

（6）工程信息：事故段管道材质为（材质、直缝或螺旋焊缝钢管，或冷煨弯管、热煨弯管、××D 弯头），（如果有）管道有（固定墩支撑、水保、防滑桩、配重块等附件），管顶埋深，（如果有）光纤位置。

（7）相关工程：事故段管道（如果有）与××××管道平行或相交，（如果有）与××××输电线路平行或相交，（如果有）与××××沟（涵）平行或相交。（如果有）相关工程需要给出相关勘测数据。

（8）气象信息：（两日内）气象预报（阴、晴、小雨、中雨、大雨或其他）。

5.3　风险评估及 HSE 防控措施

抢修作业须保证作业人员的安全，同时也要防止二次事故发生，由安全环保（HSE）组负责评估风险并进行相应的防灾处置。

（1）燃爆风险：根据"气体检测"的可燃气体浓度分布情况，（如果有）燃爆风险区位于以事故点为中心上风、下风、左侧、左侧。在此区域内作业必须采取相应的防范措施。

（2）毒害风险：根据"气体检测"的有毒气体检测布情况，（如果有）燃爆风险区位于以事故点为中心上风、下风、左侧、左侧。在此区域内作业必须采取相应的防范措施。在此区域内作业必须采取防毒作业措施。

（3）受限空间：（如果有）事故区域附近的××××受限空间侵入泄漏油品估计体积，受限空间内漏油处理需要采取防范措施。

（4）高风险作业：起重、临时用电、动土作业等。

（5）环境风险。

（6）其他风险：深基坑、地形风险（陡坡、落石），相关设施（管道、光纤、电力等）。

作业前，应根据风险分析，组织作业人员进行安全、技术和任务交底，告知可能存在的安全风险和应采取的安全防范措施，明确责任要求。

根据现场应急抢修方案，结合前期侦检勘察信息，HSE 组对抢修各环节进行 JSA 分析并制定管控措施，按照《应急抢修救援预案》（YJ/YQGD-XZD—2019）的要求填写《作业安全风险识别与分析（JSA）表》，表中提出的应对措施在制订抢修作业方案时协调落实。

附表4　站外事件现场勘察数据表

事件名称				勘察时间			年　月　日　时	
方案号			勘察单位			负责人		
序号	数据名称	数据含义	类型	内容（对应变量）				
1	事件地点	事故点地名	字符	（曹山村大龙湖街）Accident_Toponymy				
		所属省	字符	（江苏省）Accident_Provice				
		所属市	字符	（徐州市）Accident_City				
		所属县	字符	（云龙区）Accident_County				
		所属乡、村	字符	（曹山村）Accident_Village				
		事故点坐标	坐标	E×××.×××××，N××.×××××Vccident_Coordinate				
2	事件现象	事故点桩号	字符	（××标志桩）Accident_Pile				
		事故状态	字符	（"溢油"…"其他"）Accident_State				
		事故类型	字符	（"断管"…"其他"）Accident_Type_line				
		事故段内介质	字符	（"天然气"…"其他"）Accident_Gas				
		受损段长度	双精	（××××.×× m）Damaged_Length				
3	周边环境	相关管道类型	字符	（"平行"…"其他"）Relate_Pipe_Type				
		管道与事故点距离	双精	（××××.×× m）Vccident_Pipe_Space				
		相关输电线类型	字符	（"平行"…"其他"）Relate_Power_Type				
		电线与事故点距离	双精	（××××.×× m）Vccident_Power_Space				
		相关工程	字符	（"水体"…"其他"）Relate_Project				
		工程与事故点距离	双精	（××××.×× m）Vccident_Project_Space				
		附近常住人口	整数	（××××× 人）Neighboring_Personnel				
4	现场条件	事故点地形	字符	（"山地"…"其他"）Vccident_landform				
		邻近道路	字符	（"高速"…"其他"）Near_Road				
		邻近道路名称	字符	（309 县道）Near_Road_Name				
		土质类型	字符	（"黏土"…"其他"）Soil_Type				
		敷设方式	字符	（"埋地"…"其他"）Laying_Way				
5	现场气象气体检测	现场天气	字符	（"阴"…"其他"）Weather_Situation				
		事故点风向	字符	（"北北东"…"北"）Wind_Driection				
		事故点风速	双精	（×××.× m/s）Wind_Speed				
		可燃气上风距离	双精	（×××××.× m）Flammable_Gas_Up				
		可燃气下风距离	双精	（×××××.× m）Flammable_Gas_Down				
		可燃气左侧距离	双精	（×××××.× m）Flammable_Gas_Left				
		可燃气右侧距离	双精	（×××××.× m）Flammable_Gas_Right				
		有毒气上风距离	双精	（×××××.× m）Toxic_Gas_Up				
		有毒气下风距离	双精	（×××××.× m）Toxic_Gas_Down				
		有毒气左侧距离	双精	（×××××.× m）Toxic_Gas_Left				
		有毒气右侧距离	双精	（×××××.× m）Toxiic_Gas_Right				
6	作业风险	类型	风险1	风险2	风险3	风险4	风险5	风险6	风险7	风险8
		数组	陡坡	落石	0					
7	进场道路	类型	障碍1	障碍2	障碍3	障碍4	障碍5	障碍6	障碍7	障碍8
	1	数组	沟渠	窄路	0	0	0	0	0	0

说明：1. 事故点坐标填大地坐标，E（东经），N（北纬）；

2."事故段内油品"：如果管道有泄漏，需要勘明事故段内油品的品种；

3."作业风险"：风险号下填写风险类型；

4."进场道路"：障碍号下填写障碍类型。

附表5　站外事件管道信息数据表

事件名称			检索时间		年　月　日　时	
方案号		检索单位		负责人		
序号	数据名称	数据含义	类型	内容（对应变量）		
1	事件位置	上游站场	字符	（××泵站）Upstream_Station		
		下游站场	字符	（××泵站）Downstream_Station		
		事故阀室	字符	（××号阀室）Accident_Valve		
		上游阀室	字符	（××号阀室）Upstream_Valve		
		下游阀室	字符	（××号阀室）Downstream_Valve		
		事故点距首站里程	双精	（×××××.×× km）Mileage_First		
		事故点高程	双精	（×××××.×× m）Accident_Elevation		
		事故点管道方位角	角度	（N×××°××′××″）Accident_Azimuth		
		事故距上游站里程	双精	（×××.×× km）Mileage_Up_Station		
		事故距下游站里程	双精	（×××.×× km）Mileage_Down_Station		
		到上游阀室里程	双精	（××.×× km）Mileage_Up_Valve		
		到下游阀室里程	双精	（××.×× km）Mileage_Down_Vale		
2	设计信息	管道名称	字符	（×××管道）Pipe_Name		
		管道规格	字符	（D××××.×××××.××）Pipe_Specification		
		管道材质	字符	（"X52"…"其他"）Pipe_Material		
		设计压力	双精	（××.×× MPa）Design_Pressure		
		允许停输时间	双精	（×××.×× h）Allow_Shut_Time		
		敷设方式	字符	（"埋地"…"其他"）Laying_Way		
		管件形式	字符	（"直缝管"…"其他"）Pipe_Litting		
		附加设施	字符	（"固定墩"…"其他"）Addition_Facilities		
		管顶埋深	双精	（××.×× m）Pipe_Roof_Depth		
		光纤位置	字符	（"左侧"…"其他"）Optical_Location		
		光纤与管壁距离	双精	（××.×× m）Optical_To_Pipe		
		光纤埋深	双精	（××.×× m）Optical_Depth		
		相关管道名称	字符	（××管道）Relate_Pipe		
		相关工程名称	字符	（××水渠）Relate_Project_Name		
3	运行信息	管内介质	字符	（"汽油"…"其他"）Pipe_Product		
		事故前输量	双精	（××××.×× m³/h）Before_Flow		
		上游出站温度	双精	（××.×× ℃）Up_Sta_Tmeperature		
		下游进站温度	双精	（××.×× ℃）Down_Sta_Tmerperature		
		上游出站压力	双精	（××.×× MPa）Up_Sta_Pressure		
		下游进站压力	双精·	（××.×× MPa）Down_Sta_Pressure		
4		天气预报	字符	（"阴"…"其他"）Weather_Situation		

6.3.2　输气(管道)应急抢修技术完整方案模板

××××管道
××××(地点)
××××事件
应急抢修技术方案

方案编号：YJJY-XZ-20200130-001

版　本　号：02/001

编制：××××××抢维修中心
审核：×××
批准：×××

××××年××月××日

1 事件情况

根据事件前期信息和现场勘察，<u>××××</u>年<u>××</u>月<u>××</u>日<u>××</u>时<u>××</u>分，在<u>××</u>省<u>××</u>市<u>××</u>县<u>××</u><u>××</u>(事件地名)附近的<u>××××××</u>管道发生意外事件。

管道所属单位是<u>××——××管道公司</u>，<u>××××</u>(分公司，<u>××××</u>处，<u>××××</u>作业区)(二级单位)。输送介质是<u>天然气</u>。

经过现场勘察根本事件确定为：<u>××××管道因山体滑坡原因导致发生管道断裂事件</u>。在事件现场发生了<u>气体泄漏</u>现象。事件没有造成火灾和人员伤亡的情况。

2 编制目的及依据

为指导应急抢修指挥做好事件应急抢修工作，特制订本应急抢修技术规程。下列文件为本方案编写依据。凡是没有注明日期的文件，均已最新版本为准。

(1)《突发事件应急预案管理办法》国办发〔2013〕101号；

(2)《生产经营单位安全生产事故应急预案编制导则》(GB/T 29639—2013)；

(3)《应急抢修救援预案》(YJ/YQGD-XZD—2019)；

(4)《输油管道工程设计规范》(GB 50253—2014)；

(5)《钢质管道带压封堵技术规范》(GB/T 28055—2011)；

(6)《钢质管道焊接及验收》(GB/T 31032)；

(7)《油气长输管道施工及验收规范》(GB 50369—2006)；

(8)《石油工业带压开孔作业安全规范》(SY6554—2011)；

(9)《钢质油气管道失效抢修技术规范》(SY/T 7033—2016)；

(10)《钢质管道焊接与验收》(SY/T 4103—2006)；

(11)《原油、液化石油气和成品油管道维修推荐作法》(SY/T 6649—2006)；

(12)《输油管道抢维修技术手册》(Q/SHGD 1010—2018)；

(13)《钢质管道封堵技术规范 第1部分：塞式、筒式封堵》(SY/T 6150.1—2017)；

(14)《管道外防腐补口技术规范》GB/T 51241—2017。

3 作业工法选择

根据现场勘察、资料查询结果，结合现场实际选定<u>带压封堵作业工法</u>(Operation_Number，0001)。根据作业工法中的作业内容和《应急抢修救援预案》(YJ/YQGD-XZD—2019)的要求办理相关作业票。

4 天然气放空与氮气置换

该步操作由生产运行组负责实施，本方案仅提出参考工艺及预估放空时间。

4.1 管段放空降压规程

管段放空降压按图6-13进行，阀室间管道两端放空所需时间预计为<u>12h</u>。

图6-13 管段放空降压流程图

（1）关断泄漏点上下游截断阀

检查事件管段上、下游截断阀门是否自动关断，如果未自动关断，到达现场的抢修人员应立即手动关断。

（2）阀室安全环境建立

运行组人员携带可燃气体检测仪、精密压力表、安全警戒标志等相应工具和设备，到上、下游阀室。上、下游阀室截断阀关断后，将排污胶管接到截断阀的排污阀门上，缓缓打开排污阀，排放干线截断阀腔内的气体。确保截断阀关闭且无内漏，如阀门内漏，需紧急加注密封脂。断开除照明外的其余电源。

根据现场实际情况对事件点放空区域划定警戒范围，进行布控；疏散放空警戒区周边人群，禁止烟火；封锁附近交通。

（3）运行组人员打开事件点上、下游阀室的放空阀，放空此段管线。具体步骤如下：

① 开启截断阀室的放空阀，初始开度控制在10%~16%，随着管内压力的下降，逐步开大阀门，并视现场天气状况控制放空速度，阀门开度不应超过60%。

② 放空过程中，在放空阀室内至少有两名作业人员监控隔离管段内气体压力，配备电话机与施工点联系。其职责是：观察干线截断阀另一侧的压力变化，保证阀门严密关闭；与施工点保持联系，报告截断阀两侧压力；观察放空管口的排气状况；按施工组织者的指示完成其他相关工作。

③ 若上游阀室下游侧和下游阀室上游侧压力数据不能远传，则每10min记录压力数值，压力每下降1MPa向指挥组领导汇报一次。当隔离管段内的压力降至2MPa以下时，在不停止放空的条件下，用量程为2.5MPa的压力表更换下上游阀室下游侧和下游阀室上游侧的原压力表；当压力降到1MPa时，更换量程1.6MPa精密压力表，进行严密监测。

当隔离管段内压力接近微正压(0.05MPa)时，可首先关闭高点阀室处放空球阀，用低点阀室处的放空阀继续放空，防止产生"烟囱效应"，管段内压力不高于微正压时，关闭放空阀，向领导汇报，等待下一步指令。

※注意：在放空快结束时，控制放空速度。如果现场监护人员发现泄漏点发生倒吸气现象，立即汇报领导，停止放空操作。(维抢作业人员须注意)

(以下是氮气置换模板，但带压堵漏工法不需要氮气置换，仅停输换管需要氮气置换)

4.2 管段氮气置换规程

4.2.1 阀室间两端注氮规程

在放空结束前须将上下游阀室的注氮管道接好，保证放空结束时能够立即进入注氮环节。注氮车停放在上下游阀室围墙外，检测点设在事件点处，如图6-14所示，控制注氮温度在5℃以上，其中，进行氮气置换所需氮气量为×××。

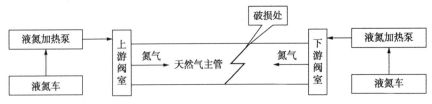

图6-14　注氮示意图

注氮操作步骤如下：

（1）拆除上下游阀室注氮口盲板，连接注氮管道，打开注氮阀。如注氮量较大，则将汽化器并联使用。

（2）启动注氮车，缓慢打开置换氮气汇管前后各阀，单个汽化器的气流量按 $2m^3/min$ 逐步提升到 $10m^3/min$，并通过管道断裂处放空引气，保持管道处于微正压状态。当氮气注入量接近计算所需注氮量时，使用可燃气体检测仪对事件点进行定时检测，每 5min 检测一次，当天然气含量低于 2%，减少氮气注入量，气流量由 $10m^3/min$ 降至 $1m^3/min$，向现场指挥组汇报，听取指令停止置换。

停止注氮后，关相关阀门。并通过上游阀室下游压力表口和下游阀室上游压力表口随时检测天然气的浓度，监测阀门是否内漏，如发现有天然气泄漏，要停止动火作业，对泄漏阀进行注脂处理，直到解决阀门内漏，再重新恢复动火作业。

4.2.2　阀室间一端注氮规程

在放空结束前须将离事件点较近阀室的注氮管道接好，保证放空结束时能够立即进入注氮环节。注氮车停放在阀室围墙外，检测点设在另一阀室压力表口处，如图6-15所示，控制注氮温度在5℃以上，其中，进行氮气置换所需氮气量为×××。

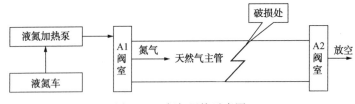

图6-15　氮气置换示意图

注氮操作步骤如下：

（1）拆除阀室注氮口盲板，连接注氮管道，打开注氮阀。如注氮量较大，则将汽化器并联使用。

（2）启动注氮车，缓慢打开置换氮气汇管前后各阀，单个汽化器的气流量按 $2m^3/min$ 逐步提升到 $10m^3/min$，并通过放空立管放空引气，保持管道处于微正压状态。当氮气注入量接近计算所需注氮量时，使用可燃气体检测仪对检测点进行定时检测，每 5min 检测一次，当天然气含量低于 2%，减少氮气注入量，气流量由 $10m^3/min$ 降至 $1m^3/min$，向现场指挥组汇报，听取指令停止置换。

停止注氮后，关相关阀门。并通过上游阀室下游压力表口和下游阀室上游压力表口随时检测天然气的浓度，监测阀门是否内漏，如发现有天然气泄漏，要停止动火作业，对泄漏阀进行注脂处理，直到解决阀门内漏，再重新恢复动火作业。

5 作业场地布置

管道损伤修复需要专门的设备、车辆、器材和作业工法，因此要在事件现场开辟施工作业场地和修缮进场道路。

5.1 作业场地

场地按黄线区、橙线区和红线区三个级别布置。三个级别警戒线设置考虑了施工作业需求，还根据现场照片、泄漏范围、作业坑大小、风向和油气浓度检测数据等综合因素。

（1）红线区——抢险作业区，包括作业坑、作业平台、作业机具、风向标、作业人员进出通道、设备器材运输通道等，设第三道警戒线严禁无关、无防护人员进入红区。

（2）橙线区——辅助作业区，包括设备区、物资区、集油坑、集水坑、油罐车、发电车、装备车等，设第二道警戒线禁止非作业人员进入橙区。

（3）黄线区——安全、勤务保障区，包括现场指挥部、医疗救护站、临时卫生间、疏散通道等，黄线是次生灾害安全边界禁止无关人员进入。

（4）在黄线之外还布置了人员紧急集合点、风向标、停车场、后勤服务点等。见图6-16。

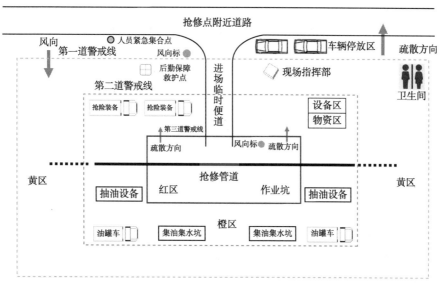

图6-16 作业场地布置图

5.2 进场道路修缮

根据选定的带压封堵作业工法有重型车辆进入抢修作业现场，道路通行条件为：转弯半径≥18m、路面宽度≥3.5m、道路坡度不大于≤30°、便桥荷载≥40t、硬质路面、净空高度≥4.2m。

根据现场勘察结果选择在××××国道上修建临时出口，按照道路通行条件要求修筑到达作业场地的进场道路。

5.2.1　进场道路修筑一般准则

（1）进场人员需穿戴防护服和安全帽，尽量从上风口修筑进场道路；

（2）本着方便、快捷原则，尽量选择现有道路，在无道路时选择最佳线路修筑进场道路；

（3）进场道路的承载能力、平整度、宽度和转弯半径等满足最大抢修车辆通行的条件；

（4）道路修缮须征得地方政府有关部门同意，并明确抢修作业后道路复原的地段；

（5）进场道路的下方有管道、线缆等地下障碍物或设施时，需采用保护措施。

5.2.2　小型水渠

（1）堤岸加固

采用草袋（编织袋）装土（沙石等其他材料）将沟渠底部或堤岸的障碍处进行铺垫平并用钢桩加固，为涵管安装创造条件。

（2）涵管敷设

顺着水流的方向吊装涵管（涵管采用 ϕ1600mm×120mm×2000mm 的混凝土管道），涵管敷设数量视水渠的宽度和水流量而定。

（3）搭建便桥

涵管敷设完成后在其周围用草袋（编织袋）装土填实后用推土机压实，然后再铺上钢管排或钢板搭成符合通车条件的便桥，参见图6-17。

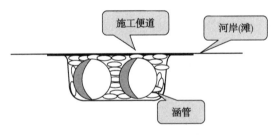

图6-17　涵管过河便道示意图

5.2.3　其余道路

对于宽度、承载能力、转弯半径等不达标道路的修缮。

（1）路基疏干

在原有道路两侧（根据地形，可以是一侧）疏干地表水，在地基含水量接近最佳含水量时，清除表层不良土层。

（2）道路拓宽

根据抢修车型通过的要求确定路面的宽度，再根据现场的条件选择单侧或双侧加宽道路，尽量就地取土加宽路基，碾压结实。

（3）路面修筑

在路基上填筑路基材料（视其承载需求而定，一般情况下可用 200～400mm 厚砂砾。），碾压结实，现场道路两侧设小排水沟，参见图 6-18、图 6-19。

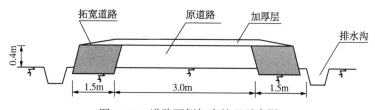

图 6-18　道路两侧加宽处理示意图

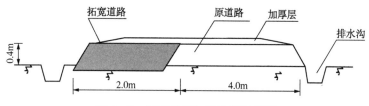

图 6-19　道路单侧加宽处理示意图

（4）软土地基地段加固

对于软土地基承载能力不足地段，可在路面上增铺砂石加厚层碾压结实，以满足抢修车辆通行的需要。

6　抢修区施工

6.1　辅助设施建立

（1）电力系统建立

根据不同抢险情况，选用发电总量不低于 50kW 的发电机，确保设备处于完好状态，迅速铺设电缆，并连接防爆配电箱及设备。

采用分级配电方式，通过分级配电实现一机一闸一保护的功能。

（2）通信系统建立

① 设通信指挥车一辆，保障现场与外界的信息畅通。

② 现场指挥与协调人员以卫星电话、手机向外界沟通。

③ 现场指挥、安全监督、技术保障、施工作业等各组负责人员以防爆对讲机和防爆手提电喇叭联系与沟通。

④ 在指挥中心和抢险现场各设一个警报器，发生意外紧急危险，由总指挥下令拉响警报，全体人员立即撤离现场。

（3）通风系统建立

抢险人员携带风速仪，以确定上风向。为保障检测人员及抢修人员的安全，在泄漏点上风向 10m 处设 2 个不低于 3kW 轴流风机，并选用重量轻、可弯曲、可折叠的柔性管作通风管，吹扫作业面。

根据抢修过程相应改变轴流风机的位置，保证抢修设备在泄漏点上风向进行施工。

（4）照明系统建立

根据现场实际情况，采取工程抢险车或便携式防爆泛光灯等不同形式为整个抢修区域照明，并携带备用照明设备。

（5）风速较大时建立防风棚

当环境风速影响到焊接操作时，应建立防风棚进行焊接区域的防护。

6.2　管沟建立

（1）挖掘机、推土机等机动车排气管需装防火罩后才能进场作业。车辆、机具进入事故现场作业平台，并开挖作业坑。

（2）据穿孔或裂缝的位置，采用挖掘机和人工配合开挖作业坑。作业坑开挖尺寸根据事故管道泄漏位置、埋深及地质情况确定。依照现场土质或岩石类型等情况设计稳定坡度以保证坑内作业安全，必要时采取打钢板桩等措施进行防护处理。作业坑上方的起重设备基础必须夯实、牢固并铺垫钢桥排，作业坑坑壁上采用安全防护网铺盖，两边设置逃生通道。

（3）机具开挖至距管壁 0.5m 时，采用人工开挖管沟。微量泄漏事故开挖作业坑，操作坑深度需要满足卡具安装及焊接作业的要求；大量泄漏事故开挖作业坑，作业坑坑底与其上方管底间距离应不小于 0.6m。

（4）管沟断面参数选取。

根据 GB 50251—2003《输气管道工程设计规范》，地下水位小于沟深地段的管沟坡比为 1 : 1.25 管沟沟底宽度为×××m。

6.3　作业坑建立

距离管沟左右 1m 时，采用人工开挖管沟，作业坑底距管底应不低于 0.6m。在操作坑沿气流方向的左侧设 1~2 个积水坑，积水坑内的积水使用带防爆电机的泵类设备将积水外排，保证作业坑边坡稳定，基坑干燥。如图 6-20 所示。

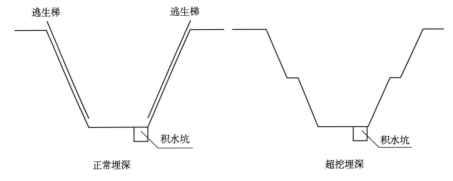

图 6-20　作业坑断面示意图

7 抢修作业

7.1 作业方法

（1）现场再勘察。作业前对封堵作业管段的走向、埋深、高差、作业距离、土壤情况等进行再勘察；了解管道的材质、直径、壁厚、管道运行参数、防腐方式、输送介质的特性；了解管道最低允许输送压力、最长停输时间；再确认管道附近有无其他的地下管道、电缆、光缆，附近的重要水体、工业及民用建筑设施等，按 SY/T 6150.1—2017《钢质管道封堵技术规范 第 1 部分：塞式、筒式封堵》要求并填写《管道调查表》。应根据现场勘察情况，确定采取停输或不停输封堵方案。

（2）现场监测。在作业期间，应对现场环境中的可燃气体、有毒气体进行全过程监测预警。

（3）开挖作业坑。作业坑开挖尺寸除应执行 SY/T 6150.1—2017《钢质管道封堵技术规范 第 1 部分：塞式、筒式封堵》的第 5.9 条款要求外，还应根据现场实际情况调整；封堵作业坑和管线碰头动火作业坑之间宜设置隔墙，作业坑应留有边坡、上下阶梯通道；地下水位较高时，应采取降水措施；边坡不稳时，应采取防塌方措施等（图 6-21）。

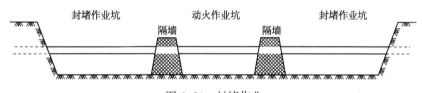

图 6-21　封堵作业

（4）封堵器安装。封堵管件组对焊接、安装夹板阀、塞堵试堵孔、安装开孔设备、整体严密性试验、管道开孔、安装旁通管线、管道封堵。

（5）封堵严密性检查。封堵完成后，应对封堵效果进行检查，半小时内封堵段无压力波动，则封堵合格；否则，应重新下堵或更换皮碗后再封堵。直到封堵合格后，才能进行下道工序。

（6）事故段切除。封堵管段抽油及割管、砌筑黄油泥墙、动火点油气浓度检测。

（7）连头管件预制准备。按照施工规范要求完成中间连接管件的预制，新旧管线自身焊口错开距离应≥100mm，并考虑热胀冷缩对连头组对间隙的影响。

（8）管道更换。管道动火连头、焊缝无损检测、管道解除封堵、拆除旁通管道。

（9）管件防腐及地貌恢复。封堵作业完成后，将更换的管道、管件等按设计及规范要求进行防腐保温处理；对于埋地管件，应先用细土垫实悬空管线，再按要求进行土方回填、恢复地貌。

7.2 机具设备表(表6-5)

表6-5 机具设备表(Equipment_List，1001)

序号	设备名称	设备型号	单位	数量	用途
1	开孔设备	根据管线规格配置	套	2	带压密闭开孔
2	封堵设备	根据管线规格配置	套	2	带压封堵
3	夹板阀	根据管线规格配置	台	4	配套设备，隔断油气
4	防爆电动爬管机	ZQG-100DN200-10	台	8	切断旧管道
5	焊条烘箱		台	2	烘烤焊条
6	防爆齿轮油泵	2CY29/10	台	8	回收原油
7	防爆照明灯具	1000W	台	4	现场照明
8	角向磨光机		台	8	打磨、除锈
9	千斤顶	5t/5t	台	4	支撑管道
10	倒链	3t/5t	台	8	提升管道
11	发电机	80kW	台	2	提供电力
12	液压站	根据设备配置	台	2	为封堵设备提供动力
13	电焊机	ZX7-400B	台	10	焊接
14	气焊工具		套	2	火焰切割
15	手动开孔机	QN100	台	4	开抽油孔、压力平衡孔
16	对口器	根据管线规格配置	套	4	安装组对
17	超声波测厚仪		台	2	测管道壁厚
18	多功能可燃气体测报仪		台	2	可燃气体检测
19	防爆潜水泵	20m³/h	台	4	作业坑降水
20	抢修值班车	20座	台	2	运送作业人员
21	消防车		台	1	消防安全保护
22	大型设备运输专用车	THT9405沃尔沃	辆	2	运送器材
23	重型多功能应急抢险车	FM46064TB牵引车	辆	1	发电、抽油、排水等

注：此表按不停输封堵作业配备，可根据具体工作量及实施方案进行调整。

7.3 材料表(表6-6)

表6-6 材料表(Material_List，2001)

序号	材料名称	规格型号	单位	数量	用途
1	专用封堵三通	根据管线规格配置	套	4	带压封堵
2	管道	根据管线规格配置	m	勘测确定	更换旧管道
3	焊条	根据管线材质配置	kg	40	

8 完工离场

抢修作业完成，现场指挥部按照批准的方案验收和确认，恢复作业场地、进场道路等处的地形地貌，经现场指挥部批准，救援队撤离现场。

6.4　输气(站场)应急抢修技术方案模板

6.4.1　输气(站场)应急抢修技术初步方案模板

<u>××××</u>管道

<u>××××</u>(站场)

<u>××××</u>事件

应急抢修技术初步方案

方案编号：<u>YJJY-XZ-20200130-001</u>

版 本 号：<u>01/001</u>

编制：<u>××××××抢维修中心</u>
审核：<u>×××</u>
批准：<u>×××</u>

<u>××××年××月××日</u>

1 事件简况

根据有关部门报告和《事故基本信息表》，××××年××月××日××时××分，在××省××市××县××××(事件地名)附近的××××××站发生意外事件。

管道所属单位是××——××管道公司，××××(分公司，××××处，××××作业区)(二级单位)。输送介质是天然气。

根据以上信息本事件初步确定为：××××站因腐蚀原因导致发生阀门损坏事件。在事件现场发生了微量泄漏现象。

2 编制目的及依据

为指导应急抢修指挥做好事件应急抢修工作，特制订本应急抢修技术规程。下列文件为本方案编写依据。凡是没有注明日期的文件，均已最新版本为准。

(1)《突发事件应急预案管理办法》国办发〔2013〕101号；

(2)《生产经营单位安全生产事故应急预案编制导则》(GB/T 29639—2013)；

(3)《应急抢修救援预案》(YJ/YQGD-XZD—2019)；

(4)《输油管道工程设计规范》(GB 50253—2014)；

(5)《钢质管道带压封堵技术规范》(GB/T 28055—2011)；

(6)《钢质管道焊接及验收》(GB/T 31032)；

(7)《油气长输管道施工及验收规范》(GB 50369—2006)；

(8)《石油工业带压开孔作业安全规范》(SY 6554—2011)；

(9)《钢质油气管道失效抢修技术规范》(SY/T 7033—2016)；

(10)《钢质管道焊接与验收》(SY/T 4103—2006)；

(11)《原油、液化石油气和成品油管道维修推荐作法》(SY/T 6649—2006)；

(12)《输油管道抢维修技术手册》(Q/SHGD 1010—2018)；

(13)《钢质管道封堵技术规范 第1部分：塞式、筒式封堵》(SY/T 6150.1—2017)；

(14)《管道外防腐补口技术规范》GB/T 51241—2017。

3 应急抢修流程

输气管道沿线情况复杂、多变，应急抢修技术方案应结合现场实际制订，此过程分为两个阶段。首先根据事件初步情况，组建应急抢修机构，派遣专业人员获取现场资料；其次结合现场实际制订抢修技术方案。参见图6-22。

4 应急抢修组织机构

根据事件情况成立现场应急抢修组织机构，分别有：生产运行组、安全环保组、应急协调组、技术支持组、物资装备组、综合保障组、抢险实施组等。其现场应急组织机构如图6-23所示。

总指挥：×××电话：

副总指挥：×××电话：　　　　　副总指挥：×××电话：

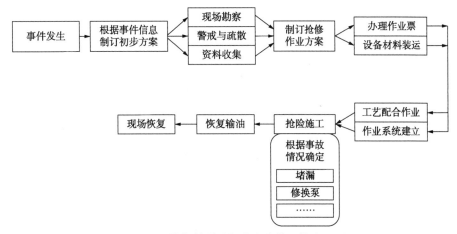

图 6-22 输气管道站场应急事件工作流程图

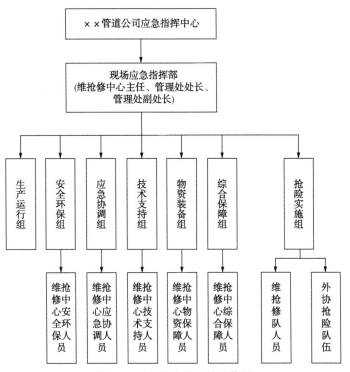

图 6-23 现场应急组织机构图

生产运行组组长：×××电话：

安全环保组组长：×××电话：

应急协调组组长：×××电话：

技术支持组组长：×××电话：

物资装备组组长：×××电话：

综合保障组组长：×××电话：

抢险实施组组长：×××电话：

根据应急救援的需求开展如下工作：

（1）由抢险实施组、技术支持组、安全环保组和管道业主单位联合组织现场勘察，填写《站场事件勘察数据表》，并拍摄相关勘察照片；

（2）安全环保组、管道业主单位和地方公安实施现场警戒与无关人员疏散工作；

（3）抢险实施组、技术支持组、生产运行组联合收集事故站场事故区域图纸、设计说明书等竣工资料；

（4）安全环保组在现场勘察的同时进行风险评估工作。

5 前期工作

5.1 现场勘察

现场勘察应包含不限于如下内容：

（1）事件地点：事件发生的详细地点名称（所属的市、县、乡、村等），大地坐标（或经纬度）。

（2）事件现象：事件在站场中的相关位置，有无爆炸、起火、伤人等情况。

（3）管道损伤：事件现场照片（显示状态、程度和范围），地面实际测量受损情况。事故设施的安装方式。

（4）事故类型：事故区域（泵机组、罐区、工艺区、阀组区等），站内发生（爆管、天然气泄漏、主泵损坏、阀门破裂等）事故。

（5）天然气扩散：（如果有）扩散不同区域天然气浓度分布。

（6）气象情况：现场天气（阴、晴、小雨、中雨、大雨或其他），积水情况（照片），事故点风向（NW××.×°），风速×××.×m/s。

（7）气体检测：现场可燃、（如果有）有毒气体的扩散情况，以事故点为中心上风、下风、左侧和左侧范围。

5.2 事件详细信息

资料收集应包含不限于如下内容：

（1）设计信息：事故区设计压力，允许停输时间。

（2）竣工资料：事故区域、装置的竣工图、设备表、材料表和说明书等。

（3）输送介质：天然气。

（4）运行信息：事件发生前管道的输量、输气温度（进出站或上下站）、输气压力（进出站或上下站）。

（5）气象信息：（两日内）气象预报（阴、晴、小雨、中雨、大雨或其他）。

5.3 风险评估及 HSE 防控措施

抢修作业须保证作业人员的安全，同时也要防止二次事故发生，由安全环保（HSE）组负责评估风险并进行相应的防灾处置。

（1）燃爆风险：根据"气体检测"的可燃气体浓度分布情况，（如果有）燃爆风险区位于以事故点为中心上风、下风、左侧、左侧。在此区域内作业必须采取相应的防范措施。

（2）毒害风险：根据"气体检测"的有毒气体检测布情况，（如果有）燃爆风险区位于以事故点为中心上风、下风、左侧、左侧。在此区域内作业必须采取相应的防范措施。在此区域内作业必须采取防毒作业措施。

（3）受限空间：（如果有）事故区域附近的××××受限空间容积。

（4）高风险作业：起重、临时用电、动土作业等。

（5）环境风险。

（6）其他风险：深基坑、（高空坠物、烫伤），相关设施（管道、电力等）。

作业前，应根据风险分析，组织作业人员进行安全、技术和任务交底，告知可能存在的安全风险和应采取的安全防范措施，明确责任要求。

根据现场应急抢修方案，结合前期侦检勘察信息，HSE 组对抢修各环节进行 JSA 分析并制定管控措施，按照《应急抢修救援预案》（YJ/YQGD-XZD—2019）的要求填写《作业安全风险识别与分析（JSA）表》，表中提出的应对措施在制订抢修作业方案时协调落实。

附表6　站场事件勘察数据表

事件名称				勘察时间		年　月　日　时		
方案号			勘察单位		负责人			
序号	数据名称	数据含义	类型	内容(对应变量)				
1	事件地点	事故点地名	字符	(曹山村大龙湖街)Accident_Toponymy				
		所属省	字符	(江苏省)Accident_Provice				
		所属市	字符	(徐州市)Accident_City				
		所属县	字符	(云龙区)Accident_County				
		所属乡、村	字符	(曹山村)Accident_Village				
		事故点坐标	坐标	E×××.××××××,N××.××××××Vccident_Coordinate				
		事故站场	字符	(××泵站)Accident_Station				
2	事件现象	事故状态	字符	("泄漏"…"其他")Accident_State				
		事故类型	字符	("管道泄漏"…"其他")Accident_Type_Station				
		事故单元	字符	("清管区"…"其他")Accident_Unit				
		扩散面积	双精	(××××××.× m²)Diffusion_Area				
3	现场气象气体检测	现场天气	字符	("阴"…"其他")Weather_Situation				
		事故点风向	字符	("北北东"…"北")Wind_Driection				
		事故点风速	双精	(×××.× m/s)Wind_Speed				
		可燃气上风距离	双精	(×××××.× m)Flammable_Gas_Up				
		可燃气下风距离	双精	(×××××.× m)Flammable_Gas_Down				
		可燃气左侧距离	双精	(×××××.× m)Flammable_Gas_Left				
		可燃气右侧距离	双精	(×××××.× m)Flammable_Gas_Right				
		有毒气上风距离	双精	(×××××.× m)Toxic_Gas_Up				
		有毒气下风距离	双精	(×××××.× m)Toxic_Gas_Down				
		有毒气左侧距离	双精	(×××××.× m)Toxic_Gas_Left				
		有毒气右侧距离	双精	(×××××.× m)Toxiic_Gas_Right				
4	工艺信息	事故前输量	双精	(××××.×× m³/h)Before_Flow				
		进站温度	双精	(××.×× ℃)Enter_Sta_Tmeperature				
		出站温度	双精	(××.×× ℃)Out_Sta_Tmeperature				
		进站压力	双精	(××.×× MPa)Enter_Sta_Pressure				
		出站压力	双精	(××.×× MPa)Out_Sta_Pressure				
		设计压力	双精	(××.×× MPa)Design_Pressure				
		允许停输时间	双精	(×××.×× h)Allow_Shut_Time				
5	作业风险	类型	风险1	风险2	风险3	风险4	风险5	风险6	风险7	风险8
		数组	火灾	爆炸	电击	0				

说明：事故点坐标填大地坐标，E(东经)，N(北纬)。

6.4.2 输气(站场)应急抢修技术完整方案模板

×××× 管道

×××× (站场)

××××事件

应急抢修技术方案

方案编号：YJJY-XZ-20200130-001

版 本 号：02/001

编制：××××××抢维修中心
审核：×××
批准：×××

××××年××月××日

1 事件情况

根据事件前期信息和现场勘察，<u>××××年××月××日××时××分</u>，在<u>××省××市××县××</u><u>××(事件地名)</u>附近的<u>××××××站</u>发生意外事件。

管道所属单位是<u>××——××管道公司，××××(分公司，××××处，××××作业区)(二级单位)</u>。输送介质是<u>天然气</u>。

经过现场勘察根本事件确定为：<u>××××站</u>因<u>水击</u>原因导致发生<u>阀门损坏</u>事件。在事件现场发生了<u>微量泄漏</u>现象。事件没有造成火灾和人员伤亡的情况。

2 编制目的及依据

为指导应急抢修指挥做好事件应急抢修工作，特制订本应急抢修技术规程。下列文件为本方案编写依据。凡是没有注明日期的文件，均已最新版本为准。

(1)《突发事件应急预案管理办法》国办发〔2013〕101号；

(2)《生产经营单位安全生产事故应急预案编制导则》(GB/T 29639—2013)；

(3)《应急抢修救援预案》(YJ/YQGD-XZD—2019)；

(4)《输油管道工程设计规范》(GB 50253—2014)；

(5)《钢质管道带压封堵技术规范》(GB/T 28055—2011)；

(6)《钢质管道焊接及验收》(GB/T 31032)；

(7)《油气长输管道施工及验收规范》(GB 50369—2006)；

(8)《石油工业带压开孔作业安全规范》(SY 6554—2011)；

(9)《钢质油气管道失效抢修技术规范》(SY/T 7033—2016)；

(10)《钢质管道焊接与验收》(SY/T 4103—2006)；

(11)《原油、液化石油气和成品油管道维修推荐作法》(SY/T 6649—2006)；

(12)《输油管道抢维修技术手册》(Q/SHGD 1010—2018)；

(13)《钢质管道封堵技术规范 第1部分：塞式、筒式封堵》(SY/T 6150.1—2017)；

(14)《管道外防腐补口技术规范》GB/T 51241—2017。

3 作业工法选择

根据事故勘察结果，结合现场实际选定<u>中小型阀门更换技术工法</u>(Operation_Number，0004)。根据作业工法中的作业内容和《应急抢修救援预案》(YJ/YQGD-XZD—2019)要求办理相关作业票。

4 作业场地布置

站场抢修需要专门的设备、车辆、器材和作业工法，因此要在事件现场布置施工作业场地。场地按施工需要、风向和天然气浓度检测数据等综合因素布置警戒区。

相应的安全、勤务保障等辅助设施布置在站场的办公区或站外，包括现场指挥部、物资储备、医疗救护等。

5 抢修作业

5.1 作业方法

（1）作业段封闭。倒换流程关闭作业管段，如果导流程不能关闭作业段则需要越站或停输。作业管段泄压，关闭作业段上游、下游的阀门（每侧尽可能关闭两道阀门）。

（2）作业段放空。检查更换阀门两侧管道的支撑情况，必要时增加临时支撑，通过站内放空管对作业段放空。

（3）更换阀门。拆下旧阀门，清理管道口和法兰面，更换新的法兰垫，安装新阀门。对于焊接阀门应在袖管内侧切断管道拆下阀门，同时要评估原阀门袖管焊质量确定是否切掉，清理管道口、打黄油墙，焊接安装新阀门。

（4）现场监测。在作业期间无关人员不得进入作业区，应对现场环境中的可燃气体、有毒气体进行全过程监测预警。

（5）管道防腐。对于阀门的油漆、防腐层缺损处进行补漆、补口。

（6）现场恢复。新阀门安装检验合格后，拆除警戒物恢复站场原貌。

5.2 机具设备表（表6-7）

表6-7 机具设备表 Equipment_List，0004（暂定）

序号	设备名称	设备型号	单位	数量	用途
1	依维柯抢修车	中型	台	3	
2	林肯逆变电焊机	V350-PRO	台	1	
3	本田自发电电焊机	SHW190	台	5	
4	远红外焊条烘干箱	ZYHC-60	台	1	
5	割管机		台	2	
6	轴流风机		台	2	
7	正压呼吸器	A1YPLUME	台	5	
8	电火花检测仪	SL-68B	台	2	
9	电焊机	ZX7-400B	台	4	焊接
10	可燃气体检测仪	Ex2000	台	2	
11	喷洒装置	PS40	台	2	
12	带压开孔机堵孔机	$PN100\ DN15\sim100$	台	1	
13	气动防爆通风机	Ub20××	台	2	
14	角向磨光机	100	个	2	
15	角向磨光机	150	个	2	
16	数码照相机		台	1	
17	防爆鼓风机		套	1	
18	防爆风镐		台	1	
19	防爆工具		套	4	扳手、撬杠、大锤等

5.3 材料表(表6-8)

表6-8 材料表 Material_List，0004(暂定)

序号	材料名称	规格型号	单位	数量	用途
1	短管	与作业段相同	m	若干	
2	阀门	与事故阀相同	个		根据现场需要
3	橡胶板	10mm	m²	1	
4	石棉被	1×1m	条	30	
5	MFZ 干粉	8kg	具	10	
6	防腐底漆		桶	5	
7	油漆		桶	5	与现场管道相同

6 完工离场

抢修作业完成，现场指挥部按照批准的方案验收和确认，恢复作业现场原貌，经现场指挥部批准，救援队撤离现场。

6.5 地质灾害应急抢修技术方案模板

6.5.1 地质灾害应急抢修技术初步方案模板

<u>××××</u>管道
<u>××××</u>(地点)
<u>××××</u>事件
地质灾害调查及应急抢修初步方案

方案编号：<u>YJJY-XZ-20200130-001</u>

版 本 号：<u>01/001</u>

编制：<u>××××××抢维修中心</u>
审核：<u>×××</u>
批准：<u>×××</u>

<u>××××</u>年<u>××</u>月<u>××</u>日

1 事件简况

根据有关部门报告和《事故基本信息表》，<u>××××</u>年<u>××</u>月<u>××</u>日<u>××</u>时<u>××</u>分，在<u>××</u>省<u>××</u>市<u>××</u>县<u>××××</u>(事件地名)附近的<u>××××××</u>管道发生意外事件。

管道所属单位是<u>××——××管道公司</u>，<u>××××</u>(分公司，<u>××××</u>处，<u>××××</u>作业区)(二级单位)。输送介质是<u>天然气/原油等</u>。

根据以上信息本事件初步确定为：<u>××××</u>管道发生了<u>山体滑坡</u>事件。

2 编制目的及依据

为指导应急抢修指挥做好事件应急抢修工作，特制订本应急抢修技术规程。下列文件为本方案编写依据。凡是没有注明日期的文件，均以最新版本为准。

(1)《突发事件应急预案管理办法》国办发〔2013〕101 号；

(2)《应急抢修救援预案》(YJ/YQGD-XZD—2019)；

(3)《输气管道工程设计规范》(GB 50251—2015)；

(4)《油气管道地质灾害风险管理技术规范》(SY/T 6828—2017)；

(5)《地质灾害排查规范》(DZ/T 0284—2015)；

(6)《地质灾害危险性评估规范》(DZ/T 0286—2015)；

(7)《崩塌、滑坡、泥石流监测规范》(DZ/T 0221—2006)

(8)《滑坡防治工程勘查规范》(GB/T 32864—2016)；

(9)《岩土工程勘察规范[2009 年版]》(GB 50021—2001)。

3 前期工作

3.1 现场勘察

现场勘察应包含不限于如下内容，并填写《现场勘察数据表》，拍摄相关勘察照片：

(1)事件地点：事件发生的详细地点名称(所属的市、县、乡、村等)，大地坐标(或经纬度)。

(2)滑坡地质灾害类型：按物质组成的亚型(土质滑坡、岩质滑坡等)，按滑动方式的亚型(顺层、切层、楔状等)、按力学性质的亚型(推移式、牵引式)。

(3)滑坡规模调查：滑坡的尺度与影响范围(长度、宽度、厚度、面积和体积)。

(4)管道与滑坡体的位置关系：管道所处滑坡体的部位、管道埋深、管道走向及其与滑坡体空间相互关系。

(5)滑坡标志：地貌标志(醉汉林、马刀树、地裂缝等)、岩土层结构、水文地质标志、滑坡边界及滑坡床。

(6)滑坡发育特征：滑坡裂缝的发育情况，包括裂缝位置、宽度、长度、深度，裂缝出现的时间与发展趋势，裂缝与管道的位置关系；滑坡台阶的发育情况，包括位置、宽度、长度、台阶高度，台阶出现的时间与发展趋势，台阶与管道的位置关系；滑坡体前、后缘出水情况，包括泉点位置，水量大小，有无异味。

（7）管道损毁情况：油气管道直径、管材规格、管道受力方式与变形特征、管体可能被损毁的部位，标记存在或可能存在漏油、漏气的位置。

（8）滑坡地质灾害"活化"因素：可分自然因素和人为因素，前者包括降雨、地下水位、崩塌加载等；后者包括开挖坡脚、坡上加载、机械振动等。

3.2　事件详细信息

信息采集应包含不限于如下内容，并填写《事故管道信息数据表》：

（1）事件地点：事件发生地所属行政区，应详细到省、市、县、乡、村，并标明事故点坐标(或经纬度)及高程，必要时应注明事件地点与阀室的位置关系，管道沿程设施(标志桩、里程桩等)位置等信息。

（2）事件现象：包括事故点桩号、事故状态(溢油、漏气等)、事故类型(管道破裂、屈曲、断管等)、事故段内介质(原油、成品油、天然气等)、受损段长度。

（3）地质灾害概况：包括地质灾害类型、地质灾害规模、管道与地质灾害体的位置关系、地质灾害发育特征、管道损毁情况、地质灾害"活化"风险等信息。

（4）周边环境：周边相关管道类型、管道与事故点距离、相关输电线类型、电线与事故点距离、其他相关工程及其与事故点距离、附近常住人口等。

（5）现场条件：事故点地形地貌(山地、丘陵或平原等)、邻近道路及道路名称、土质类型(黏土、砂土、碎石土等)、管道敷设方式。

（6）现场气象及气体检测：现场天气、事故点风向、事故点风速、可燃气的上下风与左右侧距离、有毒气的上下风与左右侧距离。

（7）其他：除了以上内容以外，在进场作业过程中可能遭受的风险或出现的施工障碍等。

4　管道突发地灾害危险分级

按式(6-1)计算滑坡地质灾害风险等级指数(R_1)：

$$R_1 = \frac{S_v + S_t}{2} \times 10 \qquad (6-1)$$

式中　R_1——滑坡地质灾害风险等级指数，无量纲；

　　　S_v——滑坡体积系数，按表6-9取值；

　　　S_t——滑坡厚度系数，按表6-9取值。

按表6-10对管道失效后果进行评价，并根据评价结果确定管道失效后果等级指数(δ)。按表6-11对滑坡地质灾害"活化"风险进行评价，并确定"活化"风险指数(φ_1)。

根据滑坡地质灾害破坏性等级指数(R_1)、滑坡地质灾害管道失效后果等级指数(δ)、滑坡地质灾害抢险过程中地质灾害"活化"风险指数(φ_1)三个指标，按式(6-2)计算油气管道突发滑坡地质灾害风险指数(I_{p1})：

$$I_{\text{p1}} = R_1 \cdot \delta \cdot \varphi_1 \tag{6-2}$$

式中 I_{p1}——油气管道突发滑坡地质灾害风险指数，无量纲；

R_1——滑坡地质灾害破坏性等级指数，按式（6-1）计算；

δ——滑坡地质灾害管道失效后果等级指数，按表6-10取值；

φ_1——滑坡地质灾害"活化"风险指数，按表6-11取值。

表6-9　滑坡规模的等级划分

分类因素	滑坡类型	类型描述	取值
滑坡体积 V	小型滑坡	$<10\times10^4\text{m}^3$	0.1，0.2
	中型滑坡	$10\times10^4 \sim 100\times10^4\text{m}^3$	0.3，0.4，0.5
	大型滑坡	$100\times10^4 \sim 1000\times10^4\text{m}^3$	0.6，0.7
	特大型滑坡	$1000\times10^4 \sim 10000\times10^4\text{m}^3$	0.8，0.9
	巨型滑坡	$>10000\times10^4\text{m}^3$	1.0
滑坡厚度 T	浅层滑坡	$\leq10\text{m}$	0.1，0.2
	中层滑坡	$10 \sim 25\text{m}$	0.3，0.4，0.5
	深层滑坡	$25 \sim 50\text{m}$	0.6，0.7，0.8
	超深层滑坡	$>50\text{m}$	0.9，1.0

表6-10　管道失效后果等级评价及等级指数(δ)表

后果分类	Ⅰ	Ⅱ	Ⅲ	Ⅳ	Ⅴ
取值	0.1，0.2	0.3，0.4	0.5，0.6	0.7，0.8	0.9，1.0
人员伤亡	无或轻伤	重伤	死亡人数1~2	死亡人数3~9	死亡人数≥10
经济损失/万元	<10	10~100	100~1000	1000~10000	>10000
环境污染	无影响	轻微影响	区域影响	重大影响	大规模影响
停输影响	无影响	对生产有重大影响	对上/下游公司有重大影响	国内影响	国内重大或国际影响

注：以某一单项最高值作为取值依据。

表6-11　滑坡地质灾害"活化"风险指数(φ_1)评价表

问题分类	轻微	中等	严重	极严重
活化指数	1.1，1.2	1.3，1.4，1.5	1.6，1.7，1.8	1.9，2.0
地质灾害调查情况	管道损毁情况清楚，管道与滑坡的位置关系已经查清，滑坡规模、发育特征、滑坡灾害的诱因均已查明	管道损毁情况清楚，管道与滑坡的位置关系已经查清，滑坡规模、发育特征、滑坡灾害的诱因等尚未查明	管道损毁情况清楚，管道与滑坡的位置关系只知道大概，滑坡规模、发育特征、滑坡灾害的诱因等尚未查明	管道损毁情况不清楚，管道与滑坡的位置关系不明，尚未进行滑坡规模、发育特征、滑坡灾害诱因的调查

问题分类		轻微	中等	严重	极严重
自然因素	降雨	预计一周内无降雨	预计一周内有小雨	预计一周内有中雨	预计一周内有大雨
	地下水位	原有的地下水位将有所下降	原有的地下水位将保持不变	原有的地下水位将小幅升高	原有的地下水位将大幅升高
	崩塌加载	滑坡体后缘不存在崩塌堆载	滑坡体后缘有少量崩塌堆载	滑坡体后缘存在一定程度崩塌堆载，估算超过滑坡体重的1/10	滑坡体后缘存在大面积崩塌堆载，估算超过滑坡体重的1/5
人为因素	开挖坡脚	抢险过程中不需要开挖坡脚	抢险过程中需要局部开挖坡脚	抢险过程中需要小方量开挖坡脚	抢险过程中需要大方量开挖坡脚
	坡上加载	可以保证滑坡体不受扰动	滑坡体上无荷载，但有人员、设备的活动荷载	少量的机械设备、救灾物资等堆放在滑坡体上	大量的机械设备、救灾物资等堆放在滑坡体上
	机械振动	抢险过程中不存在施工机械振动	抢险过程中存在小功率、短时间的施工机械振动	抢险过程中存在大功率、短时间，或者小功率、长时间的施工机械振动	抢险过程中存在大功率、长时间的施工机械振动，或灾害区及附近尚有爆破施工

取值原则：（1）当"地质灾害调查情况"的分值最高时，则以该单值为最终值；

（2）当"地质灾害调查情况"的分值不是最高时，则以自然因素和人为因素中达到最高值的任意因素不少于两个。

根据滑坡地质灾害风险等级指数划分表（表6-12）和式（6-2）计算结果，判断本次事件危害等级为×。

表6-12　滑坡地质灾害风险等级指数划分表

风险等级	风险指数	风险描述	编码
高	$I_{p1}>10$	该等级风险为不可接受风险，应尽快采取有效应对措施降低风险	A
较高	$6<I_{p1}\leqslant10$	该等级风险为不可接受风险，应在限定时间内采取有效应对措施降低风险	B
中	$4<I_{p1}\leqslant6$	该等级风险为有条件接受风险，应保持关注，可采取有效应对措施降低风险	C
较低	$2<I_{p1}\leqslant4$	该等级风险为可接受风险，宜保持关注	D
低	$I_{p1}\leqslant2$	该等级风险为可接受风险，当前应对措施有效，可不采取额外技术、管理方面的预防措施	E

附表7 地质灾害勘察信息(专项)数据表

事件名称				勘察时间		年 月 日 时	
方案号		勘察单位			负责人		

序号	数据名称	数据含义	类型	内容(对应变量)
1	地质灾害概况	滑坡地质灾害类型	字符	("土质滑坡","岩质滑坡"…"其他") Disaster_Type
		滑坡地质灾害规模	字符	("长度","宽度"…"其他") Disaster_Scale
		管道与滑坡体的位置关系	字符	("埋深","走向"…"其他") Disaster_ Pipe_Location
		滑坡标志	字符	("××××(具体描述)"…) Disaster_Sign
		滑坡发育特征	字符	("××××(滑坡裂缝描述)","××××(滑坡台阶描述)","××××(滑坡体泉点描述)") Disaster_Features
		管道损毁情况	字符	("××××(损毁部位描述)","××××(损毁形式描述)"…"××××(其他情况描述)") Disaster_Pipe_Damage
		滑坡地质灾害"活化"因素	字符	("××××(自然因素描述)","××××(人为因素描述)") Disaster_Activation
2	地质灾害描述数据	滑坡体长度	双精	(×××××.×× m) Landslide_Length
		滑坡体宽度	双精	(×××××.×× m) Landslide_Width
		滑坡体厚度	双精	(×××.×× m) Landslide_Thickness
		滑坡体面积	双精	(××.××km^2) Landslide_Area
		滑坡体体积	双精	(××.××km^3) Landslide_Volume
		滑坡体与管道位置	字符	(具体描述) Pipe_Location_Landslide
		管道走向	角度	(N×××°××′××″) Pipe_Trend
		管道埋深	双精	(×××.×× m) Pipe_Depth
		滑坡裂缝数量	整型	(×××××× 条) Landslide_Fissure_Number
		滑坡裂缝密度	双精	(×××××.×× 条/百米) Landslide_Fissure_Frequency
		滑坡裂缝最大长度	双精	(×××××.×× m) Landslide_Fissure_Length_Max
		滑坡裂缝最大宽度	双精	(××.×× m) Landslide_Fissure_Width_Max
		滑坡台阶最大高度	双精	(×××.×× m) Landslide_Step_Height_Max
		滑坡体泉点数量	整型	(×××××个) Landslide_Spring_Num
		滑坡体泉点水量	双精	(×××.×× m^3/h) Landslide_Spring_Flow
		管道受力方式	字符	(压、拉、剪切等描述) Pipe_Stress_Mode
		管道变形方式	字符	(压缩、拉伸、弯曲等描述) Pipe_Deform_Mode
		管体损毁部位	字符	(描述具体部位) Pipe_Damage_Position
		管道损毁长度	双精	(××××.×× m) Pipe_ Damage_Length
		天气预报	字符	("阴"…"其他") Factor_Weather_Prediction
		近一周降雨量	双精	(×××.×× mm) Factor_Rainfall
		地下水位变幅	双精	(×××.×× m) Factor_ Groundwater_Level
		滑坡后缘载荷	双精	(××××××.×× MN) Factor_Landslide_Load
		人为有关活动	字符	(描述具体行为) Factor_Activity_Human

续表

序号	数据名称	数据含义	类型	内容（对应变量）
3	地质灾害评价信息	地质灾害破坏性等级计算参数 1（S_v）	双精	（××.×）Index_Disaster_Parameter
		地质灾害破坏性等级计算参数 2（S_t）	双精	（××.×）Index_Disaster_Parameter
		管道失效后果等级指数（δ）	双精	（××.×）Index_ Pipe_Invalid
		地质灾害"活化"风险指数（φ_1）	双精	（××.×）Index_Disaster_Activation
4	管道与地质灾害体空间关系信息	管道在滑坡体外部，从滑坡后缘穿过	字符	（"A1"）Pipe_Landslide_Position
		管道从滑坡体内部穿过，位于滑坡体后部	字符	（"A2"）Pipe_Landslide_Position
		管道从滑坡体内部穿过，位于滑坡体中部	字符	（"A3"）Pipe_Landslide_Position
		管道从滑坡体内部穿过，位于滑坡体前部	字符	（"A4"）Pipe_Landslide_Position
		管道在滑坡体外部，从滑坡前缘穿过	字符	（"A5"）Pipe_Landslide_Position
		管道在滑坡体外部穿过	字符	（"B1"）Pipe_Landslide_Position
		管道从滑坡体内部穿过，靠近滑坡侧壁	字符	（"B2"）Pipe_Landslide_Position
		管道从滑坡体内部中间位置穿过	字符	（"B3"）Pipe_Landslide_Position
		管道从滑坡体上方边缘斜向穿过	字符	（"C1"）Pipe_Landslide_Position
		管道从滑坡体中心斜向穿过	字符	（"C2"）Pipe_Landslide_Position
		管道从滑坡体下方边缘斜向穿过	字符	（"C3"）Pipe_Landslide_Position

6.5.2　地质灾害应急抢修技术完整方案模板

<u>××××</u>管道

<u>××××</u>（地点）

<u>×××××××××××</u>事件

应急抢险启动及抢修技术方案

方案编号：<u>YJJY-XZ-20200130-001</u>

版 本 号：<u>02/001</u>

编制：<u>××××××抢维修中心</u>

审核：<u>×××</u>

批准：<u>×××</u>

<u>××××</u>年<u>××</u>月<u>××</u>日

1 事件情况

根据事件前期信息和现场勘察，××××年××月××日××时××分，在×××××××××××附近的仪长原油管道大武支线管道发生意外事件。

管道所属单位是××管道公司，二级单位是××。输送介质是成品油。

经过现场勘察本事件确定为：×××××××管道因滑坡地质灾害事件导致发生焊口撕裂。

2 编制目的及依据

为指导应急抢修指挥做好事件应急抢修工作，特制订本应急抢修技术规程。下列文件为本方案编写依据。凡是没有注明日期的文件，均以最新版本为准。

（1）《突发事件应急预案管理办法》国办发〔2013〕101 号；

（2）《应急抢修救援预案》（YJ／YQGD-XZD—2019）；

（3）《输气管道工程设计规范》（GB 50251—2015）；

（4）《油气管道地质灾害风险管理技术规范》（SY／T 6828—2017）；

（5）《地质灾害排查规范》（DZ／T 0284—2015）；

（6）《地质灾害危险性评估规范》（DZ／T 0286—2015）；

（7）《崩塌、滑坡、泥石流监测规范》（DZ／T 0221—2006）

（8）《滑坡防治工程勘查规范》（GB／T 32864—2016）；

（9）《岩土工程勘察规范（2009 年版）》（GB 50021—2001）。

3 管道突发地灾害危险分级

根据滑坡地质灾害风险等级指数划分表（表 6-13）计算结果，本次事件危害等级为低。

表 6-13 滑坡地质灾害风险等级指数划分表

风险等级	风险指数	风险描述	编码
高	$I_{p1}>10$	该等级风险为不可接受风险，应尽快采取有效应对措施降低风险	A
较高	$6<I_{p1}\leqslant10$	该等级风险为不可接受风险，应在限定时间内采取有效应对措施降低风险	B
中	$4<I_{p1}\leqslant6$	该等级风险为有条件接受风险，应保持关注，可采取有效应对措施降低风险	C
较低	$2<I_{p1}\leqslant4$	该等级风险为可接受风险，宜保持关注	D
低	$I_{p1}\leqslant2$	该等级风险为可接受风险，当前应对措施有效，可不采取额外技术、管理方面的预防措施	E

4 应急抢修组织机构

根据应急救援的需求开展如下工作：

（1）由抢险实施组、技术支持组、安全环保组和管道业主单位联合组织现场补充勘察与核实工作；

（2）安全环保组、管道业主单位和地方公安实施现场警戒与无关人员疏散工作；

（3）抢险实施组、技术支持组、生产运行组联合收集事故管道相关资料，编绘相关图纸、设计说明书等施工资料；

（4）安全环保组在现场勘察的同时进行风险评估工作。

5　风险评估及 HSE 防控措施

抢修作业须保证作业人员的安全，同时也要防止二次事故发生，由安全环保（HSE）组负责评估风险并进行相应的防灾处置。

（1）燃爆风险：根据"气体检测"的可燃气体浓度分布情况，（如果有）燃爆风险区位于以事故点为中心上风、下风、左侧、左侧。在此区域内作业必须采取相应的防范措施。

（2）毒害风险：根据"气体检测"的有毒气体检测布情况，（如果有）燃爆风险区位于以事故点为中心上风、下风、左侧、左侧。在此区域内作业必须采取相应的防范措施。在此区域内作业必须采取防毒作业措施。

（3）地质灾害"活化"风险：首次地质灾害的成灾过程发生后，由于抢险过程中的再次出现地质灾害的诱因和形成条件，导致同一地质灾害二次发生的现象，此时地质灾害诱因，可以是自然因素（如降雨、地震），更大的可能是人们抢险活动本身，诸如不合理的开挖、不适当的堆载、机器施工振动、爆破等，造成地质灾害再次发生。

（4）环境风险：管道介质（原油、天然气等）泄漏，污染空气、土壤、地表水及地下水系统等，造成生态环境破坏和居民健康伤害。

（5）高风险作业：起重、临时用电、动土作业等。

（6）受限空间：（如果有）事故区域附近的××××受限空间侵入泄漏油品估计体积，受限空间内漏油处理需要采取防范措施。

（7）其他风险：除了以上内容以外，在进场作业过程中可能遭受或出现的风险，如陡坡、落石等人员伤害，其他设施（管道、光纤、电力等）的意外损毁等。

作业前，应根据风险分析，组织作业人员进行安全、技术和任务交底，告知可能存在的安全风险和应采取的安全防范措施，明确责任要求。

根据现场应急抢修方案，结合前期侦检勘察信息，HSE 组对抢修各环节进行 JSA 分析并制定管控措施，按照《应急抢修救援预案》（YJ/YQGD-XZD—2019）的要求填写《作业安全风险识别与分析（JSA）表》，表中提出的应对措施在制订抢修作业方案时协调落实。

6　地质灾害现场减缓控制技术及工法

6.1　破坏模式

管道横穿滑坡。

6.2　管道与滑坡体的位置关系

管道在滑坡体外部，从滑坡后缘穿过。

6.3　示意图(图6-24)及问题描述

滑坡发生后，可以导致管道悬空，并受到自身重力作用弯曲变形。

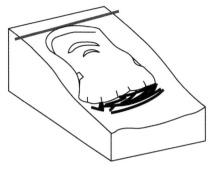

图6-24　滑坡后管道位置示意

6.4　现场减缓控制技术

(1)滑坡体后缘设置一排木桩(钢板桩)，控制土体的坍塌和向临空面的侧移；

(2)滑坡后缘壁回填灰土加固，控制管道侧移；

(3)滑坡后缘发育拉张裂缝的范围，全部覆盖塑料布，控制雨水下渗。

6.5　地灾工法

6.5.1　钢板桩工法

(1)检验与矫正。进行外观表面缺陷、长度、宽度、厚度、高度、端头矩形比、平直度和锁口形状等检验，对桩上影响该打设的焊接件割除(有割孔、断面缺损应补强)。有严重锈蚀，量测断面实际厚度，予以折减。

(2)导架安装。导架由导梁和围檩桩等组成，在平面上分为单面和双面，高度上分单层和双层，注意导架位置不能与钢板桩相碰，围檩不能随钢板桩打设而下沉或变形，导梁的高度适宜，要有利于控制钢板桩的施工高度和提高功效，用经纬仪和水平仪控制导梁的位置和高度。

(3)沉桩机械选择。主要分为三种，冲击沉桩、振动沉桩和静力压桩。

· 冲击沉桩：

① 冲击沉桩根据沉桩数量和施工条件选用沉桩机械，按技术性能要求操作和施工。

② 钢桩使用前先检查，不符合要求的应修整。钢桩上端补强板后钻设吊板装孔。钢板桩锁口内涂油，下端用易拆物塞紧，并用2m标准进行通过试验。

③ 工字钢桩单根沉没，钢板桩采用围檩法沉没，以保证墙面的垂直、平顺。

④ 钢板桩围檩支架的围檩桩必须垂直、围檩水平，设置位置正确、牢固可靠。围檩支架高度在地面以上不小于5m；最下层围檩距地面不大于50cm；围檩间净距比2根钢板桩组合宽度大8~15mm。

⑤ 钢板桩以10~20根为一段。逐根插围檩后，先打入两端的定位桩，再以2~4根为一组，采取阶梯跃式打入各组的桩。

⑥ 钢板桩围檩在转角处两桩墙各10根桩位轴线内调整后合拢，不能闭合时，该处两桩可搭接，背后要进行防水处理。

⑦ 沉桩前先将钢桩立直并固定在桩锤的桩帽卡口内，然后拉起桩锤击打工字钢桩

垂直就位或钢板桩锁口插入相邻桩锁口内，先打 2~3 次空锤，再轻轻锤击使桩稳定，检查桩位和垂直度无误后，方可沉桩。

⑧ 沉桩过程中，随时检测桩的垂直度并校正。钢桩沉设贯入度每击 20 次不小于 10mm，否则停机检查，采取措施。

⑨ 沉桩过程中，发现打桩机导向架的中心线偏斜时必须及时调整。

● 振动沉桩：

① 振动锤振动频率大于钢桩的自振频率。振桩前，振动锤的桩夹应夹紧钢桩上端，并使振动锤与钢桩重心在同一直线上。

② 振动锤夹紧钢桩吊起，使工字钢桩垂直就位或钢板桩锁口插入相邻桩锁口内，待桩稳定、位置正确并垂直后，再振动下沉。钢桩每下沉 1~2mm，停振检测桩的垂直度，发现偏差，及时纠正。

③ 沉桩中钢桩下沉速度突然减小，应停止沉桩，并钢桩向上拔起 0.6~1.0m，然后重新快速下沉，如仍不能下沉，采取其他措施。

● 静力压桩：

① 压桩机压桩时，桩帽与桩身的中心线必须重合。

② 压桩过程中随时检查桩身的垂直度，初压过程中，发现桩身位移、倾斜和压入过程中桩身突然倾斜及设备达到额定压力而持续 20min，仍不能下沉时，及时采取措施。

（4）钢板桩的拔除。在使用完毕后，拔出钢板桩，修正后重复使用，拔除时，要注意钢板桩的拔除顺序、时间及桩孔处理方法。拔桩产生的桩孔，可采用振动法、挤密法和填入法及时回填以减少对周边建构筑物的影响。

6.5.2　木桩工法

（1）制桩。所选桩木须材质均匀，桩长应略大于设计桩长，不得有过大弯曲的情况，木桩个截面中心与木桩轴线的偏差程度不得超过相关规定，另桩身不得有蛀孔、裂纹或者其他足以损害强度的瑕疵。桩下端根据土壤情况削为三棱或四棱锥体，锥体长度为直径的 1.5~2.0 倍，锥体各斜面与桩轴基本对称，同时桩尖稍秃，以免打入时桩尖损坏。

（2）桩位测量。根据方案对桩位进行放样，桩位差要控制好，桩位应垂直于滑坡方向布置。

（3）打桩。挖机就位，选择将要打入的木桩，人工扶正木桩，将挖掘机的挖斗倒过来轻轻扣压桩至软基中，按压稳定后，人立即离开桩位，用挖斗背面打桩头，直至桩端至滑面以下不小于 2 倍滑坡体厚度。

（4）联系杆加固。联系杆材质同木桩一样，将联系杆与木桩用铅丝绑扎连接，确保其稳定可靠，使得木桩及横向联系桩形成一个整体体系。

6.5.3 防渗工法

（1）根据地面标识找到现场管线位置，在滑坡体后缘裂缝位置处做好标识。

（2）将预先准备好的灰土运至现场后，在后缘裂缝处进行回填灰土，并且在回填后要将灰土夯实，然后继续回填，直至灰土夯实后将裂缝全部填充。

（3）然后用雨布将地裂缝上覆盖雨布，要适当将雨布覆盖范围增大，防止雨水从侧边流入，同时要将上覆雨布利用现场石块等做好固定，同时在雨布覆盖后，在雨布上，地裂缝位置处做好标记，起到警示作用。

参 考 文 献

[1] 董绍华，杨祖佩. 全球油气管道完整性技术与管理的最新进展——中国管道完整性管理的发展对策 [J]. 油气储运，2007(02)：1-17，62-63.

[2] 冯伟，么惠全. 采空塌陷区管道成灾机理分析及工程防治措施[J]. 水文地质工程地质，2010，37(03)：112-115.

[3] 付立武. 油气长输管道维抢修预警分级响应体系[J]. 油气储运，2012，31(05)：390-393，407.

[4] 贺剑君，冯伟，刘畅. 基于管道应变监测的滑坡灾害预警与防治[J]. 天然气工业，2011，31(01)：100-103，119.

[5] 黄建忠，杨永和，刘伟，张照旭，席莎. 穿越地震断裂带的管道安全监测预警系统[J]. 天然气工业，2013，33(12)：151-157.

[6] 刘晓娟，袁莉，刘鑫. 地质灾害对油气管道的危害及风险消减措施[J]. 四川地质学报，2018，38(03)：488-492.

[7] 荆宏远，郝建斌，陈英杰，付立武，刘建平. 管道地质灾害风险半定量评价方法与应用[J]. 油气储运，2011，30(07)：497-500，474.

[8] 施晓文，李亮亮. 我国管道地质灾害风险管理的现状、差距及对策[A]. 武汉大学、美国 James Madison 大学、美国科研出版社，2010，4.

[9] 唐正浩，邓清禄，万飞，刘勇，梅永贵. 滑坡作用下埋地管道的受力分析与防护对策[J]. 人民长江，2014，45(03)：36-39，62.

[10] 魏孔瑞，姚安林，张照旭，聂秋露，谷醒林. 埋地油气管道悬空沉降变形失效评估方法研究[J]. 中国安全科学学报，2014，24(06)：68-73.

[11] 吴锐，梅永贵，邓清禄，庞成立，照冬野. 滑坡作用下输气管道受力分析[J]. 建筑科学与工程学报，2014，31(03)：105-111.

[12] 夏金梧. 三峡工程水库诱发地震研究概况[J]. 水利水电快报，2020，41(01)：28-35.

[13] 杨明生，王国勇，陈刚，汪卫毛，邓博. 中石化油气长输管道地质灾害监测技术介绍[J]. 江汉石油职工大学学报，2017，30(05)：62-64.

[14] 姚安林，赵忠刚，张锦伟. 油气管道风险评估质量评价技术[J]. 天然气工业，2013，33(12)：111-116.

[15] 张华兵，程五一，周利剑，冯庆善，郑洪龙，戴联双，项小强，曹涛，刘悦. 管道公司管道风险评价实践[J]. 油气储运，2012，31(02)：96-98，168.

[16] 张杰. 典型地质灾害下油气管道力学行为研究[D]. 西南石油大学，2016.

[17] 张培震，邓起东，张竹琪，李海兵. 中国大陆的活动断裂、地震灾害及其动力过程[J]. 中国科学：地球科学，2013，43(10)：1607-1620.

[18] 郑洪龙，黄维和. 油气管道及储运设施安全保障技术发展现状及展望[J]. 油气储运，2017，36(01)：1-7.

[19] 钟威，高剑锋. 油气管道典型地质灾害危险性评价[J]. 油气储运，2015，34(09)：934-938.

254